安徽省一流教材

国家"双高计划"水利水电建筑工程专业群系列教材

房屋建筑与装饰工程
计量与计价

主 编 何 俊 何军建 张国富 何 芳

U0224261

中国建材工业出版社

北 京

图书在版编目（CIP）数据

房屋建筑与装饰工程计量与计价/何俊等主编．--
北京：中国建材工业出版社，2024.1
ISBN 978-7-5160-3842-0

Ⅰ.①房… Ⅱ.①何… Ⅲ.①建筑工程－计量－高等
学校－教材②建筑造价－高等学校－教材 Ⅳ.
①TU723.3

中国国家版本馆 CIP 数据核字（2023）第 191570 号

内 容 简 介

本书按照教育部最新要求，编写为活页式教材，以工作任务为导向，突出理论与实践一体。本书主要内容包括建筑工程计价基础知识、建筑面积计算、工程量清单编制、建筑工程工程量清单计量、装饰工程工程量清单计量、建筑与装饰工程工程量清单计价和招标工程量清单与控制价实例 7 个项目。各项目由若干任务组成，并附有课后习题，供读者练习。

本书可作为工程造价、建设工程管理、建筑工程技术等土木建筑类专业教材，也可作为应用型本科工程造价专业教材，还可作为造价工程师培训、函授教育和高等教育自学考试辅导教材，特别是对于希望快速掌握工程造价基本技能的入门者，本书是不可多得的优质学习资料。

房屋建筑与装饰工程计量与计价
FANGWU JIANZHU YU ZHUANGSHI GONGCHENG JILIANG YU JIJIA

主 编 何 俊 何军建 张国富 何 芳

出版发行：中国建材工业出版社
地　　址：北京市海淀区三里河路 11 号
邮　　编：100831
经　　销：全国各地新华书店
印　　刷：北京印刷集团有限责任公司
开　　本：787mm×1092mm 1/16
印　　张：17
字　　数：360 千字
版　　次：2024 年 1 月第 1 版
印　　次：2024 年 1 月第 1 次
定　　价：**58.00 元**

教材编写委员会

主　任：王永强

副主任：陈月萍　朱永祥　王宪莉

委　员：（按姓氏笔画排序）

　　　　王丽娟　王晓霞　李　婷　杨　波　吴　超

　　　　余　颖　张　志　陈燕萍　陈　默　林新闽

　　　　赵慧敏　夏承龙　高　洁　高晓月　黄军福

　　　　常小会　康小燕　童　进　谢　颖　詹述琦

主　编：何　俊　何军建　张国富　何　芳

副主编：李正焜　樊宗义　李存英　汪　扬　杨　敏

参　编：熊　伟　张　军　石　倩　王　鑫　牛彦磊

主　审：范家茂　程　峰　柏　娟

主编简介

何俊，女，安徽水利水电职业技术学院教授、高级工程师，造价工程师。

1988年毕业于合肥工业大学土木工程系，在安徽水安建设集团从事土木工程施工、工程造价等方面的工作。2001年通过招聘进安徽水利水电职业技术学院任教，主要承担《建筑工程计量与计价》《建筑工程经济》《水利工程造价》等专业核心课程的理论与实践教学，指导本科、高职学生毕业实习、毕业设计等。

研究方向：建设工程管理、工程造价、土木工程施工。

作为安徽省工程管理专业带头人、安徽省工程造价特色专业负责人，先后主持省级以上教科研项目29项；获安徽省教学成果奖4项，其中特等奖1项、一等奖1项，建设国家级、省级精品资源共享课程7门，国家实用新型专利2项；指导学生参加省级以上技能大赛，学生获"特等奖""一等奖"29人次、"单项团体第一"6次。

作为第一作者，发表论文15篇，主编教材16部，其中《建筑工程经济》入选首批"十四五"职业教育国家规划教材，《房屋建筑与装饰工程计量与计价》获批安徽省一流教材，《水利工程造价》获"全国水利职业教育优秀教材"，获批"十四五"时期水利类专业重点建设教材。

荣获国家级教学名师、全国水利职教名师、安徽省"新时代教书育人楷模"、安徽省模范教师、安徽省最美教师、安徽省教学名师、安徽省职业学校江淮技能大师、校"十大优秀教师""十大优秀教育工作者"等荣誉。

《 前　言

党的二十大报告中明确指出建设现代化产业体系的重大任务，强调"我国必须加快发展数字经济，促进数字经济和实体经济深度融合，打造具有国际竞争力的数字产业集群。优化基础设施布局、结构、功能和系统集成，构建现代化基础设施体系。"

数字经济作为一种新的经济形态，已成为转型升级的重要驱动力，也是全球新一轮产业竞争的制高点，对把握新时代新要求和"一带一路"倡议，加快推进工程造价全过程咨询工作，促进建筑业持续健康发展具有重大意义。学习房屋建筑与装饰工程计量与计价理论与业务知识，了解工程造价领域最新数字科技的底层工作逻辑，掌握最新数字造价技术应用软件内嵌的计量与计价规范和具体操作原理，帮助传统的工程造价管理向数字化方向加速深度转型，是工程造价专业学生立足建筑行业推进数字经济落地应用的重要任务。

房屋建筑与装饰工程计量与计价是一门实践性很强的专业课，也是工程造价、建设工程管理等专业的核心课程之一。本教材是根据全国住房和城乡建设职业教育教学指导委员会编制的《高等职业教育工程造价专业教学基本要求》，结合房屋建筑与装饰工程计量与计价课程特点，并在编者多年从事工程造价专业教学工作及一体化教学实践经验的基础上，通过校企合作编写而成的活页式教材。

本教材根据高职学生的认知规律，着力提高学生职业岗位技能以适应企业对工程造价岗位职业能力的需求。内容通俗易懂，重点突出实际应用，有助于学生理解、掌握实务操作。书中特别增加了"思政小贴纸"模块，可以很好地把工匠精神等思政育人内容融入教材中。具体来说，本书具有以下特点：

其一，本书依据国家标准《建设工程工程量清单计价规范》（GB 50500—2013）、《房屋建筑与装饰工程工程量计算规范》（GB 50854—2013）、《建筑安装工程费用项目组成》、《建筑工程建筑面积计算规范》（GB/T 50353—2013）、《关于全面推开营业税改征增值税试点的通知》、2018 年版安徽省建设工程计价依据等规范、标准，结合房屋建筑工程实例，利用建筑信息模型（Building Information Modeling，BIM）技术建立模型，坚持理论知识与实务训练有机结合，突出了先进性和实用性。

其二，立足于建筑工程计价的基本理论和清单工程量计算、工程量清单编制、招标控制价与投标报价编制等实践要求，按照"教、学、做"一体化的课程编排思路，推动"项目引领、任务驱动"的教学改革，注重对工程量清单计量与计价实践操作能力的培养，突出了针对性和实践性。

其三，明确了每个项目的学习目标和能力目标，围绕新形态一体化的发展要求，配置教学视频二维码，并用大量的建筑与装饰工程图，计算分部分项工程的工程量，最后用一套完整的传达室工程施工图作为综合实训案例基础资料，编制招标工程量清单和招标控制价，突出了可操作性。

其四，坚持了工程计量与计价分离的特点，工程量清单计量严格按照现行国家规范和标准编写，工程量清单计价则结合地区相关计价定额计算费用，突出了房屋建筑与装饰工程计量与计价的统一性和地区差异性。

其五，深入研究育人目标，深度挖掘、提炼工程造价专业知识体系中蕴含的思想价值和精神内涵，科学合理拓展房屋建筑与装饰工程计量与计价课程的广度、深度和温度，从课程所涉专业、行业、国家、文化、历史等角度，树立学生的文化自信，增强学生的安全意识、质量意识、环保意识、节约意识、科技意识和职业意识，弘扬劳动精神、劳模精神和工匠精神，增加课程的知识性、人文性，提升引领性、时代性和开放性。

本教材由安徽水利水电职业技术学院何俊、何军建、何芳，滁州职业技术学院张国富担任主编；安徽粮食工程职业学院李正煜、安徽水利水电职业技术学院樊宗义、淮南联合大学职业技术学院李存英、安庆职业技术学院汪扬、安徽交通职业技术学院杨敏担任副主编；安徽水利水电职业技术学院熊伟、石倩，安徽水安建设集团投标公司张军，山东开放大学王鑫，山东城建学院牛彦磊等参与编写。全书由何俊、何军建统稿并校订，由合肥职业技术学院范家茂、安徽审计职业技术学院程峰、安徽中技工程咨询有限公司柏娟主审。

本教材在编写过程中引用了大量的规范、专业文献和资料，在此对有关作者深表感谢；并对所有支持和帮助本书编写的人员表示谢意。

本教材中的工程量计算与工程量清单、工程量清单计价文件编制的具体做法和实例，仅代表编者对规范、定额和相关宣贯材料的理解，由于编者水平有限，书中难免存在不足及疏漏之处，恳请广大读者批评指正。

编　者

2023 年 7 月

目　录

知 识 目 标

（1）了解基本建设的概念和内容，掌握基本建设程序项目的划分；

（2）熟悉建设工程造价的基本概念，掌握建设工程造价的构成及计价方法；

（3）掌握工程量清单的概念，熟悉工程量清单计价的模式、工程量清单的编制；

（4）掌握建筑与装饰工程费用的组成。

能 力 目 标

（1）能熟练应用基本建设程序和基本建设程序项目划分；

（2）能解释建筑与装饰工程费用组成及包含的内容；

（3）能熟练应用工程量清单编制方法和内容，正确填写工程量清单计价表格。

任务 1.1　建设项目概述

1.1.1　基本建设概述

扫码学习任务 1.1

基本建设是实现固定资产再生产的一种经济活动。基本建设活动形成的固定资产分为三部分，一是建筑安装，如建设各种房屋、构筑物，安装各种机械设备等；二是购置设备工（器）具，如购置各种机械设备、生产工具和机器等；三是其他建设工作，如与固定资产扩大再生产相联系的勘察设计、土地征用、青苗补偿和安置补助费等。

具体地说，基本建设就是形成固定资产的经济活动过程，是实现社会扩大再生产的重要手段。固定资产扩大再生产的新建、扩建、改建、恢复工程及与之有关的工作均称为基本建设。

固定资产是指在社会再生产过程中，可供生产或生活较长时间使用，在使用过程中基本保持原有实物形态的劳动资料和其他物质资料，如建筑物、构筑物、电气设备等。

为了便于管理和核算，凡列为固定资产的劳动资料，一般应同时具备以下两个条件：

（1）使用期限在一年以上；

（2）单位价值在规定的限额以上。

不同时具备上述两个条件的应列为低值易耗品。

1. 基本建设的分类

基本建设是由若干个具体基本建设项目（以下简称建设项目）组成的。根据不同的分类标准，基本建设项目大致可分为以下几类。

按项目建设的性质不同分：新建项目、扩建项目、改建项目和迁建项目。

按项目建设过程的不同分：筹建项目、施工项目、投产项目和收尾项目。

按项目资金来源渠道的不同分：国家投资项目和自筹投资项目。

按项目建设规模和投资额的大小分：大型建设项目、中型建设项目和小型建设项目。

2. 建设项目的组成

由于建筑产品都是单件生产、体积庞大、建设周期较长的，为了便于施工和管理，必须将建设项目按照其组成内容的不同进行科学的分解，按从大到小排序，一个建设项目可分解为单项工程、单位工程、分部工程和分项工程。

（1）建设项目。

建设项目是指有经过有关部门批准的立项文件和设计任务书，经济上实行独立核算，行政上实行统一管理的工程项目。建设项目一般是以建设单位的名称来命名的，一个建设单位就是一个建设项目。如××厂、××学校、××医院等均为建设项目。

一个建设项目由多个单项工程构成，有的建设项目如改扩建项目，也可能由一个单项工程构成。

（2）单项工程。

单项工程是指在一个建设项目中，具有独立的设计文件，竣工后可以独立发挥生产能力或使用效益的一组配套齐全的工程项目，如车间、宿舍、办公楼等。单项工程是具有独立存在意义的一个完整的建筑及设备安装工程，也是一个很复杂的综合体。单项工程一般为工程承发包的对象，为了便于计算工程造价，单项工程仍需进一步分解为若干个单位工程。

（3）单位工程。

单位工程是指在一个单项工程中，具有独立设计文件，可以独立组织施工和单项核算，但完工后不能独立发挥生产能力或使用效益的工程，如住宅建筑中的土建、给排水、电气照明等。具有独立施工条件和能形成独立使用功能是单位（子单位）工程划分的基本要求。单位工程不具有独立存在的意义，它是单项工程的组成部分，工业与民用建筑工程中的一般土建工程、装饰装修工程、电气照明工程、设备安装工程等均属于单位工程。一个单位工程由多个分部工程构成。

（4）分部工程。

分部工程是按工程的部位、结构形式的不同等划分的项目，是单位工程的组成部分，可分为多个分项工程。分部工程包括土石方工程、桩与地基基础工程、砌筑工程、混凝土及钢筋混凝土工程、金属结构工程、屋面及防水工程等多个分部工程。

当分部工程较大或较复杂时，可根据《建筑工程施工质量验收统一标准》（GB

50300—2013），结合工程造价编制传统习惯，按材料种类、工艺特点、施工程序、专业系统及类别等将分部工程划分为若干子分部工程。

例如：①桩与地基基础分部工程可细分为桩基工程、地基处理工程、基坑与边坡支护等子分部工程；②混凝土及钢筋混凝土分部工程可细分为现浇混凝土、预制混凝土、钢筋工程等子分部工程；③建筑装饰装修分部工程可细分为地面、抹灰、门窗、吊顶、轻质隔墙、饰面板（砖）、幕墙、涂饰、裱糊与软包、细部工程等子分部工程；④智能建筑分部工程可细分为通信网络系统、计算机网络系统、建筑设备监控系统、火灾报警及消防联动系统、会议系统与信息导航系统、专业应用系统、安全防范系统、综合布线系统、智能化集成系统、电源与接地、计算机机房工程、住宅（小区）智能化系统等子分部工程。

（5）分项工程。

分项工程是根据工种、构件类别、设备类别、使用材料的不同划分的工程项目，是分部工程的组成部分。例如，土方工程可分为平整场地、土方开挖、石方开挖、土方回填等分项工程。

分项工程是工程项目施工生产活动的基础，是工程量计算的基本元素，也是工程项目划分的基本单元；同时又是工程质量形成的直接过程，所以工程量均按分项工程计算。

建设项目层次如图 1-1 所示。

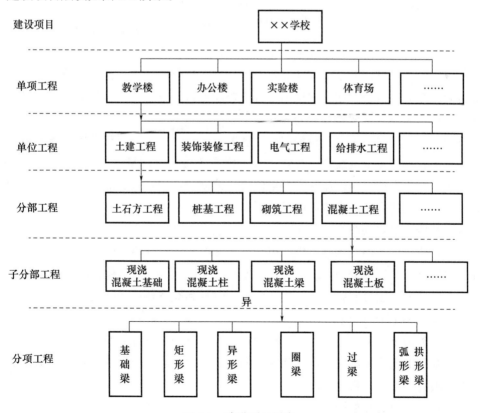

图 1-1   建设项目层次

1.1.2 建设项目的建设程序

建设项目的建设程序是指一项建设工程从设想、提出到决策，经过设计、施工直至竣工验收、投产或交付使用的整个过程中，必须遵循的先后顺序（先勘察、后设计、再施工）。基本建设是一种多行业、各部门密切配合的综合性比较强的经济活动，有些是需要前后衔接的，有些是需要横向、纵向密切配合甚至交叉进行的，所以必须遵循一定的科学规律，有步骤、有计划地进行。

实践证明，项目建设只有按程序办事，才能加快建设速度，提高工程质量，降低工程造价，提高投资效益。项目建设的全过程可分为以下几个阶段：

1. 项目建议书阶段

项目建议书是对建设项目的必要性和可行性进行初步研究，提出拟建项目的轮廓设想。其主要内容包括建设项目提出的必要性和依据，产品方案、拟建规模和建设地点的初步设想，资源情况、建设条件和协作关系，投资估算和资金筹措设想，建设进度设想，经济效益和社会效益的初步估计等。

项目建议书是国家选择建设项目和有计划地进行可行性研究的依据。对于规模以下、技术成熟的项目可以用项目建议书代替项目可行性研究报告。项目建议书通常由业主或其委托相关单位编制，重大项目或牵涉产业结构布局调整的项目由地方政府负责编制。

2. 可行性研究阶段

可行性研究是指在项目建议书的基础之上，通过调查、研究，分析与项目有关的社会、技术、经济等方面的条件和情况，对各种方案进行比较、优化，对项目建成后的经济效益和社会效益进行预测、评价的一种投资决策研究方法和科学分析活动，以保证实现建设项目的最佳经济效益和社会效益。

按建设项目的隶属关系，根据国家发展国民经济的长远规划和市场需求，项目建议书由国家主管部门、地区或业主提出，经国家有关管理部门挑选后，进行可行性研究。可行性研究报告由建设单位或其委托单位进行编制。经国家有关部门组织评审、批准立项后，要向当地建设行政主管部门或其授权机构报建。

可行性研究报告的内容随行业不同有所差别，但基本内容是相同的。可行性研究报告一般包括建设项目的背景和历史、市场需求情况和建设规模，资源、原料及主要协作条件，建厂条件和厂址选择，设计方案和比较，对环境的影响和保护，生产组织、劳动定员和人员培训，项目实施计划、进度要求，财务和经济评价及结论等。

3. 编制设计任务书阶段

设计任务书是工程建设的大纲，是确定建设项目和建设方案的基本文件，是在可行性研究的基础上进行编制的。设计任务书的内容，随着建设项目的不同而有所差别。大中型工业项目一般应包括以下几个方面：

（1）建设的目的和依据；

（2）建设规模、产品方案及生产工艺要求；

（3）矿产资源、水文、地质、燃料、动力、供水、运输等协作配套条件；

（4）资源综合利用和"三废"治理的要求；

（5）建设地点和占地面积；

（6）建设工期和投资估算；

（7）防空、抗震等要求；

（8）人员编制和劳动力资源；

（9）经济效益和技术水平。

对于大中型非工业建设项目设计任务书的内容，各地区可根据上述基本要求，结合各类建设项目的特点，加以补充和删改。

4. 工程设计阶段

工程设计是工程项目建设的重要环节，是制订建设计划、组织工程施工和控制建设投资的依据。

按照我国现行规定，一般建设项目会进行初步设计和施工图设计两阶段设计，对于技术复杂且又缺乏经验的项目，可增加技术设计（扩大初步设计）阶段，即进行三阶段设计。经过批准的初步设计，可作为主要材料（设备）的订货和施工准备工作的依据，但不能作为施工的依据。施工图设计是经过批准的在初步设计和技术设计的基础上进行的正确、完整、详尽的施工图纸绘制。

初步设计应编制设计概算，技术设计应编制修正设计概算，它们是控制建设项目总投资和施工图预算的依据；施工图设计应编制施工图预算，它是确定工程造价、实行经济核算和考核工程成本的依据，也是建设银行划拨工程价款的依据。

设计文件经批准后，具有一定的严肃性，不能任意修改和变更。如果必须修改，凡涉及初步设计的内容，须经原批准单位批准；凡涉及施工图的内容，须经设计单位同意。

5. 列入基本建设年度计划阶段

建设项目的初步计划和总概算，经过综合平衡审核批准后，列入基本建设年度计划。经过批准的年度计划，是进行基本建设拨款或贷款、订购材料和设备的主要依据。

6. 施工准备阶段

当建设项目列入基本建设年度计划后，就可以进行施工准备工作。施工准备工作的主要内容有办理征地拆迁，主要材料、设备的订货，建设场地的"五通一平"等。

"五通一平"是建设中为了合理有序施工进行的前期准备工作，一般包括通给水、通电、通路、通信、通排水，平整土地。一般基本要求是"三通一平"（通水、通电、通路，平整土地），这也是招标工程必须具备的条件的重要组成部分。

7. 组织施工阶段

组织施工是根据列入基本建设年度计划的建设任务，按照施工图纸的要求组织施工。在建设项目开工之前，建设单位应按有关规定办理开工手续，取得当地建设主管部门颁发的建设施工许可证，通过施工招标选择施工单位，方可进行施工。

8. 生产准备阶段

工程投产前，建设单位应当做好各项生产准备工作。生产准备阶段是由建设阶段转入生产经营阶段的重要衔接阶段。生产准备工作的主要内容有招收和培训生产人员，组织生产人员参加设备安装、调试和工程验收，落实生产所需原材料、燃料、水、电等的来源，组织工具、器具等的订货等。

9. 竣工验收、交付使用阶段

建设工程按设计文件规定的内容和标准全部完成后，应及时组织竣工验收工作。竣工验收前，施工单位应组织自检，整理技术资料，以便在正式验收时作为技术档案，移交建设单位保存。建设单位应向主管部门提出，并组织勘察、设计、施工等单位进行验收。竣工验收是考核建设成果、检验设计和施工质量的关键步骤，是由投资成果转入生产或使用的标志。竣工验收合格后，建设工程才能交付使用。

10. 项目保修阶段

工程保修期从工程竣工验收合格之日起算，具体分部分项工程的保修期由合同当事人在专用合同条款中约定，但不得低于法定最低保修年限。在工程保修期内，承包人应当根据有关法律规定及合同约定承担保修责任。发包人未经竣工验收擅自使用工程的，保修期自转移占有之日起算。

在工程移交发包人后，因承包人原因产生的质量缺陷，承包人应承担质量缺陷责任和保修义务。缺陷责任期届满，承包人仍应按合同约定的工程各部位保修年限承担保修义务。

11. 项目后评价阶段

项目后评价是指对已经完成的项目或规划的目的、执行过程、效益、作用和影响所进行的系统、客观的分析。通过对投资活动实践的检查总结，确定投资预期的目标是否达到、项目或规划是否合理有效、项目的主要效益指标是否实现，通过分析评价找出成败的原因，总结经验及教训，并通过及时有效的信息反馈，为未来项目决策的完善和投资决策管理水平的提高提出建议，同时也对被评项目实施运营中出现的问题提出改进建议，从而达到提高投资效益的目的。

项目后评价的基本内容包括：项目目标评价、项目实施过程评价、项目效益评价、项目影响评价和项目持续性评价。

建设项目程序及内容见表 1-1。

表 1-1　建设项目程序及内容

时　期	阶　段	主要工作及内容	备　注
项目决策阶段	1. 项目建议书阶段	（1）编制项目建议书	业主或其委托单位编制
	2. 可行性研究阶段	（2）办理项目选址规划意见书	
		（3）办理项目规划许可证	
		（4）办理土地规划证	
		（5）编制可行性研究报告	建设单位或其委托单位编制

续表

时 期	阶 段	主要工作及内容	备 注
项目决策阶段	2. 可行性研究阶段	(6) 编制环境影响评价报告	建设单位或其委托单位编制
		(7) 环境影响评价报告评审	
		(8) 可行性研究报告评审	
		(9) 可行性研究报告报批，项目立项	
	3. 编制设计任务书阶段	(10) 办理土地使用证	
		(11) 办理征地、青苗补偿、拆迁安置等手续	
		(12) 地质勘察	委托具有相关资质的单位开展
		(13) 报审供水、供气、排水市政配套方案	
		(14) 编写设计任务书或委托书	
项目实施阶段	4. 工程设计阶段	(15) 初步设计	委托设计企业开展
		(16) 技术设计	委托设计企业开展
		(17) 施工图设计	委托设计企业开展
		(18) 图纸审查	委托图审企业开展
		(19) 编制施工图预算	
	5. 列入基本建设年度计划阶段	(20) 编制年度投资计划	
	6. 施工准备阶段	(21) 建设场地的"五通一平"	
		(22) 编制工程量清单、招标文件	委托相关单位编制
		(23) 工程监理、造价审计委托或公开招标	
		(24) 组织工程招标、投标，签订施工合同	
		(25) 办理施工许可证	
	7. 组织施工阶段	(26) 建筑施工和设备安装	施工企业
	8. 生产准备阶段	(27) 人员招聘与培训、组织准备、技术准备、物资准备等	
	9. 竣工验收、交付使用阶段	(28) 工程项目验收，绘制竣工图，编制竣工结算	
		(29) 编制竣工决算	业主自行或委托相关单位编制
交付使用阶段	10. 项目保修阶段	(30) 项目保修期内对工程质量缺陷进行保修	
	11. 项目后评价阶段	(31) 编写项目后评价报告	委托相关单位编制

扫码学习任务 1.2

任务 1.2　建设工程造价基础知识

1.2.1　建设工程造价简述

建设工程造价是指进行某项工程建设所花费的全部费用。工程造价是一个广义的概念，在不同的场合，工程造价的含义不同。工程造价按照其内涵范畴不同，可以分为广义工程造价和狭义工程造价。广义的工程造价是基于业主角度对建设工程造价的定义，是指建设一项工程预期开支或实际开支的全部固定资产投资费用，也就是一项工程通过建设形成相应的固定资产、无形资产所需一次性费用的总和，即建设工程从筹建到交付使用所需的全部工程费用，包括建筑安装工程费、设备及工（器）具购置费及其他相关费用。狭义的工程造价是从承包商、供应商、设计方等市场供给主体角度来定义的，是指为建设某项工程，预计或实际在土地市场、设备市场、技术劳务市场、承包市场等交易活动中，形成的工程承发包（交易）价格。

【思政小贴纸：文化自信】

国际公认最早提出工程造价定额管理制度的是美国工程师弗·温·泰勒（Frederick Winslow Taylor），而我国在很早以前就存在着工程造价管理的相关制度。李诚的《营造法式》于北宋崇宁二年（公元 1103 年）刊行全国；另外，清工部的《工程做法则例》中记录了算工算料的工程造价理论方法。作为工程造价专业的学生，我们应该继承和发扬古代先辈们的伟大创造和智慧成果，坚定文化自信，为自己是一名中国人而感到自豪。

1.2.2　工程造价计价方法

1.2.2.1　工程造价的特点

由于工程建设的特点，工程造价具有以下四个特点：

1. 工程造价的大额性

任何一个建设工程，不仅形体庞大，而且资源消耗巨大，少则几百万元，多则数亿元乃至数百亿元。工程造价的大额性事关多个方面的重大经济利益，同时也使工程承受了重大的经济风险，对宏观经济的运行产生重大的影响。

2. 工程造价的个别性和差异性

任何一项工程项目都有特定的用途、功能、规模，这导致了每一项工程项目的结构、造型、内外装饰等都会有不同的要求，直接表现为工程造价上的差异性，即不存在造价完全相同的两个工程项目。

3. 工程造价的动态性

工程项目从决策到竣工验收再到交付使用，都有一个较长的建设周期，而且许多来自社会和自然的不可控因素的影响，必然会导致工程造价的变动。例如，物价变化、不利的自然条件、人为因素等均会影响到工程造价。因此，工程造价在整个建设期内都处在不确定的状态之中，直到竣工决算后才能最终确定工程的实际造价。

4. 工程造价的层次性

一个建设项目往往含有多个能够独立发挥设计生产效能的单项工程；一个单项工程又由多个能够独立组织施工、各自发挥专业效能的单位工程组成。

与此相适应，工程造价可以分为建设项目总造价、单项工程造价和单位工程造价。单位工程造价还可以细分为分部工程造价和分项工程造价。

5. 工程造价的兼容性

工程造价的构成因素具有广泛性和复杂性。首先，成本因素非常复杂，其中为获得建设工程用地所支出的费用、项目可行性研究和规划设计的费用、与政府一定时期政策（特别是产业政策和税收政策）相关的费用占有相当的份额。其次，盈利构成较为复杂，资金成本很大。

1.2.2.2   工程造价计价的特点

1. 计价的单件性

建设工程是按照特定使用者的专门用途、在指定地点逐个建造的。每项建筑工程为适应不同使用要求，其面积和体积、造型和结构、装修与设备的标准及数量都会有所不同，而且特定地点的气候、地质、水文、地形等自然条件及当地政治、经济、风俗习惯等因素必然使建筑产品实物形态千差万别。再加上不同地区构成投资费用的各种生产要素（如人工、材料、机械）的价格差异，最终导致建设工程造价的千差万别。所以，建设工程和建筑产品不可能像工业产品那样统一地成批定价，而只能根据它们各自所需的物化劳动和活劳动消耗量逐项计价，即单件计价。

2. 计价的多次性

建设工程造价是一个随着工程不断展开而逐渐深化、逐渐细化和逐渐接近实际造价的动态过程，不是固定的、唯一的和静止的。工程建设的目的是节约投资、获取最大的经济效益，这就要求在整个工程建设的各个阶段，依据一定的计价顺序、计价资料和计价方法分别计算各个阶段的工程造价，并对其进行监督和控制，以防工程费用超支。基本建设程序与造价文件的关系如图 1-2 所示。

（1）投资估算，指在项目建议书和可行性研究阶段依据现有的资料和特定的方法，对建设项目的投资数额进行估计的工程造价。投资估算是建设项目进行决策、筹集资金和合理控制造价的主要依据。

（2）设计概算，指在初步设计阶段，根据设计意图，通过编制工程概算文件预先测算和确定的工程造价。与投资估算造价相比，设计概算的准确性有所提高，但受投资估算的控制。设计概算一般又可分为建设项目总概算、各个单项工程概算、各个单位工程概算。

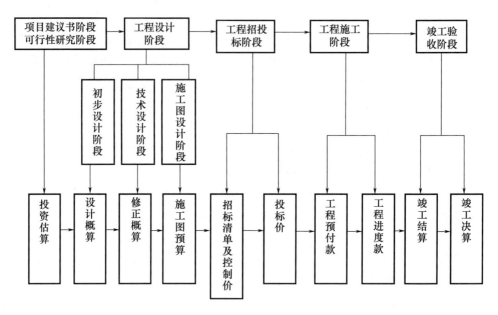

图 1-2　基本建设程序与造价文件的关系

（3）修正概算，指在技术设计阶段，根据技术设计的要求，通过编制修正概算文件预先测算和确定的工程造价。修正概算是对初步设计阶段的设计概算的修正和调整，比设计概算准确，但受设计概算的控制。

（4）施工图预算，指在施工图设计阶段，根据施工图纸，通过编制预算文件预先测算和确定的工程造价。它比设计概算或修正概算更为详尽和准确，但同样要受前一阶段工程造价的控制。一般情况下投资超过批复概算投资的 10% 都要重新审批或备案。

（5）招标控制价，指招标人根据国家或省级、行业建设主管部门颁发的有关计价依据和办法，以及拟定的招标文件和招标工程量清单，结合工程具体情况编制的招标工程的最高投标限价。国有资金投资的工程建设项目应实行工程量清单招标，并应编制招标控制价。

招标控制价应由具有编制能力的招标人编制，当招标人不具有编制招标控制价的能力时，可委托具有相应资质的工程造价咨询人编制。

（6）投标价，是投标人参与工程项目投标时报出的工程造价，即工程招标发包过程中，由投标人或其委托具有相应资质的工程造价咨询人按照招标文件的要求以及有关计价规定，依据发包人提供的工程量清单、施工设计图纸，结合项目工程特点、施工现场情况及企业自身的施工技术、装备和管理水平等，自主确定的工程造价。

（7）合同价，指在工程招投标阶段，承发包双方根据合同条款及有关规定，并通过签订工程承包合同所计算和确定的拟建工程造价总额。按照投资规模的不同，可分为建设项目承包合同总价、建筑安装工程承包合同价、材料设备采购合同价和技术及咨询服务合同价；按计价方法的不同，可分为固定合同价、可调合同价和工程成本加酬金合同价。对于公开招标的工程项目，中标单位的投标价即为承发包双方的合同价。

（8）结算价，指在工程施工阶段，按合同调价范围和调价方法，对实际发生的工程量增减、设备和材料价差等进行调整后计算和确定的价格，反映的是工程项目的实际造价。

根据工程价款的结算方式，主要分以下几种：

①工程预付款，也称材料备料款或材料预付款，指承包人为合同工程施工购置材料、工程设备，购置或租赁施工设备、修建临时设施以及组织施工队伍进场等所需的款项。

②工程进度款，指在施工过程中，按逐月或其他标准完成的工程数量计算的各项费用总和。工程进度款支付方式按合同中约定的付款方式执行，主要有按月支付、按工程阶段支付、一次性支付等。工程进度款是由施工企业根据合同约定的结算周期，按时提出已完成工程报表，经跟踪审计、监理审核，按规定扣还预付款后的价格。工程形象进度工程价款结算账单，经跟踪审计，监理单位、建设单位签章后，作为建设单位支付施工企业价款的依据。

③竣工结算，指单位工程或单项建筑安装工程完工后，经建设单位及有关部门验收点交后，按规定程序施工单位向建设单位收取工程价款的一项经济活动。竣工结算是在施工图预算的基础上，根据实际施工中出现的变更、签证等实际情况由施工单位负责编制的。

（9）决算价，是指工程竣工决算阶段，以实物数量和货币指标为计量单位，综合反映竣工项目从筹建开始到项目竣工交付使用为止的全部建设费用。决算价一般是由建设单位编制，上报相关主管部门审查。

3. 计价的组合性

工程造价的计算是分步组合而成的，这一特征与建设项目的组合性有关。一个建设项目是一个工程综合体，它可以按单项工程、单位工程、分部工程、分项工程等不同层次分解为许多有内在联系的工程。建设项目的组合性决定了确定工程造价的逐步组合过程。工程造价的组合过程是：分部分项工程造价→单位工程造价→单项工程造价→建设项目总造价。

4. 计价方法的多样性

工程的多次计价有各不相同的计价依据，每次计价的精确度要求也各不相同，由此决定了计价方法的多样性。例如，投资估算的方法有设备系数法、生产能力指数估算法等；设计概算、施工图预算的方法有单价法和实物法等。

5. 计价依据的复杂性

影响造价的因素多，决定了计价依据的复杂性。计价依据主要可分为以下7类：

（1）设备和工程量计算依据，包括项目建议书、可行性研究报告、设计文件等。

（2）人工、材料、机械等实物消耗量计算依据，包括投资估算指标、概算定额、预算定额等。

（3）工程单价计算依据，包括人工单价、材料价格、材料运杂费、机械台班费等。

（4）设备单价计算依据，包括设备原价、设备运杂费、进口设备关税等。

（5）措施费、间接费和工程建设其他费用计算依据，主要是相关的费用定额和指标。

（6）政府规定的税、费。

（7）物价指数和工程造价指数。

工程计价依据的复杂性不仅使计算过程复杂，而且需要计价人员熟悉各类依据，并加以正确应用。

1.2.3 建设工程造价的构成

1.2.3.1 我国现行建设工程造价的构成

从广义上讲，工程造价就是建设项目投资，包含固定资产投资和流动资产投资两部分。

广义工程造价的构成，是指建设项目在工程建设过程中按各类费用支出或花费的性质和途径，通过费用划分和汇集所形成的工程造价的费用分解结构。其费用通常包括建筑工程费、安装工程费、设备购置费、工（器）具及生产家具购置费和工程建设的其他费用等，如图 1-3 所示。

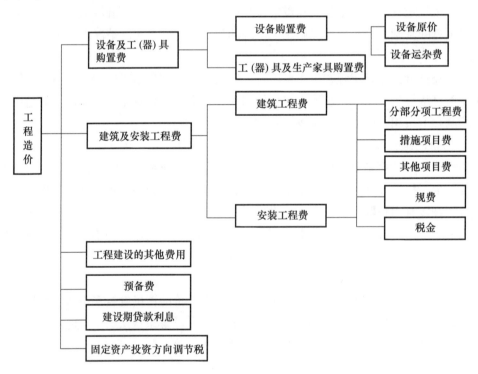

图 1-3 工程造价组成

1.2.3.2 我国现行建设工程造价的组成内容

1. 设备及工（器）具购置费

（1）设备购置费。

设备购置费是指为建设项目购置或自制的、达到固定资产标准的各种国产或进口设备的购置费用。

$$设备购置费＝设备原价＋设备运杂费 \tag{1-1}$$

国产设备原价一般指设备制造厂的交货价或订货合同价。

国产非标准设备是指国家尚无定型标准，不能进行批量生产，只能一次订货，并根据具体的设计制造的设备。国产标准设备原价有多种计算方法，如成本计算估价法、系列设备插入估价法、分部组合估价法、定额估价法等。

进口设备原价一般指进口设备抵岸价，即抵达买方边境港口或边境车站，且缴完关税以后的价格。

设备运杂费是指设备原价（或进口设备抵岸价）中未包括的包装和包装材料费、运输费、装卸费、供销部门手续费、采购费及仓库保管费等。如果设备是由设备成套公司供应的，则成套公司的服务费也应计入设备运杂费中。

根据设备采购实际情况，合同约定采购价内容不同，设备原价的内容也不同。例如，在合同中约定设备价格中包含设备的运输、安装、调试及三年的维保，此时的设备购置费即等于设备原价。

（2）工（器）具及生产家具购置费。

工（器）具及生产家具购置费是指为保证企业第一个生产周期正常生产所必须购置的不够固定资产标准的工具、器具和生产家具所支出的费用。工具一般是指钳工及锻工工具，冷冲及热冲模具，切削工具，磨具、量具及工作台，翻砂用模型等。器具是指车间和试验室等所应配备的各种物理仪器、化学仪器、测量仪器等。生产家具一般是指为保障生产正常进行而配备的各种生产用及非生产用的家具，如踏脚板、工具柜、更衣柜等。

工（器）具及生产家具购置费中不包括备品备件的购置费，该费用应随同有关设备列在设备购置费中。

$$工（器）具及生产家具购置费＝设备购置费×定额费率 \qquad (1-2)$$

2. 建筑及安装工程费

建筑及安装工程费由建筑工程费和安装工程费两部分组成。

（1）建筑工程费。

①各类房屋建筑工程和列入房屋建筑工程造价的供水、供暖、供电、卫生、通风、空调、煤气等设备费用及其装饰、油饰工程的费用，列入建筑工程造价的各种管道、电力、电信和电缆导线敷设工程的费用。

②设备基础、支柱、工作台、烟囱、水塔、水池等建筑工程，以及各种窑炉的砌筑工程和金属结构工程的费用。

③为施工而进行的场地平整，工程和水文地质勘查，原有建筑物和障碍物的拆除以及施工临时用水、电、气、路和完工后的场地清理，环境绿化、美化等工作的费用。

④矿井开凿、井巷延伸、露天矿剥离、石油及天然气钻井，以及修建铁路、公路桥梁、水库、堤坝、灌渠及防洪等工程的费用。

（2）安装工程费。

①生产、动力、起重、运输、传动、医疗和试验等各种需要安装的机械设备的装配费用，与设备相连的工作台、梯子、栏杆等装设工程，以及附设于被安装设备的管线敷

设工程和被安装设备的绝缘、防腐、保温、油漆等工作的材料费和安装费。

②为测定安装工程质量，对单个设备进行单机试运转和对系统设备进行系统联动负荷试运转工作的调试费。

《建筑工程施工发包与承包计价管理办法》自 2014 年 2 月 1 日起执行。该办法规定，建筑工程是指房屋建筑和市政基础设施工程。房屋建筑工程是指各类房屋建筑、附属设施及与其配套的线路、管道、设备安装工程和室内外装饰装修工程。市政基础设施工程是指城市道路、公共交通、供水、排水、燃气、热力、园林、环卫、污水处理、垃圾处理、防洪、地下公共设施，以及附属设施的土建、管道、设备安装工程。工程发承包计价包括编制工程量清单、最高投标限价、招标标底、投标报价，进行工程结算及签订和调整合同价款等活动。

3. 工程建设的其他费用

工程建设的其他费用，是指从工程筹建起到工程竣工验收交付使用止的整个建设期间，除建筑安装工程费用和设备及工（器）具购置费用以外的，为保证工程建设顺利完成和交付使用后能够正常发挥效用而产生的各项费用。

工程建设的其他费用按内容大体可分为三类：第一类是土地使用费，如土地使用权出让金和土地征用及迁移补偿费；第二类是与工程建设有关的其他费用，如建设单位管理费、勘察设计费、工程监理费、工程保险费等；第三类是与未来企业生产经营有关的其他费用，如联合试运转费、生产准备费、办公和生活家具购置费等。

4. 预备费

按我国现行规定，预备费包括基本预备费和涨价预备费。

（1）基本预备费。基本预备费是指在初步设计及概算内难以预料的工程费用，其内容包括：

①在批准的初步设计范围内，技术设计、施工图设计及施工过程中所增加的工程费用，设计变更、局部地基处理等增加的费用。

②一般自然灾害造成的损失和预防自然灾害所采取的措施费用。实行工程保险的工程项目费应适当降低。

③竣工验收时为鉴定工程质量对隐蔽工程进行必要挖掘和修复的费用。

（2）涨价预备费。涨价预备费是指建设项目在建设期内由于价格等变化引起工程造价变化的预测预留费用。其费用内容包括人工、设备、材料、施工机械的价差费，建筑安装工程费及工程建设其他费用调整，利率、汇率调整等增加的费用。

5. 建设期贷款利息

建设期贷款利息是指向国内银行和其他非银行金融机构贷款、出口信贷、外国政府贷款、国际商业银行贷款以及在境内外发行的债券等在建设期内应偿还的借款利息。

6. 固定资产投资方向调节税（现暂停征收）

为了贯彻国家产业政策，控制投资规模，引导投资方向，调整投资结构，加强重点建设，促进国民经济持续、稳定、协调发展，对在我国境内进行固定资产投资的单位和个人（不含中外合资经营企业、中外合作经营企业和外商独资企业）征收固定资产投资方向调节税。

1.2.3.3　工程造价的计价过程

狭义的工程造价一般指建筑及安装工程费。工程造价（建筑及安装工程费）的计价过程，是将建设项目细分到构成工程项目的最基本构成要素，即分部分项工程，在此基础上利用适当的计量单位，采用一定的计价方法，将各分部分项工程造价汇总再加上措施项目费、其他项目费、规费和税金而得到单位工程造价，把各单位工程造价汇总得到单项工程造价，再把各单项工程造价汇总得到建设项目总造价。

$$建设工程项目总造价 = \sum 单项工程费 \qquad (1-3)$$

$$单项工程费 = \sum 单位工程费 \qquad (1-4)$$

$$单位工程费 = \sum 分部分项工程费 + 措施项目费 + 其他项目费 + 规费 + 税金 \qquad (1-5)$$

$$分部分项工程费 = \sum 分部分项工程工程量 \times 综合单价 \qquad (1-6)$$

任务 1.3　工程量清单计价概述

1.3.1　工程量清单计价的概念

工程量清单计价是由招标人提供工程量清单，投标人对招标人提供的工程量清单进行自主报价，通过竞争定价的一种工程造价计价模式。工程量清单计价包括编制招标控制价（招标标底）、工程量清单报价、合同价款的确定与调整和办理工程结算等。

【思政小贴纸：节约意识】

工程量清单计价模式实际上是企业自主报价，最终由市场形成价格的一种市场经济条件下的计价模式。它是鼓励市场有序竞争，节约工程建设资金的有效途径。因此，我们必须加快改革步伐，大胆探索和创新工程造价计价模式的改革，建立起既与国际接轨又符合我国社会主义市场经济实情的工程造价体系，促进节约型社会建设，营造良好的社会氛围。

1.3.2　工程量清单计价模式

工程量清单计价模式下的工程造价包括分部分项工程费、措施项目费、其他项目费、规费和税金。根据分部分项工程单价组成的不同，其计价方法可以分为综合单价法和全费用单价法。

1. 综合单价法

综合单价法是在国标清单计价模式下的清单计价方法。综合单价是指完成一个规定计量单位的分部分项工程工程量清单项目所需的人工费、材料费、施工机械使用费、企业管理费和利润，以及一定范围内的风险费用。综合单价法中的措施项目费、规费和税金等会在清单中单独列出。相应计算公式为：

综合单价＝规定计量单位项目的人工费＋规定计量单位项目的材料费＋

规定计量单位项目的施工机械使用费＋工程设备费＋取费基数×

（企业管理费费率＋利润率）＋一定范围内的风险费用　　　　(1-7)

式中，"取费基数"一般为规定计量单位项目的人工费和机械使用费之和。

表 1-2 为按 2018 版安徽省建设工程计价依据制定的综合单价法计价程序。

表 1-2　综合单价法计价程序

序号	费用项目		计算方法
1	分部分项工程项目费		∑［分部分项工程量×（定额人工费＋定额材料费＋定额机械费＋综合费)]
1.1	其中	定额人工费	∑（分部分项工程量×定额人工消耗量×定额人工单价）
1.2		定额机械费	∑（分部分项工程量×定额机械消耗量×定额机械单价）
1.3		综合费	（1.1＋1.2)×综合费费率
2	措施项目费		∑（1.1＋1.2)×措施项目费费率
3	不可竞争费		3.1＋3.2
3.1	安全文明施工费		（1.1＋1.2)×安全文明施工费定额费率
3.2	工程排污费		按工程实际情况计列
4	其他项目费		4.1＋4.2＋4.3＋4.4
4.1	暂列金额		按工程量清单中列出的金额填写
4.2	专业工程暂估价		按工程量清单中列出的金额填写
4.3	计日工		计日工单价×计日工数量
4.4	总承包服务费		按工程实际情况计列
5	税金		（1＋2＋3＋4)×税率
6	建设工程造价		1＋2＋3＋4＋5

2. 全费用单价法

全费用单价法是指采用国际清单计价模式的清单计价方法，在国内又称为港式清单计价法，单价中综合了分项工程人工费、材料费、机械费，管理费、利润、规费以及有关文件规定的调价、税金、一定范围内的风险等全部费用。以各分项工程量乘以全费用单价计算出相应合价，合价汇总后，再加上措施项目的完全价格，就生成了单位工程造价。

相应计算公式为：

全费用综合单价＝∑（人工费＋材料费＋机械费＋措施费＋管理费＋利润＋税金＋规费）

(1-8)

全费用综合单价总造价＝∑（工程量 1×全费用单价 1＋工程量 2×全费用单价 2＋

…＋工程量 n×全费用单价 n)　　　　(1-9)

国际清单计价一般都采用全费用综合单价。随着我国经济的发展和产业国际化的推进，不少投资项目特别是房地产头部企业的投资项目在进行招标时都会采用国际清单计价模式。

1.3.3　建筑与装饰工程费用组成

工程量清单计价模式下的建筑安装工程造价由分部分项工程费、措施项目费、其他项目费、规费和税金组成。为规范投标，2018 版安徽省建设工程计价依据《安徽省建设工程费用定额》中把规费修改为不可竞争费。具体如图 1-4 所示。

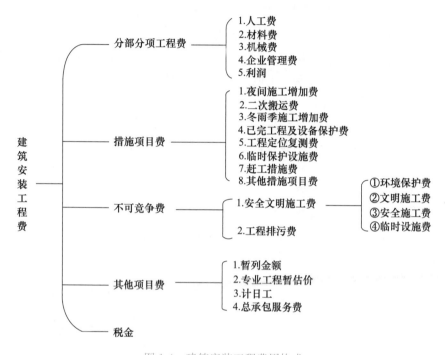

图 1-4　建筑安装工程费用构成

1.3.3.1　分部分项工程费

分部分项工程费是指各专业工程的分部分项工程应予列出的各项费用，由人工费、材料费、机械费和综合费构成。

1. 人工费

人工费是指支付给从事建设工程施工的生产工人和附属生产单位工人的各项费用，包括工资、奖金、津贴补贴、职工福利费、劳动保护费、社会保险费、住房公积金、工会经费和职工教育经费。人工费可以按下式计算：

$$人工费 = \sum（工程工日消耗量 \times 日工资单价）\tag{1-10}$$

日工资单价是指施工企业平均技术熟练程度的生产工人在每工作日（国家法定工作时间内）按规定从事施工作业应得的日工资总额。

各地工程造价管理机构通过市场调查，根据工程项目的技术要求，参考实物工程量人工单价综合分析确定人工日工资单价，并定期在相关媒体上公布。最低日工资单价不得低于工程所在地人力资源和社会保障部门发布的最低工资标准：普工 1.3 倍、一般技工 2 倍、高级技工 3 倍。

2. 材料费

材料费是指施工过程中耗费的原材料、辅助材料、构配件、零件、半成品或成品、工程设备的费用，具体包括：

（1）材料原价，指材料、工程设备的出厂价格或商家供应价格。

（2）运杂费，指材料、工程设备自来源地运至工地仓库或指定堆放地点所产生的全部费用。

（3）运输损耗费，指材料在运输装卸过程中出现的不可避免的损耗。

（4）采购及保管费，指为组织采购、供应和保管材料、工程设备的过程中所需要的各项费用，包括采购费、仓储费、工地保管费、仓储损耗。

材料费一般按下式计算：

$$材料费 = \sum （材料消耗量 \times 材料单价） \tag{1-11}$$

$$材料单价 = [（材料原价 + 运杂费）\times（1 + 运输损耗率）] \times（1 + 采购保管费率）$$
$$\tag{1-12}$$

工程设备费一般按下式计算：

$$工程设备费 = \sum （工程设备量 \times 工程设备单价） \tag{1-13}$$

$$工程设备单价 = （设备原价 + 运杂费）\times（1 + 采购保管费率） \tag{1-14}$$

3. 机械费

机械费是指施工作业所发生的施工机械、仪器仪表使用费或其租赁费。

（1）施工机械使用费。

以施工机械台班消耗量乘以施工机械台班单价表示。施工机械台班单价应由下列七项费用组成：

①折旧费，指施工机械在规定的耐用总台班内，陆续收回其原值的费用。

②检修费，指施工机械在规定的耐用总台班内，按规定的检修间隔进行必要的检修，以恢复其正常功能所需的费用。

③维护费，指施工机械在规定的耐用总台班内，按规定的维护间隔进行各级维护和临时故障排除所需的费用。包括为保障机械正常运转所需替换设备与随机配备工具附件的摊销费用、机械运转及日常维护所需润滑与擦拭的材料费用及机械停滞期间的维护费用等。

④安拆费及场外运费，安拆费是指施工机械在现场进行安装与拆卸所需的人工、材料、机械和试运转费用以及机械辅助设施的折旧、搭设、拆除等费用；场外运费是指施工机械整体或分体自停放地点运至施工现场或由一施工地点运至另一施工地点的运输、装卸、辅助材料等费用。

⑤人工费，指施工机械机上司机（司炉）和其他操作人员的人工费。

⑥燃料动力费，指施工机械在运转作业中所消耗的各种燃料及水、电等费用。

⑦其他费用，指施工机械按照国家规定应缴纳的车船税、保险费及检测费等。

施工机械使用费一般按下式计算：

$$施工机械使用费 = \sum （施工机械台班消耗量 \times 机械台班单价） \tag{1-15}$$

机械台班单价＝台班折旧费＋台班大修费＋台班经常修理费＋台班安拆费及场外运费＋

$$台班人工费＋台班燃料动力费＋台班车船税费 \qquad (1-16)$$

工程造价管理机构在确定计价定额中的施工机械使用费时，可根据《建筑施工机械台班费用计算规则》，结合市场调查编制施工机械台班单价。

施工企业可以参考工程造价管理机构发布的台班单价，自主确定施工机械使用费的报价，如租赁施工机械，公式为：

$$施工机械使用费＝\sum（施工机械台班消耗量×机械台班租赁单价） \qquad (1-17)$$

（2）仪器仪表使用费。

仪器仪表使用费是指工程施工所需使用的仪器仪表的摊销及维修费用，一般按下式计算：

$$仪器仪表使用费＝工程使用的仪器仪表摊销费＋维修费 \qquad (1-18)$$

4. 综合费

综合费由企业管理费、利润构成。

（1）企业管理费。

企业管理费是指建设工程施工企业组织施工生产和经营管理所需的费用，具体包括：

①管理人员工资，指按规定支付给管理人员的工资、奖金、津贴补贴、职工福利费、劳动保护费、社会保险费、住房公积金、工会经费和职工教育经费。

②办公费，指企业管理办公用的文具、纸张、账表、印刷、邮电、书报、办公软件、现场监控、会议、水电、烧水和集体取暖降温（包括现场临时宿舍取暖降温）等费用。

③差旅交通费，指职工因公出差、调动工作的差旅费，住勤补助费，市内交通费，午餐补助费，职工探亲路费，劳动力招募费，职工退休、退职一次性路费，工伤人员就医路费，工地转移费以及管理部门使用的交通工具的油料、燃料等费用。

④固定资产使用费，指管理和试验部门及附属生产单位使用的属于固定资产的房屋、设备、仪器等的折旧、大修、维修或租赁费。

⑤工具用具使用费，指企业施工生产和管理使用的不属于固定资产的工具、器具、家具、交通工具及检验、试验、测绘、消防用具等的购置、维修和摊销费。

⑥福利费，指企业按工资的一定比例提取出来的专门用于职工医疗、补助及其他福利事业的经费，包括发放给管理人员或为管理人员支付的各项现金补贴和非货币性集体福利。

⑦检验试验费，指施工企业按照有关标准规定，对建筑以及材料、构件和建筑安装物进行一般鉴定、检查所发生的费用，包括自设试验室进行试验所耗用的材料等费用。不包括新结构、新材料的试验费，对构件做破坏性试验及其他特殊要求检验试验的费用及建设单位委托检测机构进行检测的费用。此类检测发生的费用，由建设单位在工程建设其他费用中列支。但对施工企业提供的具有合格证明的材料进行检测，不合格的，检测费用由施工企业支付。

⑧财产保险费，指施工管理用财产、车辆等的保险费用。

⑨财务费，指企业为施工生产筹集资金或提供预付款担保、履约担保、职工工资支付担保等产生的各种费用。

⑩税金，指企业按规定缴纳的房产税、车船税、城镇土地使用税、印花税、城市维护建设税、教育费附加、地方教育附加及水利建设基金等。

⑪其他，包括技术转让费、技术开发费、投标费、业务招待费、绿化费、广告费、公证费、法律顾问费、审计费、咨询费、其他保险费等。

（2）利润。

利润是指施工企业完成所承包工程获得的盈利。

按 2018 版安徽省建设工程计价依据的规定，综合费以定额人工费和定额机械费之和为计算基数，具体公式为：

$$综合费＝（定额人工费＋定额机械费）×综合费费率 \qquad (1\text{-}19)$$

1.3.3.2 措施项目费

措施项目费是指为完成建设工程施工，发生于该工程施工前和施工过程中的技术、生活、安全等方面的费用。其主要由下列费用构成。

1. 夜间施工增加费

夜间施工增加费是指正常作业因夜间施工而产生的夜班补助费，夜间施工降效费，夜间施工照明设施、交通标志、安全标牌、警示灯等移动和安拆的费用。

2. 二次搬运费

二次搬运费是指因施工场地条件限制而产生的材料、成品、半成品等一次运输不能到达堆放地点，必须进行二次或多次搬运所产生的费用。

3. 冬雨季施工增加费

冬雨季施工增加费是指在冬季或雨季施工需增加的临时设施搭拆、施工现场的防滑处理、雨雪清除，对砌体、混凝土等保温养护，人工及施工机械效率降低等费用。不包括设计要求混凝土内添加防冻剂的费用。

4. 已完工程及设备保护费

已完工程及设备保护费是指竣工验收前，对已完工程及设备采取的覆盖、包裹、封闭、隔离等必要保护措施所产生的费用。

5. 工程定位复测费

工程定位复测费是指工程施工过程中进行全部施工测量放线和复测工作的费用。

6. 临时保护设施费

临时保护设施费是指在工程施工过程中，对已建成的地上、地下设施和建筑物采取遮盖、封闭、隔离等必要保护措施所产生的费用。

7. 赶工措施费

建设单位要求施工工期少于安徽省现行定额工期 20％时，施工企业为满足工期要求，采取相应措施而产生的费用。

8. 其他措施项目费

其他措施项目费是指根据各专业特点、地区和工程特点所需要的措施费用。

按 2018 版安徽省建设工程计价依据的规定，措施项目费以定额人工费和定额机械费之和为计算基数，具体公式为：

$$措施项目费＝（定额人工费＋定额机械费）×措施项目费费率 \qquad (1\text{-}20)$$

1.3.3.3　不可竞争费

不可竞争费是指不能采用竞争的方式支出的费用。其由安全文明施工费和工程排污费构成，安全文明施工费中包含扬尘污染防治费。编制与审核建设工程造价时，其费率应按定额规定费率计取，不得调整。

【思政小贴纸：安全意识】

安全文明施工费为什么是不可竞争费？

近 5 年房屋市政工程生产安全事故情况通报数据和国务院通报数据说明，建筑业已成高危行业。中央对安全生产工作做出重要指示："人命关天，发展决不能以牺牲人的生命为代价。这必须作为一条不可逾越的红线。"

将安全文明施工费列为不可竞争费，体现了国家以人为本的生产理念。同学们在学习和工作中也要增强安全意识，敬畏生命、关注安全，珍惜现有生活，不负韶华，砥砺前行。

1. 安全文明施工费

安全文明施工费由环境保护费、文明施工费、安全施工费和临时设施费构成。

（1）环境保护费，指施工现场为达到环保部门要求所需要的各项费用。

（2）文明施工费，指施工现场文明施工所需要的各项费用。

（3）安全施工费，指施工现场安全施工所需要的各项费用。

（4）临时设施费，指施工企业为进行建设工程施工所必须搭设的生活和生产用的临时建筑物、构筑物和其他临时设施的费用，包括临时设施的搭设、维修、拆除、清理费或摊销费等。

按 2018 版安徽省建设工程计价依据的规定，安全文明施工费以定额人工费和定额机械费之和为计算基数，具体公式为：

$$安全文明施工费＝（定额人工费＋定额机械费）×安全文明施工费费率 \quad (1\text{-}21)$$

2. 工程排污费

工程排污费是指按规定缴纳的施工现场工程排污费，按工程实际情况计列。

1.3.3.4　其他项目费

1. 暂列金额

暂列金额是指建设单位在工程量清单或施工承包合同中暂定并包含在工程合同价款中的一笔款项，用于施工合同签订时尚未确定或者不可预见的所需材料、工程设备、服务的采购，施工中可能发生的工程变更、合同约定调整因素出现时的工程价款调整以及发生的索赔、现场签证确认等的费用。按工程量清单中列出的金额填写。

2. 专业工程暂估价

专业工程暂估价是指建设单位在工程量清单中提供的用于支付必然发生但暂时不能

确定价格的专业工程的金额。按工程量清单中列出的金额填写。

3. 计日工

计日工是指在施工过程中，施工企业完成建设单位提出的施工图以外的零星项目或工作所需的费用。

4. 总承包服务费

总承包服务费是指总承包人为配合、协调建设单位进行的专业工程发包，对建设单位自行采购的材料、工程设备等进行保管以及施工现场管理、竣工资料汇总整理等服务所需的费用。

1.3.3.5 税金

税金是指国家税法规定的应计入建设工程造价内的增值税。

课后习题

一、单项选择题

1. 以下属于单位工程的是（　　）。

A. 一幢实验楼　　　B. 装饰工程　　　　C. 土方工程　　　　D. 钢筋工程

2. 建设工程造价有两种含义，从业主和承包商的角度可以分别理解为（　　）。

A. 建设工程固定资产投资和建设工程承发包价格

B. 建设工程总投资和建设工程承发包价格

C. 建设工程总投资和建设工程固定资产投资

D. 建设工程动态投资和建设工程静态投资

3. 基本建设程序正确的是（　　）。

A. 投资决策→设计→施工招投标→施工→竣工决算

B. 投资决策→施工招投标→设计→施工→竣工决算

C. 设计→投资决策→施工招投标→施工→竣工决算

D. 设计→施工招投标→投资决策→施工→竣工决算

4. 下列关于工程造价的说法，正确的是（　　）。

A. 施工图预算由建设单位编制

B. 招标控制价由工程造价咨询人编制

C. 投标价由承包单位编制

D. 对于公开招标的工程项目，中标单位的投标价即为承发包双方的合同价

5. 下列关于工程量清单计价取费基数，说法正确的是（　　）。

A. 综合单价中的综合费以定额人工费为取费基数

B. 综合单价中的综合费以定额人工费＋定额机械费为取费基数

C. 安全文明施工费可以作为竞争性费用，施工单位在投标时，可以随意报价

D. 工程量清单计价模式下的工程造价中的税金包含所有税费

6. 材料单价是指材料从其来源地到达（　　）的价格。

A. 工地 　　　　　　　　　　　　 B. 施工操作地点

C. 工地仓库 　　　　　　　　　　 D. 施工工地仓库

7. 下列费用中不属于企业管理费的是（　　）。

A. 教育费附加 　　　　　　　　　 B. 劳动保护费

C. 折旧费 　　　　　　　　　　　 D. 工会经费

8. 下列费用中不属于建筑安装工程中企业管理费的是（　　）。

A. 社会保险费 　　　　　　　　　 B. 房产税

C. 城市维护建设税 　　　　　　　 D. 教育费附加

9. 下列不属于建筑安装工程费的是（　　）。

A. 分部分项工程费 　　　　　　　 B. 措施项目费

C. 规费 　　　　　　　　　　　　 D. 工程造价咨询费

10. 关于建筑安装工程费用中的规费，下列说法中正确的是（　　）。

A. 规费是指由县级及以上有关权力部门规定必须缴纳或计取的费用

B. 规费包括住房公积金

C. 其他应列入而未列入的规费，可不收取

D. 社会保险费中包括建筑安装工程费一切险的投保费用

二、多项选择题

1. 以下属于单项工程的是（　　）。

A. 某小区一幢住宅楼 　　　　　　 B. 某大型综合医院

C. 办公楼的土建工程 　　　　　　 D. 学校的图书馆大楼

E. 办公楼的安装工程

2. 按照分部分项工程项目清单项目设置规则，以下各项中属于分项工程的是（　　）。

A. 石砌体 　　　　　　　　　　　 B. 砖基础

C. 多孔砖柱 　　　　　　　　　　 D. 砖散水坪

E. 垫层

3. 关于材料单价的构成和计算，下列说法中正确的有（　　）。

A. 材料单价指材料由其来源地运达工地仓库的入库价

B. 运输损耗指材料在场外运输装卸及施工现场内搬运发生的不可避免的损耗

C. 采购及保管费包括组织采购、供应过程中发生的费用

D. 材料单价中包括材料运杂费和运输损耗费

E. 材料原价也就是供应价格

4. 下列费用中，属于建筑安装工程人工费的有（　　）。

A. 生产工人的技能培训费用 　　　 B. 生产工人的流动施工津贴

C. 生产工人的增收节支奖金 　　　 D. 项目管理人员的计时工资

E. 生产工人在法定节假日的加班工资

5. 以下各项内容中属于规费的是（　　　　）。

A. 生育保险　　　　　　　　　　B. 劳动保险

C. 工伤保险　　　　　　　　　　D. 医疗保险

E. 劳动保护

6. 下列各项中，不属于基本预备费内容的是（　　　　）。

A. 人工、设备、材料、施工机械的价差费用

B. 技术设计、施工图设计及施工过程中所增加的工程费用

C. 一般自然灾害造成的损失和预防自然灾害所采取的措施费用

D. 竣工验收时为鉴定工程质量对隐蔽工程进行必要修复的费用

7. 编制招标控制价中的其他项目费时，暂列金额通常根据（　　　　）进行估算。

A. 市场价格波动程度　　　　　　B. 工程的复杂程度

C. 设计深度　　　　　　　　　　D. 工程环境条件

E. 政策的稳定程度

8. 关于其他项目清单的编制，说法正确的有（　　　　）。

A. 暂列金额是预见肯定要发生但暂时无法明确数额的费用项目

B. 专业工程暂估价应包括除规费以外的所有综合单价构成内容

C. 暂估价中的材料、工程设备单价应按招标工程量清单中列出的单价计入综合单价

D. 总承包服务费包括总承包人为分包工程及自行采购材料、设备发生的管理费用

E. 招标人应预计总承包服务费并按投标人的投标报价向投标人支付该项费用

三、简答题

1. 简述工程造价的含义及特点。

2. 什么是基本建设项目？简述建设项目的分解过程。

3. 简述规费中的社会保障费和安全施工费是如何确定的。

4. 简述工程量清单计价的概念。

5. 简述工程量清单计价模式下建筑安装工程造价的组成。

项目 2 建筑面积计算

知识目标

(1) 了解建筑面积的概念及作用；

(2) 熟悉建筑面积的计算规则。

能力目标

(1) 正确理解建筑面积的术语解释；

(2) 掌握建筑面积的计算方法；

(3) 能正确计算房屋建筑工程的建筑面积。

任务 2.1 建筑面积的概念、作用

2.1.1 建筑面积的概念

扫码学习任务 2.1

建筑面积（也称展开面积），是指建筑物各层面积的总和。

$$建筑面积＝使用面积＋辅助面积＋结构面积 \tag{2-1}$$

式中 使用面积——建筑物各层为生产或生活使用的净面积总和，如办公室、卧室、客厅等；

辅助面积——建筑物各层为生产或生活起辅助作用的净面积总和，如电梯间、楼梯间等；

结构面积——各层平面布置中的墙体、柱、支撑等实体结构所占面积的总和。

其中：

$$使用面积＋辅助面积＝有效面积 \tag{2-2}$$

建筑面积的构成如图 2-1 所示。

2.1.2 建筑面积的作用

(1) 建筑面积是确定建设规模的重要指标。

根据项目立项批准文件所核准的建筑面积，是初步设计的重要控制指标。按规定，施工图的建筑面积不得超过初步设计的 5%，否则必须重新报批。

25

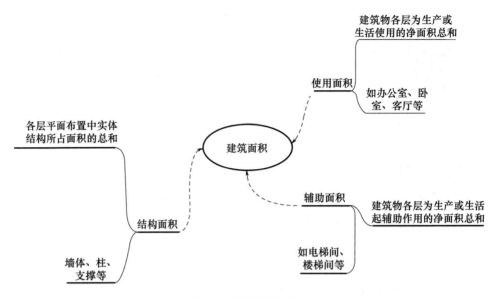

图 2-1　建筑面积的构成

（2）建筑面积是确定各项技术经济指标的基础。

建筑面积是确定每平方米建筑面积的造价和工程用量的基础性指标，即

$$工程单位面积造价＝\frac{工程造价}{建筑面积} \tag{2-3}$$

$$人工单位面积消耗指标＝\frac{工程总人工工日消耗量}{建筑面积} \tag{2-4}$$

$$材料单位面积消耗指标＝\frac{工程某种材料总消耗量}{建筑面积} \tag{2-5}$$

（3）建筑面积是计算有关分项工程量的依据。

（4）建筑面积是选择概算指标和编制概算的主要依据。

任务 2.2　建筑面积的计算

建筑工程建筑面积计算规范为住房城乡建设部与国家质量监督检验检疫总局联合发布的《建筑工程建筑面积计算规范》（GB/T 50353—2013），自 2014 年 7 月 1 日起实施。

该规范总则："为规范工业与民用建筑工程建设全过程的建筑面积计算，统一计算方法，制定本规范。本规范适用于新建、扩建、改建的工业与民用建筑工程建设全过程的建筑面积计算。建筑工程的建筑面积计算，除应符合本规范外，尚应符合国家现行有关标准的规定。"

2.2.1　建筑面积计算术语

1. 建筑面积（construction area）

建筑物（包括墙体）所形成的楼地面面积。

2. 自然层（floor）

按楼地面结构分层的楼层。

3. 结构层高（structure story height）

楼面或地面结构层上表面至上部结构层上表面之间的垂直距离。

4. 围护结构（building enclosure）

围合建筑空间的墙体、门、窗。

5. 建筑空间（space）

以建筑界面限定的、供人们生活和活动的场所。

6. 结构净高（structure net height）

楼面或地面结构层上表面至上部结构层下表面之间的垂直距离。

7. 围护设施（enclosure facilities）

为保障安全而设置的栏杆、栏板等围挡。

8. 地下室（basement）

室内地平面低于室外地平面的高度超过室内净高的 1/2 的房间。

9. 半地下室（semi-basement）

室内地平面低于室外地平面的高度超过室内净高的 1/3，且不超过 1/2 的房间。

10. 架空层（stilt floor）

仅有结构支撑而无外围护结构的开敞空间层。

11. 走廊（corridor）

建筑物中的水平交通空间。

12. 架空走廊（elevated corridor）

专门设置在建筑物的二层或二层以上，作为不同建筑物之间水平交通的空间。

13. 结构层（structure layer）

整体结构体系中承重的楼板层。

14. 落地橱窗（french window）

突出外墙面且根基落地的橱窗。

15. 凸窗（飘窗）（bay window）

凸出建筑物外墙面的窗户。

16. 檐廊（eaves gallery）

建筑物挑檐下的水平交通空间。

17. 挑廊（overhanging corridor）

挑出建筑物外墙的水平交通空间。

18. 门斗（air lock）

建筑物入口处两道门之间的空间。

19. 雨篷（canopy）

建筑出入口上方为遮挡雨水而设置的部件。

20. 门廊（porch）

建筑物入口前有顶棚的半围合空间。

21. 楼梯（stairs）

由连续行走的梯级、休息平台和维护安全的栏杆（或栏板）、扶手以及相应的支托结构组成的作为楼层之间垂直交通使用的建筑部件。

22. 阳台（balcony）

附设于建筑物外墙，设有栏杆或栏板，可供人活动的室外空间。

23. 主体结构（major structure）

接受、承担和传递建设工程所有上部荷载，维持上部结构整体性、稳定性和安全性的有机联系的构造。

24. 变形缝（deformation joint）

防止建筑物在某些因素作用下引起开裂甚至破坏而预留的构造缝。

25. 骑楼（overhang）

建筑底层沿街面后退且留出公共人行空间的建筑物。

26. 过街楼（overhead building）

跨越道路上空并与两边建筑相连接的建筑物。

27. 建筑物通道（passage）

为穿过建筑物而设置的空间。

28. 露台（terrace）

设置在屋面、首层地面或雨篷上的供人室外活动的有围护设施的平台。

29. 勒脚（plinth）

在房屋外墙接近地面部位设置的饰面保护构造。

30. 台阶（step）

联系室内外地坪或同楼层不同标高而设置的阶梯形踏步。

2.2.2 建筑面积计算的规定

国家标准《建筑工程建筑面积计算规范》（GB/T 50353—2013），对建筑面积计算的规定如下：

扫码学习任务 2.2.2.1

2.2.2.1 计算建筑面积的范围

（1）建筑物的建筑面积应按自然层外墙结构外围水平面积之和计算。结构层高在 2.20m 及以上的，应计算全面积；结构层高在 2.20m 以下的，应计算 1/2 面积。

（2）建筑物内设有局部楼层时，对于局部楼层的二层及以上楼层，有围护结构的应按其围护结构外围水平面积计算，无围护结构的应按其结构底板水平面积计算。结构层高在 2.20m 及以上的，应计算全面积；结构层高在 2.20m 以下的，应计算 1/2 面积。

如图 2-2 所示的建筑面积为：

$$S=LB+lb \tag{2-6}$$

式中　S——局部带楼层的单层建筑物面积；

L——两端山墙勒脚以上结构外表面之间的水平距离；

B——两端纵墙勒脚以上结构外表面之间的水平距离；

l、b——楼层局部部分结构外表面之间的水平距离。

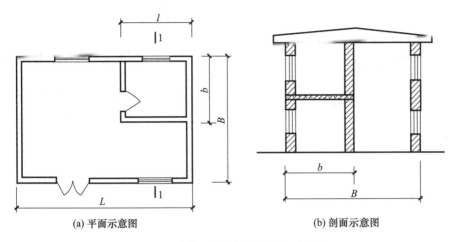

| (a) 平面示意图 | (b) 剖面示意图 |

图 2-2　设有局部楼层的建筑物示意图

（3）对于形成建筑空间的坡屋顶，结构净高在 2.10m 及以上的部位应计算全面积；结构净高在 1.20m 及以上至 2.10m 以下的部位应计算 1/2 面积；结构净高在 1.20m 以下的部位不应计算建筑面积。

（4）对于场馆看台下的建筑空间，结构净高在 2.10m 及以上的部位应计算全面积；结构净高在 1.20m 及以上至 2.10m 以下的部位应计算 1/2 面积；结构净高在 1.20m 以下的部位不应计算建筑面积。室内单独设置有围护设施的悬挑看台，应按看台结构底板水平投影面积计算建筑面积。有顶盖无围护结构的场馆看台应按其顶盖水平投影面积的 1/2 计算面积。

（5）地下室、半地下室应按其结构外围水平面积计算。结构层高在 2.20m 及以上的，应计算全面积；结构层高在 2.20m 以下的，应计算 1/2 面积。

（6）出入口外墙外侧坡道有顶盖的部位，应按其外墙结构外围水平面积的 1/2 计算面积。出入口坡道顶盖的挑出长度，为顶盖结构外边线至外墙结构外边线的长度；顶盖以设计图纸为准，对后增加及建设单位自行增加的顶盖等，不计算建筑面积。顶盖不分材料种类（如钢筋混凝土顶盖、彩钢板顶盖、阳光板顶盖等）。地下室出入口示意如图 2-3所示。

（7）建筑物架空层及坡地建筑物吊脚架空层，应按其顶板水平投影计算建筑面积。结构层高在 2.20m 及以上的，应计算全面积；结构层高在 2.20m 以下的，应计算 1/2 面积。建筑物吊脚架空层示意图如图 2-4 所示。

（8）建筑物的门厅、大厅应按一层计算建筑面积，门厅、大厅内设置的走廊应按走廊结构底板水平投影面积计算建筑面积。结构层高在 2.20m 及以上的，应计算全面积；结构层高在 2.20m 以下的，应计算 1/2 面积。

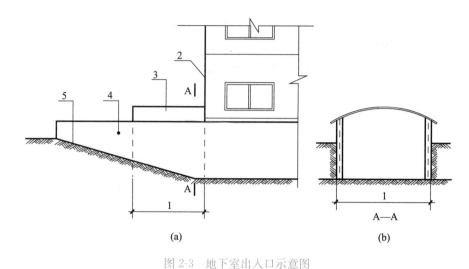

图 2-3 地下室出入口示意图

1—计算建筑面积部分；2—主体结构；3—出入口顶盖；4—出入口侧墙；5—出入口坡道

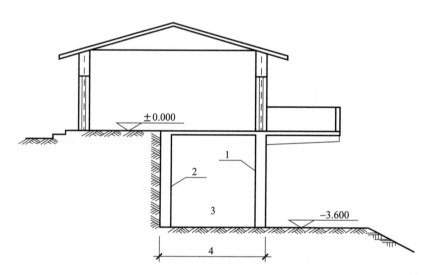

图 2-4 建筑物吊脚架空层示意图

1—墙；2—柱；3—吊脚架空层；4—计算建筑面积部分

（9）对于建筑物间的架空走廊，有顶盖和围护设施的，应按其围护结构外围水平面积计算全面积；无围护结构、有围护设施的，应按其结构底板水平投影面积计算 1/2 面积。

（10）对于立体书库、立体仓库、立体车库，有围护结构的，应按其围护结构外围水平面积计算建筑面积；无围护结构、有围护设施的，应按其结构底板水平投影面积计算建筑面积。无结构层的应按一层计算，有结构层的应按其结构层面积分别计算。结构层高在 2.20m 及以上的，应计算全面积；结构层高在 2.20m 以下的，应计算 1/2 面积。

（11）有围护结构的舞台灯光控制室，应按其围护结构外围水平面积计算。结构层高在 2.20m 及以上的，应计算全面积；结构层高在 2.20m 以下的，应计算 1/2 面积。

（12）附属在建筑物外墙的落地橱窗，应按其围护结构外围水平面积计算。结构层高在 2.20m 及以上的，应计算全面积；结构层高在 2.20m 以下的，应计算 1/2 面积。

（13）窗台与室内楼地面高差在 0.45m 以下且结构净高在 2.10m 及以上的凸（飘）窗，应按其围护结构外围水平面积计算 1/2 面积。

（14）有围护设施的室外走廊（挑廊），应按其结构底板水平投影面积计算 1/2 面积；有围护设施（或柱）的檐廊，应按其围护设施（或柱）外围水平面积计算 1/2 面积。檐廊示意图如图 2-5 所示。

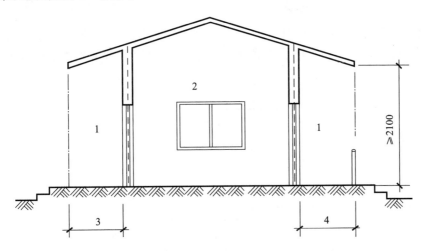

图 2-5 檐廊示意图

1—檐廊；2—室内部分；3—不计算建筑面积部分；4—计算建筑面积部分

（15）门斗应按其围护结构外围水平面积计算建筑面积。结构层高在 2.20m 及以上的，应计算全面积；结构层高在 2.20m 以下的，应计算 1/2 面积。门斗示意图如图 2-6 所示。

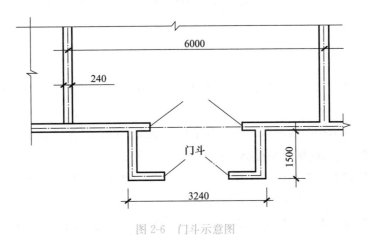

图 2-6 门斗示意图

（16）门廊应按其顶板的水平投影面积的 1/2 计算建筑面积；有柱雨篷应按其结构板水平投影面积的 1/2 计算建筑面积；无柱雨篷的结构外边线至外墙结构外边线的宽度在 2.10m 及以上的，应按雨篷结构板的水平投影面积的 1/2 计算建筑面积。

（17）设在建筑物顶部的、有围护结构的楼梯间、水箱间、电梯机房等，结构层高在 2.20m 及以上的应计算全面积；结构层高在 2.20m 以下的，应计算 1/2 面积。

（18）围护结构不垂直于水平面的楼层，应按其底板面的外墙外围水平面积计算。结构净高在 2.10m 及以上的部位，应计算全面积；结构净高在 1.20m 及以上至 2.10m 以下的部位，应计算 1/2 面积；结构净高在 1.20m 以下的部位，不应计算建筑面积。

（19）建筑物的室内楼梯、电梯井、提物井、管道井、通风排气竖井、烟道，应并入建筑物的自然层计算建筑面积。

有顶盖的采光井应按一层计算面积，且结构净高在 2.10m 及以上的，应计算全面积；结构净高在 2.10m 以下的，应计算 1/2 面积。地下室采光井示意图如图 2-7 所示。

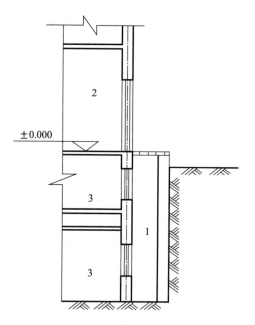

图 2-7 地下室采光井示意图

1—采光井；2—地上室内部分；3—地下室

（20）室外楼梯应并入所依附建筑物自然层，并应按其水平投影面积的 1/2 计算建筑面积。

（21）在主体结构内的阳台，应按其结构外围水平面积计算全面积；在主体结构外的阳台，应按其结构底板水平投影面积计算 1/2 面积。

（22）有顶盖无围护结构的车棚、货棚、站台、加油站、收费站等，应按其顶盖水平投影面积的 1/2 计算建筑面积。

（23）以幕墙作为围护结构的建筑物，应按幕墙外边线计算建筑面积。

（24）建筑物的外墙外保温层，应按其保温材料的水平截面积计算，并计入自然层建筑面积。建筑物外墙保温示意图如图 2-8 所示。

（25）与室内相通的变形缝，应按其自然层合并在建筑物建筑面积内计算。对于高低联跨的建筑物（图 2-9），当高低跨内部连通时，其变形缝应计算在低跨面积内。

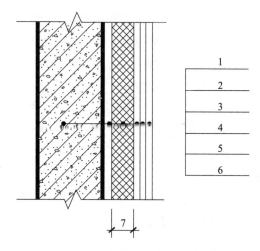

图 2-8　建筑物外墙保温示意图

1—墙体；2—粘结砂浆；3—保温材料；4—标准网；5—加强网；6—外墙面层；7—计算建筑面积部位

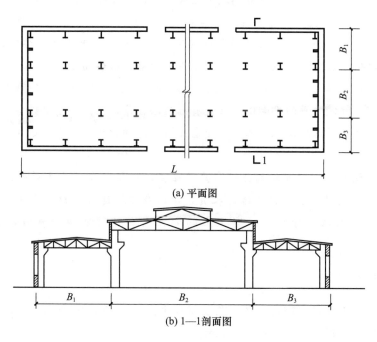

(a) 平面图

(b) 1—1剖面图

图 2-9　某高低联跨单层厂房示意图

（26）对于建筑物内的设备层、管道层、避难层等有结构层的楼层，结构层高在 2.20m 及以上的，应计算全面积；结构层高在 2.20m 以下的，应计算 1/2 面积。

2.2.2.2　不计算建筑面积的范围

（1）与建筑物内不相连通的建筑部件。

（2）骑楼、过街楼底层的开放公共空间和建筑物通道。

（3）舞台及后台悬挂幕布和布景的天桥、挑台等。

（4）露台、露天游泳池、花架、屋顶的水箱及装饰性结构构件。

扫码学习任务
2.2.2.2

（5）建筑物内的操作平台、上料平台、安装箱和罐体的平台。

（6）勒脚、附墙柱、垛、台阶、墙面抹灰、装饰面、镶贴块料面层、装饰性幕墙，主体结构外的空调室外机搁板（箱）、构件、配件，挑出宽度在 2.10m 以下的无柱雨篷和顶盖高度达到或超过两个楼层的无柱雨篷。

（7）窗台与室内地面高差在 0.45m 以下且结构净高在 2.10m 以下的凸（飘）窗，窗台与室内地面高差在 0.45m 及以上的凸（飘）窗。

（8）室外爬梯、室外专用消防钢楼梯。

（9）无围护结构的观光电梯。

（10）建筑物以外的地下人防通道，独立的烟囱、烟道、地沟、油（水）罐、气柜、水塔、储油（水）池、储仓、栈桥等构筑物。

【思政小贴纸：职业意识】

天津万科大都会观文轩将空调机位记入建筑面积争议事件介绍：

2022 年 4 月，业主投诉万科大都会观文轩欺诈消费者，因为万科大都会观文轩把放空调室外机的设备平台的面积计入了建筑面积。按照天津市住宅设计规范，开发商应提供空调室外机位，不提供属于设计缺陷，这块面积如果确定安放空调室外机，就不应该算入建筑面积。业主提出当时与万科签定的购房合同里附有房型图，上面有用红笔勾画的平面图，并盖有万科的公章，在这个图里设备平台并不在红线里，也就是说这块面积是不属于业主知情购买的面积，应予退款或者补偿业主损失。

上述争议事件中建筑物的最终客户是业主，建筑面积是业主最关注的住宅属性，事关业主切身利益。作为造价人员，应该在学好建筑面积计算相关专业知识的基础上，树立诚实守信、顾客至上的职业意识，落实岗位责任，服务社会大众。

2.2.3 案例分析

【例 2-1】某单层建筑物底层平面图及屋顶平面图如图 2-10 所示，请计算单层建筑物的建筑面积，层高 3.6m，墙厚 240mm。

【解】

$S_建 = (3.6×3+0.24) × (6+0.24) ≈ 68.89 （m^2）$

【注意】

工程量计算中经常会遇到"四线一面"，即轴线、外墙中心线长（$L_{外中}$）、外墙外边线长（$L_{外边}$）、内墙净长线长（$L_{内净}$）和建筑面积（$S_建$）。

以本题为例：

$L_{外中} = (3.6×3+6) ×2=33.6 （m）$

$L_{外边} = (3.6×3+0.24+6+0.24) ×2=34.56 （m）$

$L_{内净}=6-0.12×2=5.76 （m）$

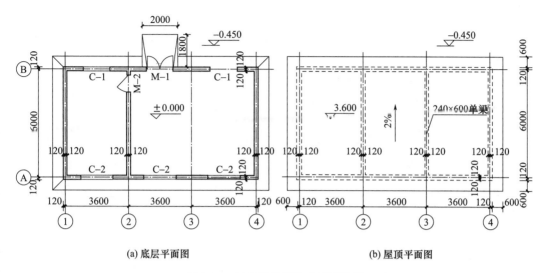

(a) 底层平面图　　　　　　　　(b) 屋顶平面图

图 2-10　某单层建筑物建筑平面图

【例 2-2】某别墅建筑平面图如图 2-11～图 2-15 所示，墙体均为 240mm 厚。请计算其建筑面积。

图 2-11　某别墅东南轴测图

图 2-12　某别墅东北轴测图

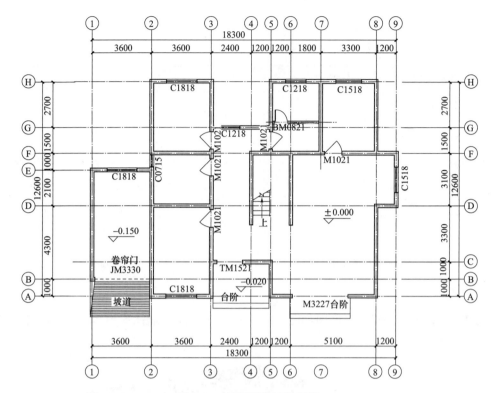

图 2-13　某别墅底层平面图

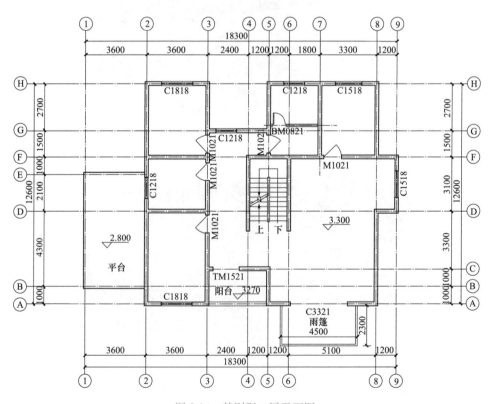

图 2-14　某别墅二层平面图

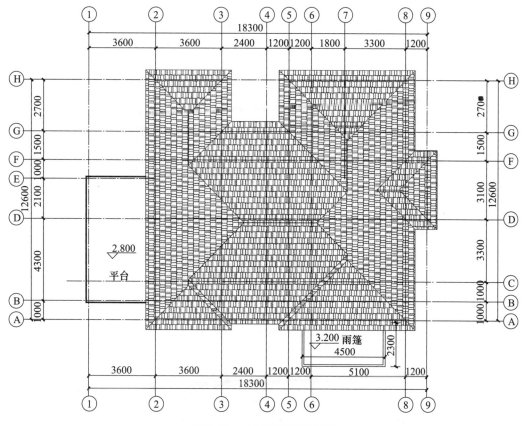

图 2-15　某别墅屋顶平面图

【解】

建议按楼层、部位分别计算建筑面积，再汇总。

$S_{一层}$＝(18.30＋0.24)×(12.60＋0.24)－3.6×5.2－(3.6－0.24)×2.7－

　　　　　1.2×4.2－1.2×5.3－(3.6－0.24)×2－3.6×1≈188.54(m²)

$S_{二层}$＝(18.30－3.6＋0.24)×(12.60＋0.24)－(3.6－0.24)×2.7－1.2×

　　　　　4.2－1.2×5.3－(3.6－0.24)×2≈164.64(m²)

$S_{门廊}$＝(3.6－0.24)×2/2＝3.36(m²)

$S_{阳台}$＝(3.6－0.24)×2/2＝3.36(m²)

$S_{雨篷}$＝4.5×(2.3－0.12)/2≈4.91(m²)

$S_{建}$＝188.54＋164.64＋3.36＋3.36＋4.91＝364.81(m²)

【例 2-3】如图 2-16、图 2-17 所示，某多层住宅墙厚 200mm，变形缝宽度为 0.20m，阳台水平投影尺寸为 1.80m×3.60m（共 18 个），无柱雨篷水平投影尺寸为 2.60m×4.00m，坡屋顶阁楼室内净高最高点为 3.65m，坡屋顶坡度为 1：2；平屋面女儿墙顶面标高为 11.60m。请按《建筑工程建筑面积计算规范》（GB/T 50353—2013）计算建筑面积。

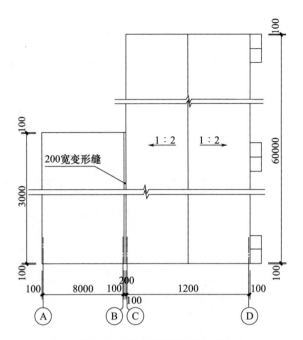

图 2-16 某建筑物屋顶平面图

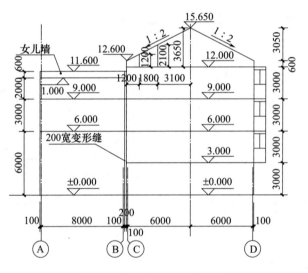

图 2-17 某建筑物侧立面图

【解】

Ⓐ—Ⓒ轴建筑面积：

$S_1 = 30.20 \times (8.4 \times 2 + 8.4 \times 1/2) = 634.20$（m²）

Ⓒ—Ⓓ轴建筑面积：

$S_2 = 60.20 \times 12.20 \times 4 = 2937.76$（m²）

坡屋面建筑面积：

$S_3 = 60.20 \times (6.20 + 1.80 \times 2 \times 1/2) = 481.60$（m²）

雨篷建筑面积：

$S_4 = 2.60 \times 4.00 \times 1/2 = 5.20 \ (m^2)$

阳台建筑面积：

$S_5 = 18 \times 1.80 \times 3.60 \times 1/2 = 58.32 \ (m^2)$

总建筑面积：

$S = S_1 + S_2 + S_3 + S_4 + S_5 = 4117.08 \ (m^2)$

课后习题

一、单项选择题

1. 以下不属于使用面积的是（　　）。

A. 卧室　　　　B. 客厅　　　　C. 套内卫生间　　　D. 住宅楼梯间

2. 根据项目立项有关规定，施工图的建筑面积不得超过初步设计的（　　），否则必须重新报批。

A. 5%　　　　B. 10%　　　　C. 3%　　　　D. 15%

3. 跨越道路上空并与两边建筑相连接的建筑物称为（　　）。

A. 骑楼　　　　B. 过街楼　　　　C. 走廊　　　　D. 架空走廊

4. 对于形成建筑空间的坡屋顶，结构净高在1.20m以下的部位按（　　）计算建筑面积。

A. 0%　　　　B. 50%　　　　C. 100%　　　　D. 前三项均错误

5. 建筑物的外墙外保温层，应按其保温材料的（　　）计算，并计入自然层建筑面积。

A. 水平截面面积　　　　　　B. 垂直截面面积

C. 夹心面积　　　　　　　　D. 投影面积

6. 下列描述中需要计算建筑面积的是（　　）。

A. 与建筑物内不相连通的建筑部件

B. 露台、露天游泳池、花架、屋顶的水箱及装饰性结构构件

C. 挑出宽度为2.20m的无柱雨篷

D. 窗台与室内地面高差在0.45m以上且结构净高在2.10m以下的凸（飘）窗

7. 工程量是指按照事先约定的工程量计算规则计算出来的以物理计量单位或自然计量单位表示的（　　）工程的数量。

A. 分部分项　　　　　　　　B. 子项

C. 独立检验批　　　　　　　D. 单位

8. 下列描述中不属于工程量计算依据的是（　　）。

A. 经审定的施工图纸及图纸会审记录、设计说明

B. 建筑工程预算定额

C. 施工单位自行编制的施工组织设计

D. 图纸中引用的标准图集

9. 带有墙垛的外墙，可先计算出外墙体积，然后加上砖垛体积，此种计算方法称为（　　）。

A. 补加计算法　　　B. 补减计算法　　　C. 分段计算法　　　D. 分层计算法

10. 根据《建筑工程建筑面积计算规范》（GB/T 50353—2013），建筑物内设有局部楼层时，对于局部楼层的二层及以上楼层，无围护结构的应（　　）。

A. 按围护设施计算建筑面积　　　　　B. 按其结构底板水平面积计算

C. 不计算建筑面积　　　　　　　　　D. 只计算 1/2 面积

二、计算题

请计算图 2-18 所示的雨篷建筑面积。

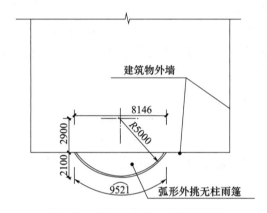

图 2-18　弧形外挑无柱雨篷示意图

项目 3 | 工程量清单编制

(1) 熟悉《建设工程工程量清单计价规范》（GB 50500—2013）规范体系的组成；

(2) 熟悉工程量清单编制的规定和编制依据；

(3) 熟悉工程量清单编制的内容和要求；

(4) 了解招标工程量清单计价表格的使用与填写要求。

(1) 能按照工程量计算规则掌握清单工程量计算方法；

(2) 能根据现行计价规范编制工程量清单；

(3) 能了解工程量清单编制的相关资料；

(4) 能正确填写工程量清单计价表格。

任务 3.1 工程量计算规则

3.1.1 工程量计算规则的作用

工程量是指按照事先约定的工程量计算规则计算出来的以物理计量单位或自然计量单位表示的分部分项工程的数量。物理计量单位多采用长度（m）、面积（m²）、体积（m³）、质量（t 或 kg）；自然计量单位多采用个、只、套、台、座等。

工程量与实物量不同，其区别在于：工程量是按照工程量计算规则计算所得的工程数量；而实物量是实际完成的工程数量。

工程量计算规则是计算分项工程项目时，确定施工图尺寸数据、内容取定、工程量调整系数、工程量计算方法的重要规定。工程量计算规则是具有权威性的规定，是确定工程量消耗的重要依据，其主要作用如下：

(1) 确定工程量项目的依据。工程计价以工程量为基本依据，因此，工程量计算的准确与否，直接影响工程造价的准确性，以及工程建设的投资控制。例如，工程量计算规则规定："建筑物场地厚度≤±300mm 的挖、填、运、找平，应按平整场地项目编码列项。厚度>±300mm 的竖向布置挖土或山坡切土应按挖一般土方项目编码列项"。

(2) 施工图尺寸数据取定的依据。例如，工程量计算规则规定："墙长度，外墙按中心线、内墙按净长计算""外墙高度，斜（坡）屋面无檐口天棚者算至屋面板底；有屋架且室内外均有天棚者算至屋架下弦底另加 200mm；无天棚者算至屋架下弦底另加 300mm，出檐宽度超过 600mm 时按实砌高度计算；与钢筋混凝土楼板隔层者算至板顶；平屋顶算至钢筋混凝土板底"。

（3）工程量是施工企业编制施工作业计划，合理安排施工进度，组织现场劳动力、材料以及机械的重要依据。

（4）工程量是施工企业编制工程形象进度统计报表，向工程建设投资方结算工程价款的重要依据。

工程量是确定工程造价的基础和重要组成部分，工程量的准确程度直接影响工程造价的准确程度。所以说，工程量的计量对工程造价的准确度起着决定性的作用。

3.1.2　工程量计算的一般原则和方法

3.1.2.1　工程量计算的一般原则

在工程预算造价工作中，工程量计算是编制预算造价的原始数据，繁杂且量大。工程量计算的精度和快慢，都直接影响着预算造价的编制质量与速度。

1. 工程量计算依据

（1）经审定的施工图纸及图纸会审记录、设计说明。

（2）建筑工程预算定额。

（3）图纸中引用的标准图集。

（4）施工组织设计及施工现场情况。

2. 工程量计算原则

为了准确计算工程量，防止错算、漏算和重复计算，通常要遵循以下原则：

（1）列项要正确。

计算工程量时，按施工图列出的分项工程必须与预算定额中相应分项工程一致。例如，水磨石楼地面分项工程，预算定额中含水泥白石子浆面层、素水泥浆及分带嵌条与不带嵌条，但不含水泥砂浆结合层，计算分项工程量时就应列面层及结合层两项。又如，水磨石楼梯面层，预算定额中已包含水泥砂浆结合层，则计算时就不应再另列项目。

因此，在计算工程量时，除了熟悉施工图纸及工程量计算规则外，还应掌握预算定额和建设工程工程量清单计价规范中每个分项工程的工作内容和范围，避免重复列项及漏项。

（2）工程量计算规则要一致。

计算工程量，必须与本地区现行预算定额工程量计算规则相一致，以免错算。例如，砖砌体工程中，一砖半墙的厚度，不管图示尺寸是 360mm 还是 370mm，都应按预算定额规定的 365mm 计算。只有计算规则一致，才能保证工程量计算的准确性。

（3）计量单位要一致。

计算工程量时，所列出的各分项工程的计量单位，必须与所使用的预算定额中相应项目的计量单位相一致。

（4）工程量计算要准确。

在计算工程量时，对各分项工程计算尺寸的取定要准确。例如，在计算外墙砖砌体时，规定应按"中心线长"计算，如果按偏轴线计算，就增加（或减少）了工程量。

此外，工程量计算精度要统一。如工程量的计算结果，除钢材（以"t"为计量单位）、木材（以"m^3"为计量单位）按定额单位取小数点后三位外，其余项目一般以取小数点后两位为准。

（5）设计图纸要会审。

计算前要熟悉图纸和设计说明，检查图纸有无错误，所标尺寸在平面、立面、剖面和详图中是否吻合，避免根本错误；图纸中要求的做法，图纸中的门窗统计表、构件统计表和钢筋表中的型号、数量和质量，是否与图纸相符；构件的标号及加工方法，材料的规格型号及强度等都应注意。如有疑难和矛盾问题，须及时通过图纸会审、设计答疑解决，以避免工程量计算依据的根本错误。

3.1.2.2　工程量计算的一般方法

施工图预算中，工程量计算的特点是项目多、数据量大、费时间，这与编制预算既快又准的基本要求相矛盾。如何简化工程量计算，提高计算速度和准确性，是人们一直关注的问题。

1. 计算工程量的一般顺序

一幢建筑物的工程项目很多，如不按一定的顺序进行，极易漏算或重复计算。

（1）单位工程的计算顺序。

①按施工顺序计算；

②按定额项目顺序计算。

（2）分项工程的计算顺序。

①按顺时针（或逆时针）方向计算工程量，即从平面图的一个角开始，按顺时针（或逆时针）方向逐项计算，环绕一周后又回到开始点为止。此种方法适用于计算外墙、外墙基础、外墙挖地槽、外墙装修、楼地面、天棚等的工程量。但是在计算基础和墙体时，要先外墙后内墙，分别计算。

②按先横后竖、先上后下、先左后右的顺序计算。此种方法适用于计算内墙、内墙基础、内墙挖槽、内墙装饰、门窗过梁等的工程量。

③按结构构件编号顺序计算工程量。这种方法适用于计算门窗、钢筋混凝土构件、打桩等的工程量。

④按轴线编号顺序计算工程量。这种方法适用于计算内外墙挖基槽、内外墙基础、内外墙砌体、内外墙装饰等工程。

工程造价人员也可以按照自己的习惯选择计算的方法。

2. 统筹法计算工程量的方法

统筹法是一种用来研究、分析事物内在规律及相互依赖关系，从全局角度出发，明确工作重点，合理安排工作顺序，提高工作质量和效率的科学管理方法。

一个单位工程分解为若干个分项工程。运用统筹思想对工作量计算过程进行分析后，可以看出，这些分项工程既有各自的特点，又有内在的联系。例如，计算外墙地槽、外墙基础垫层、外墙基础等分项工程量时，都可以用同一个长度计算工程量，即外墙中心线。而计算外墙抹灰、勒脚、散水、挑檐等分项工程量时，则要用到外墙外边线长度。又如，平整场地、地面抹灰等与底层建筑面积有关。这些"线"和"面"是许多分项工程量计算的基础。如果我们抓住这些基本数据，利用它们来计算较多工作量，就能达到简化工程量计算的目的。

"基数"是指工程量计算时，经常重复使用的一些基本数据，包括 $L_{外}$、$L_{中}$、$L_{内}$、$S_{底}$，简称为"三线一面"。其中，"三线"是指外墙外边线长 $L_{外}$、外墙中心线长 $L_{中}$、内墙净长线长 $L_{内}$；"一面"是指建筑物的底层建筑面积 $S_{底}$。如果把轴线加入进来，则可称为"四线一面"。

"三线一面"的主要用途如下：

（1）外墙外边线长 $L_{外}$。

$L_{外}$ 是指围绕建筑物外墙外边线长度之和。利用 $L_{外}$ 可以计算人工平整场地、墙脚排水坡、外墙脚手架、挑檐等的工程量。

（2）外墙中心线长 $L_{中}$。

$L_{中}$ 是指围绕建筑物的外墙中心线长度之和。利用 $L_{中}$ 可以计算外墙基槽、外墙基础垫层、外墙基础、外墙圈梁、外墙基防潮层等的工程量。

注意，由于不同厚度墙体的定额单价不同，所以，$L_{中}$ 应按不同墙体厚度分别计算。

（3）内墙净长线长 $L_{内}$。

$L_{内}$ 是指建筑物内隔墙的长度之和。利用 $L_{内}$ 可以计算内墙基槽、内墙基础垫层、内墙基础、内墙圈梁、内墙基防潮层等的工程量。

（4）底层建筑面积 $S_{底}$。

利用底层建筑面积 $S_{底}$ 可以计算人工平整场地、室内回填土、地面垫层、地面面层、顶棚面抹灰、屋面防水卷材、屋面找坡层等的工程量。

需要说明的是：由于工程设计很不一致，对于那些不能用"线"和"面"基数计算的不规则的、较复杂的项目工程量的计算问题，要结合实际，灵活运用下列方法：

（1）分段计算法。如基础断面尺寸、基础埋深不同时，可采取分段法计算工程量。

（2）分层计算法。如遇多层建筑物，各楼层的建筑面积、墙厚、砂浆强度等级等不同时，可用分层计算法。

（3）补加计算法。先把主要的比较方便计算的计算部分一次算出，然后再加上多出的部分。如带有墙垛的外墙，可先计算出外墙体积，然后加上砖垛体积。

（4）补减计算法。在一个分项工程中，如每层楼的地面面积相同，地面构造除一层门厅为水磨石面层外，其余均为水泥砂浆地面，可先按每层都是水泥砂浆地面计算各楼层的工程量，然后再减去门厅的水磨石面层工程量。

3.1.2.3　工程量计算的技巧

（1）熟悉施工图。

①修正图纸。

主要是按照图纸会审记录、设计变更通知单的内容修正全套施工图，这样可避免走"回头路"，造成重复劳动。

②粗略看图。

了解工程的基本概况，如建筑物的层数、高度、层高、基础形式、结构形式和大约的建筑面积等。

了解工程所使用的材料以及采取的施工方法。如基础是砖、石基础还是钢筋混凝土基础，墙体是砌砖还是砌砌块，楼地面的做法等。

了解施工图中的梁表、柱表、混凝土构件统计表、门窗统计表，并对照施工图进行详细核对。一经核对，在计算相应工程量时就可直接利用。

了解施工图的表示方法。

③重点看施工图。

重点看图时，着重需弄清的问题有：房屋室内外的高差，以便在室内挖、填工程时利用这个数据；建筑物的层高、墙体、楼地面面层、门窗等相应工程内容是否因楼层或段落不同有所变化（包括尺寸、材料、做法、数量等变化），以便在进行工程量的计算时区别对待；工业建筑设备基础、地沟等平面布置大概情况，以利于楼地面工程量的计算；建筑物构配件如平台、阳台、雨篷和台阶等的设置情况，便于计算其工程量时明确所在部位。

（2）合理安排工程量的计算顺序。按前面所述的几种工程量计算顺序进行。

（3）灵活运用"统筹法"计算工程量。

（4）充分利用工程量计算手册和计算表格。

使用工程量计算手册和计算表格，是加快预算编制的有力工具，应予以充分利用。通常，工程量计算手册是各地区或个人编制的适用于本地区的预算工程量计算手册，这种手册是将本地区常用的定型构件，通用构配件和常用系数，按预算工程量的计算要求，经计算或整理汇总而成的。例如，等高式砖基础大放脚的折加高度表。

工程量计算表格，常用来计算的项目有预制（现浇）混凝土构件统计计算表、金属结构工程量统计计算表、门窗（洞口）工程量统计计算表等。

3.1.3　工程量计算的步骤

1. 列出分项工程项目名称和工程量计算式

首先按照一定的计算顺序和方法，列出单位工程施工图预算的分项工程项目名称；然后按照工程量计算规则和计算单位（m、m²、m³、kg 等）列出工程量计算式，并注明数据来源。工程量计算式可以只列出一个算式，也可以分别列算式，但都应当注明中间结果，以便后面使用。工程量计算通常采用计算表格形式，在工程量计算表格中列出计算式，以便进行审核。

2. 进行工程量计算

工程量计算式列出后，对所取数据复核，确认无误后再逐式计算。按前面所述的精度要求保留小数点后的位数。

3. 调整计量单位

通常计算的工程量都是以"m""m²""m³"等为计量单位，但在预算定额中计量单位往往是"100m""10m³""100m²"等。因此，还需把计算的工程量按预算定额中相应项目规定的计量单位进行调整，使计算工程量的计量单位与预算定额相应项目的计量单位一致，以便套用预算定额。

4. 自我检查复核

工程量计算完毕后，必须进行自我复核，检查其项目、算式、数据及小数点等有无错误和遗漏，以避免预算审查时返工重算。

任务 3.2　工程量清单规范

3.2.1　工程量清单计价规范的发展

1. "03 版计价规范"

2003 年 2 月 17 日，建设部发布了国家标准《建设工程工程量清单计价规范》（GB 50500—2003）（以下简称"03 版计价规范"），自 2003 年 7 月 1 日开始实施。

"03 版计价规范"包含 5 章和 5 个附录。"03 版计价规范"的实施，为推行工程量清单计价，市场形成工程造价机制奠定了基础。

"03 版计价规范"主要侧重于规范工程招投标阶段的工程量清单计价行为，而对工程合同签订、工程计量与价款支付、合同价款调整、索赔和竣工结算等方面则缺乏相应的规定。

2. "08 版计价规范"

2008 年 7 月 9 日，住房和城乡建设部发布了《建设工程工程量清单计价规范》（GB 50500—2008）（以下简称"08 版计价规范"），自 2008 年 12 月 1 日开始实施。"08 版计价规范"适用于建设工程工程量清单计价活动。

"08 版计价规范"包含 5 章和 6 个附录。"08 版计价规范"的实施，对规范工程实施阶段的计价行为起到了良好的作用，但由于附录无法实时修订，还存在有待完善之处。

3. "13 版计价规范"

2012 年 12 月 25 日，住房城乡建设部、国家质量监督检验检疫总局联合发布了《建设工程工程量清单计价规范》（GB 50500—2013）和 9 个专业工程量计算规范，计价与计量规范共 10 个（以下简称"13 版计价规范"），自 2013 年 7 月 1 日开始实施。

"13 版计价规范"适用于建设工程发承包及实施阶段的计价活动，是以《建设工程工程量清单计价规范》（GB 50500—2013）为母规范，各专业工程工程量计算规范与其配套使用的工程计价、计量标准体系。该标准体系为深入推行工程量清单计价，建立市场工程造价机制奠定了坚实基础，并对维护建设市场秩序、规范建设工程发承包双方的计价行为及促进建设市场健康发展发挥了重要作用。

3.2.2　"13 版计价规范"简介

1. "13 版计价规范"体系

《建设工程工程量清单计价规范》（GB 50500—2013）和 9 个专业工程量计算规范（以下简称为"13 版计量规范"）组成的"13 版计价规范"体系，见表 3-1。

表 3-1　"13 版计价规范"体系

序号	名称	标准
1	《建设工程工程量清单计价规范》	GB 50500—2013
2	《房屋建筑与装饰工程工程量计算规范》	GB 50854—2013
3	《仿古建筑工程工程量计算规范》	GB 50855—2013
4	《通用安装工程工程量计算规范》	GB 50856—2013
5	《市政工程工程量计算规范》	GB 50857—2013
6	《园林绿化工程工程量计算规范》	GB 50858—2013
7	《矿山工程工程量计算规范》	GB 50859—2013
8	《构筑物工程工程量计算规范》	GB 50860—2013
9	《城市轨道交通工程工程量计算规范》	GB 50861—2013
10	《爆破工程工程量计算规范》	GB 50862—2013

2. "13 版计价规范"的特点

（1）确立了工程计价标准体系。

计价，无论什么专业都应该是一致的；计量，随着专业的不同存在不一样的规定。原清单计价规范将其作为附录处理，不方便操作和管理，也不利于不同专业计量规范的修订和增补。因而，计价、计量规范体系表现形式的改变是很有必要的。

"13 版计价规范"共发布 10 个工程计价、工程计量规范，特别是 9 个专业工程计量规范的出台，使整个工程计价标准体系更清晰明了。

（2）注重与施工合同的衔接。

"13 版计价规范"明确定义为适用于工程施工发承包及实施阶段，因此，在术语、条文设置上尽可能与施工合同相衔接，既重视规范的指引和指导作用，又充分尊重发承包双方的意愿，为造价管理与合同管理相统一搭建了平台。

（3）保持了规范的先进性。

"13 版计价规范"增补了建筑市场新技术、新工艺、新材料的项目，删去了技术落后及被淘汰的项目。对土石分类重新进行了定义，实现了与现行国家标准的衔接。

3.2.3 《房屋建筑与装饰工程工程量计算规范》（GB 50854—2013）

《房屋建筑与装饰工程工程量计算规范》（GB 50854—2013）由正文和附录两部分组成，二者具有同等效力，缺一不可。其组成内容见表 3-2。

表 3-2 《房屋建筑与装饰工程工程量计算规范》（GB 50854—2013）的组成

序号	章节	名称	条文数	项目数	说明
1	1	总则	4		
2	2	术语	4		
3	3	工程计量	6		
4	4	工程量清单编制	15		
5	附录 A	土石方工程		13	
6	附录 B	地基处理与边坡支护工程		28	
7	附录 C	桩基工程		11	
8	附录 D	砌筑工程		27	
9	附录 E	混凝土及钢筋混凝土工程		76	
10	附录 F	金属结构工程		31	
11	附录 G	木结构工程		8	
12	附录 H	门窗工程		55	
13	附录 J	屋面及防水工程		21	
14	附录 K	保温、隔热、防腐工程		16	
15	附录 L	楼地面装饰工程		43	
16	附录 M	墙、柱面装饰与隔断、幕墙工程		35	
17	附录 N	天棚工程		10	
18	附录 P	油漆、涂料、裱糊工程		36	
19	附录 Q	其他装饰工程		62	
20	附录 R	拆除工程		37	
21	附录 S	措施项目		52	
		合计	29	561	

1. 正文

正文包括总则、术语、工程计量、工程量清单编制等 4 章内容，条文数量共 29 条，分别对该规范的适用范围、遵循的原则和工程量清单做了明确的规定。

（1）总则。

①为规范房屋建筑与装饰工程造价计量行为，统一房屋建筑与装饰工程工程量计算规则、工程量清单的编制方法，制定本规范。

②本规范适用于工业与民用的房屋建筑与装饰工程发承包及实施阶段计价活动中的工程计量和工程量清单编制。

③房屋建筑与装饰工程计价，必须按本规范的工程量计算规则进行工程计量。

④房屋建筑与装饰工程计量活动，除应遵守本规范外，尚应符合国家现行有关标准的规定。

（2）术语。

①工程量计算。

指建设工程项目以工程设计图纸、施工组织设计或施工方案及有关技术经济文件为依据，按照相关工程国家标准的计算规则、计量单位等规定，进行工程数量的计算活动，在工程建设中简称工程计量。

②房屋建筑。

在固定地点，为使用者或占用物提供庇护覆盖进行以生活、生产或其他活动的实体，可分为工业建筑与民用建筑。

③工业建筑。

提供生产用的各种建筑物，如车间、厂区建筑、动力站、与厂房相连的生活间、厂区内的库房和运输设施等。

④民用建筑。

非生产性的居住建筑和公共建筑，如住宅、办公楼、幼儿园、学校、食堂、影剧院、商店、体育馆、旅馆、医院、展览馆等。

（3）工程计量。

①工程量计算除依据本规范的各项规定外，还应依据以下文件。

经审定通过的施工设计图纸及其说明；经审定通过的施工组织设计或施工方案；经审定通过的其他有关技术经济文件。

②工程实施过程中的计量应按照现行国家标准《建设工程工程量清单计价规范》（GB 50500）的相关规定执行。

③本规范附录中有两个或两个以上计量单位的，应结合拟建工程项目的实际情况，确定其中一个为计量单位。同一工程项目的计量单位应一致。

④工程计量时每一项目汇总的有效位数都要遵守下列规定：

以"t"为单位，应保留小数点后三位数字，第四位小数四舍五入；以"m""m²""m³""kg"为单位，应保留小数点后两位数字，第三位小数四舍五入；以"个""件""根""组""系统"为单位，应取整数。

⑤本规范各项目仅列出了主要工作内容，除另有规定和说明的外，应视为已经包括完成该项目所列或未列的全部工作内容。

⑥房屋建筑与装饰工程涉及电气、给排水、消防等安装工程的项目，按照现行国家标准《通用安装工程工程量计算规范》（GB 50856）的相应项目执行；涉及仿古建筑工程的项目，按现行国家标准《仿古建筑工程工程量计算规范》（GB 50855）的相应项目执行。涉及室外地（路）面、室外给排水等工程的项目，按现行国家标准《市政工程工程量计量规范》（GB 50857）的相应项目执行；采用爆破法施工的石方工程按照现行国家标准《爆破工程工程量计算规范》（GB 50862）的相应项目执行。

2. 附录

附录包含 17 部分，清单项目共 561 项。附录中主要内容有：项目编码、项目名称、项目特征、计量单位、工程量计算规则和工作内容等。其中项目编码、项目名称、项目特征、计量单位、工程量计算规则作为工程量清单"五个要件"的内容，要求编制工程量清单时必须执行。

任务 3.3　工程量清单编制

3.3.1　工程量清单概述

1. 工程量清单

工程量清单是指建设工程的分部分项工程项目、措施项目、其他项目的名称和相应数量，以及规费和税金项目内容的明细清单。

扫码学习任务 3.3.1

2. 招标工程量清单

招标工程量清单是指招标人依据国家标准、招标文件、设计文件及施工现场实际情况编制的，随招标文件发布供投标报价的工程量清单。

需要注意的是：招标工程量清单是"13 版计价规范"的新增术语，是招标阶段供投标人报价的工程量清单，是对工程量清单的进一步细化。

招标工程量清单由分部分项工程项目清单、措施项目清单、其他项目清单、税前项目清单、规费和税金项目清单组成。

招标工程量清单应由具有编制能力的招标人或受其委托，具有相应资质的工程造价咨询人编制。招标工程量清单必须作为招标文件的组成部分，其准确性和完整性由招标人负责。工程施工招标发包可采用多种方式，但如果采用工程量清单计价方式招标发包，招标人就必须将工程量清单连同招标文件一并发（或售）给投标人，投标人不负有核实的义务，更不具有修改和调整的权力。

招标工程量清单作为投标人报价的共同依据，其准确性是指工程量计算无差错，其完整性是指清单列项不缺项漏项。当招标工程量清单由招标人委托工程造价咨询人编制时，其准确性和完整性仍由招标人承担。

3. 已标价工程量清单

已标价工程量清单是指施工合同中已经由承包人在投标报价或签合同之前报过价的工程量清单。构成合同文件组成部分的投标文件中已标明价格，经算术性错误修正（如有）且承包人已确认的工程量清单，包括其说明和表格，承包人填写并签署的用于投标的文件。在招标过程中，招标人编制工程量清单，每一项投标人都要据此报价，一项一个价格。这个报了价格的工程量清单，就是已标价的工程量清单。

已标价工程量清单也是"13 版计价规范"的新增术语，是投标人对招标工程量清单已标明价格，并为招标人接受，构成合同文件组成部分的工程量清单，是对工程量清单的进一步细化。

3.3.2 分部分项工程和单价措施项目清单

1. 分部分项工程工程量清单

分部分项工程工程量清单是指构成建设工程实体的全部分项实体项目名称和数量的明细清单。分部分项工程是分部工程和分项工程的总称。

分部工程是单位工程的组成部分，一般按结构部位、施工特点或施工任务将单位工程划分为若干部分。例如，房屋建筑与装饰工程分为土方工程、桩基工程、砌筑工程、混凝土与钢筋混凝土工程、楼地面工程、天棚工程等分部工程。

扫码学习任务 3.3.2 和任务 3.3.3

分项工程是分部工程的组成部分，一般按不同施工方法、材料、工序将分部工程划分为若干分项。例如，现浇混凝土柱工程分为矩形柱工程、异形柱工程、构造柱工程等分项工程。

2. 单价措施项目清单

单价措施项目清单是指为了完成拟建工程项目施工，发生于该工程施工准备和施工过程中的技术、生活、安全、环境保护等方面的项目，并且该项目可以根据工程图纸和相关计量规范中的工程量计算规则进行计量。

3.3.3 分部分项工程和单价措施项目清单编制

分部分项工程和单价措施项目清单必须记录项目编码、项目名称、项目特征、计量单位和工程量。

分部分项工程和单价措施项目清单必须根据相关工程现行国家计量规范及地方实施细则规定的项目编码、项目名称、项目特征、计量单位和工程量计算规则进行编制。这5个要件在分部分项工程工程量清单的组成中，缺一不可。

例如，某房屋建筑工程分部分项工程和单价措施项目清单与计价表，见表3-3。

表 3-3 分部分项工程和单价措施项目清单与计价表

工程名称：某学院传达室工程   第 1 页 共 4 页

序号	项目编码	项目名称	项目特征	计量单位	工程量	金额（元）				
						综合单价	合价	其中		
								定额人工费	定额机械费	暂估价
		A. 土方工程								
1	010101001001	平整场地	土壤类别：Ⅱ类土；挖、填运距：不考虑	m²	266.66					

3.3.3.1 项目编码

项目编码是分部分项工程和单价措施项目清单项目名称的数字标识，是构成工程量清单的 5 个要件之一。项目编码采用 12 位阿拉伯数字表示，共分为五级。"13 版计量规范"统一到前 9 位，第一至第九位中，第一、第二、第三、第四级编码应按"13 版计量规范"相应专业工程附录的规定设置，第五级第十、第十一、第十二位编码，由工程量清单编制人根据拟建工程的工程量清单项目名称和项目特征设置，同一招标工程的项目编码不得有重码。

1. 各级编码的含义

各级编码代表的含义如图 3-1 所示。

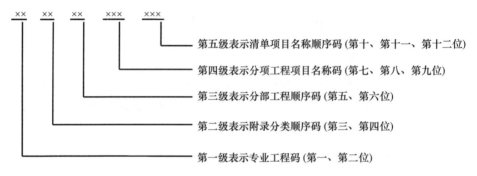

图 3-1　工程量清单项目编码结构

第一级编码（第一、第二位）为专业工程代码；按房屋建筑与装饰工程（01）、仿古建筑工程（02）、通用安装工程（03）、市政工程（04）、园林绿化工程（05）、矿山工程（06）、构筑物工程（07）、城市轨道交通工程（08）、爆破工程（09）设置。以后进入国家标准的专业工程代码以此类推。

第二级编码（第三、第四位）为附录分类顺序码；按相应专业工程"13 版计量规范"附录的顺序编号设置。如房屋建筑中混凝土与钢筋混凝土工程为"0105"。

第三级编码（第五、第六位）为分部工程顺序码；按相应专业工程"13 版计量规范"附录的分部工程编号设置。如房屋建筑中现浇混凝土柱为"010502"。

第四级编码（第七、第八、第九位）为分项工程项目名称顺序码；按相应专业工程"13 版计量规范"附录的分项工程编号设置。如房屋建筑中现浇混凝土基础梁为"010503001"。

第五级编码（第十、第十一、第十二位）为清单项目名称顺序码。由工程量清单编制人根据工程量清单项目名称设置，一般从 001 开始顺序设置，共有 999 个码可供使用。同一招标工程的项目编码不得有重码。

例如，现浇混凝土矩形梁 C20，编码为 010503002001，第一、第二位 01 是房屋建筑与装饰工程专业工程码；第三、第四位 05 是房屋建筑与装饰工程附录 E 混凝土及钢筋混凝土工程顺序码；第五、第六位 03 是房屋建筑与装饰工程中的现浇混凝土梁分部工程顺序码（基础、柱、梁、墙、板、楼梯、其他构件、后浇带）；第七、第八、第九位 002 表示现浇混凝土矩形梁分项工程项目名称码；第十至第十二位 001，由工程量清单编制人根据工程量清单项目名称设置，一般由 001 开始顺序设置。

如果还有现浇混凝土矩形梁 C25，则编码为 010503002002；如果还有现浇混凝土矩形梁 C30，则编码为 010503002003。

再如，某房屋建筑工程同一个合同段的一份工程量清单里包含 3 个单位工程，每一个单位工程中都有项目特征相同的"实心砖墙"。在工程量清单中需反映 3 个不同单位工程的实心砖墙砌体工程量清单，工程量清单应以单位工程为编制对象，则第一个单位工程"实心砖墙"项目编码为 010401003001，第二个单位工程"实心砖墙"项目编码为 010401003002，第三个单位工程"实心砖墙"项目编码为 010401003003。前九位编码相同，后三位分别为"001""002""003"。

2. 项目编码设置的注意事项

（1）同一招标工程的项目编码不得有重码。当同一标段（或合同段）的一份工程量清单中含有多个单位工程且工程量清单是以单位工程为编制对象时，在编制工程量清单时应特别注意对项目编码第十至第十二位的设置不得有重码的规定。

（2）一个项目编码对应一个项目名称、项目特征、计量单位、工程内容，清单编制人在自行设置编码时，以上四项中只要有一项不同，就应另设编码。

（3）项目编码不应再设附码。如用 010302001001-1（附码）和 010302001001-2（附码）编码分别表示 M10 水泥砂浆外墙和 M7.5 水泥砂浆外墙就是错误的编码方法。

（4）清单编制人在自行设置编码时，如需并项要慎重考虑。如某多层建筑物挑檐底部抹灰同室内天棚抹灰的砂浆种类、抹灰厚度都相同，但这两个项目的施工难易程度有所不同，因而要慎重考虑是否并项。

3.3.3.2　项目名称

分部分项工程和单价措施项目清单的项目名称，应按附录的项目名称再结合拟建工程的实际情况确定。我国现行的相关计量规范中，项目名称一般是以"工程实体"命名的，反映工程项目的具体特征，设置时一个最基本的原则是准确。如"实心砖墙""水泥砂浆楼地面"等。应注意，附录中的项目名称所表示的工程实体，有些是可用适当的计量单位计算的完整的分项工程，如"砌筑砖墙"；也有些项目名称所表示的工程实体是分项工程的组合，如采用现场搅拌混凝土施工的混凝土构造柱就是由"混凝土拌制""混凝土浇捣"等分项工程组成的。

在编制分部分项工程工程量清单时，清单项目名称的确定有两种方式：

一是完全按照规范的项目名称编制；

二是以《房屋建筑与装饰工程工程量计算规范》（GB 50854—2013）附录中的项目名称为基础，考虑项目的规格、材质、型号等特征，并结合拟建工程的实际情况，对附录中的项目名称进行适当的调整或细化，使其能够反映影响工程造价的主要因素。

项目名称栏内列入了分项工程清单项目的简略名称。例如，010401001001 对应的项目名称是"砖基础"，具体是什么样的砖基础，应结合拟建工程的实际情况来确定，并在该项目的"项目特征"中描述清楚。

计量规范附录表中的"项目名称"为分项工程项目名称，是形成分部分项工程工程量清单项目名称的基础，在编制分部分项工程工程量清单时可予以适当调整或细化，例如"墙面一般抹灰"这一分项工程，在形成工程量清单项目名称时可以细化为"外墙面一般抹灰""内墙面一般抹灰"等。

3.3.3.3 项目特征

项目特征是构成分部分项工程和施工措施清单项目的本质特征，是区分设置具体工程量清单项目的要素，是区分不同分项工程的标准，它直接影响实体自身价值（或价格），如材质、规格等。因此，在编制工程量清单时，要按具体的名称设置，并对项目特征进行准确和全面的描述，为分项工程清单项目列项和准确计算综合单价奠定基础。如"砌筑砖墙"项目需要表述的特征有砖品种、规格、强度等级，墙体的类型，砂浆强度等级、配合比等。不同墙体的类型、不同墙体厚度、不同砂浆强度等级，在完成相同工程数量的情况下，因项目特征的不同，其价格不同，因而对项目特征的具体表述是不可缺少的。

1. 项目特征描述的原则

有些项目特征用文字往往难以准确和全面地描述，为达到规范、简洁、准确、全面描述项目特征的要求，在描述工程量清单项目特征时应按以下原则进行：

（1）项目特征描述的内容应按计量规范附录中的规定，结合拟建工程的实际，满足确定综合单价的需要。

（2）若采用标准图集或施工图纸能够全部或部分满足项目特征描述的要求，项目特征描述可直接采用详见××图集或××图号的方式。对不能满足项目特征描述要求的部分，仍应用文字描述。

2. 项目特征描述的要求

（1）必须描述的内容。

①涉及正确计量计价的内容，如门窗洞口尺寸或框外围尺寸；

②涉及结构要求的内容，如混凝土强度等级（C20 或 C30）；

③涉及施工难易程度的内容，如抹灰的墙体类型（砖墙或混凝土墙）；

④涉及材质要求的内容，如油漆的品种、管材的材质（碳钢管、无缝钢管）。

（2）可不描述的内容。

①对项目特征或计量计价没有实质影响的内容，如混凝土柱高度、断面大小等；

②应由投标人根据施工方案确定的内容，如预裂爆破的单孔深度及装药量等；

③应由投标人根据当地材料确定的内容，如混凝土拌和料使用的石子种类及粒径、砂的种类等；

④应由施工措施解决的内容，如现浇混凝土板、梁的标高等。

（3）可不详细描述的内容。

①无法准确描述的内容，如土壤类别可描述为综合等（对工程所在具体地点来讲，应由投标人根据地勘资料确定土壤类别，决定报价）；

②施工图、标准图标注明确的，可不再详细描述。可描述为见××图集或××图号等。

③还有一些项目可不详细描述，但清单编制人在项目特征描述中应注明由投标人自定，如"挖一般土方"中的土方运距等。

（4）对计量规范中没有项目特征要求，但又必须描述的少数项目应予描述，如"回填土"，"压实方法"是影响报价的重要因素，必须要描述，以便投标人准确报价。

3.3.3.4　计量单位

我国现行相关计量规范规定，工程量清单项目的计量单位应按附录中规定的计量单位确定。工程清单项目以"m""m²""m³""kg"为物理单位，以"个""件""根""组""系统"等自然单位为计量单位，计价定额一般采用扩大了的计量单位，如"100m""100m²""10m³"等。

计量单位应采用基本单位，除各专业另有特殊规定的外，均按以下单位计量：

（1）以质量计算的项目——t 或 kg；

（2）以体积计算的项目——m³；

（3）以面积计算的项目——m²；

（4）以长度计算的项目——m；

（5）以自然计量单位计算的项目——个、套、块、樘、组、台……

（6）没有具体数量的项目——宗、项……

其中，以"t"为计量单位的，应保留小数点后三位数字，第四位小数四舍五入；以"m""m²""m³""kg"为计量单位的，应保留小数点后两位数字，第三位小数四舍五入；以"个""件""根""组""系统"等为计量单位的，应取整数。

当附录中有两个或两个以上计量单位的，应结合拟建工程项目实际情况，选择最适宜表述项目特征并方便计量的其中一个为计量单位，同一工程项目的计量单位应一致。例如，房屋建筑与装饰工程计量规范中"预制钢筋混凝土桩"，其计量单位有"m""m³""根"三个计量单位，但是没有具体的选用规定。在编制该项目清单时，清单编制人可以根据拟建工程项目的实际情况，选择最适宜表现该项目特征并方便计量的其中之一作为计量单位。又如，"D.1 砖砌体"中的"零星砌砖"的计量单位有"m³""m²""m""个"四个计量单位，但是规定了砖砌锅台与炉灶可按外形尺寸以"个"计算，砖砌台阶可按水平投影面积以"m²"计算，小便槽、地垄墙可按长度（m）计算，其他工程量按 m³ 计算。

3.3.3.5　工程量计算规则

工程量的计算，应按计量规范及地方实施细则的统一计算规则进行计量。"13 版计价规范"规定，工程量应按附录中规定的工程量计算规则计算。除另有说明的外，所有清单项目的工程量以实体工程量为准，并以完成后的净值来计算。

因此，在计算综合单价时应考虑施工中的各种损耗和需要增加的工程量，或在措施费清单中列入相应的措施费用。

工程量计算规则规范了清单工程量计算方法和计算成果。例如，内墙砖基础长度按内墙净长计算的工程量计算规则的规定，就确定了内墙基础长度的计算方法；其内墙净长计算规则的规定，重复计算了与外墙砖基础放脚部分的砖体积，影响了砖基础实际工程量的计算结果。

清单工程量计算规则与计价定额的工程量计算规则是不完全相同的。例如，平整场地，清单工程量的计算规则是"按设计图示尺寸以建筑物首层建筑面积计算"，某地区计价定额的平整场地工程量计算规则是"以建筑物外墙外边线每边各加 2m 计算"，两者之间是有差别的。

需要指出的是，这两者之间的差别是由从不同角度考虑引起的。清单工程量计算规则主要考虑在结合工程实际的情况下，方便准确地计算工程量，发挥其"清单工程量统一报价基础"的作用；而计价定额工程量计算规则是结合了工程施工的实际情况确定的，因为平整场地要为建筑物的定位放线做准备，要为挖有放坡的沟槽土方做准备，所以，在建筑物外墙外边线的基础上每边放出 2m 宽是合理的。

从上例可以看出，计价定额的计算规则考虑了采取施工措施的实际情况，而清单工程量计算规则没有考虑施工措施的实际情况。

3.3.3.6　工作内容

工作内容是完成项目实体所需的所有施工工序，如砂浆制作、运输、砌砖、刮缝、材料运输等都是完成"砌筑砖墙"不可缺少的施工工序。通过工作内容，我们可以了解该项目需要完成哪些工作任务。完成项目实体的工作内容或多或少会影响投标人报价的高低。由于受各种因素的影响，同一个分项工程可能设计不同，由此所含工作内容可能会出现差异，附录中"工作内容"栏没有区别不同设计而逐一列出，就某一个具体工程项目而言，确定综合单价时，附录中的工作内容仅供参考。

清单项目中的工作内容是综合单价由几个计价定额项目组合在一起的判断依据。

一般来说，工作内容具有如下两大功能：

一是通过对分项工程清单项目工作内容的解读，可以判断施工图中的清单项目是否列全了。例如，施工图中的"预制混凝土矩形柱"（010509001）需要"制作、运输、安装"，清单项目列几项呢？通过解读该清单项目的工作内容，将"制作、运输、安装"的工作内容合并为一项，不需要分别列项。

二是在编制清单项目的综合单价时，可以根据该项目的工作内容判断需要几个定额项目才能完整计算综合单价。例如，"砖基础"（010401001）清单项目的工作内容既包括砌砖基础，还包括基础防潮层铺设。因此，砖基础综合单价需将砌砖基础和铺基础防潮层组合在一个综合单价里。又如，如果计价定额的预制混凝土构件的"制作、运输、安装"分别是不同的定额，那么，"预制混凝土矩形柱"（010509001）项目的综合单价就要将计价定额预制混凝土构件的"制作、运输、安装"定额项目综合在一起。

需要指出的是：计量规范附录中"项目特征"与"工作内容"是两个不同性质的规定。项目特征必须描述，因其讲的是工程实体的特征，会直接影响工程的价值。工作内容无须描述，因其主要讲的是操作程序，二者不能混淆。例如，砖砌体的实心砖墙，按照计量规范"项目特征"栏的规定，就必须描述砖的品种：是黏土砖还是煤灰砖；砖的规格：是标砖还是非标砖，若是非标砖还应注明规格尺寸；砖的强度等级：是 MU10、MU15，还是 MU20，因为砖的品种、规格、强度等级直接关系到砖的价值。还必须描述墙体的厚度：是 1 砖（240mm）还是 1 砖半（370mm）等；墙体类型：是混水墙还是清水墙，若是清水墙，清水墙是双面还是单面，或者是单顶全斗墙等，因为墙体的厚度、类型会直接影响砌砖的工效以及砖、砂浆的消耗量。还必须描述是否勾缝：是原浆还是加浆勾缝，若是加浆勾缝，还须注明砂浆配合比。还必须描述砌筑砂浆的强度等级：是 M5、M7.5，还是 M10 等，因为不同强度等级、不同配合比的砂浆，其价值是不同的。所以，这些描述均不可少，因为其中任何一项都影响了综合单价的确定。而计量规范"工作内容"中的砂浆制作、运输、砌砖、勾缝、砖压顶砌筑、材料运输则不必描述，因为不描述这些工作内容，承包商必然要操作这些工序，完成最终验收的砖砌体。

3.3.3.7　补充项目

随着工程建设中新材料、新技术、新工艺等的不断涌现，专业工程计量规范附录中的工程量清单项目不可能包含所有项目。在编制工程量清单时，当出现计量规范附录中未包括的清单项目时，编制人应做补充，补充项目可填写在工程量清单相应分部工程项目之后。在编制补充项目时应注意以下三个方面：

（1）补充项目的编码应按计量规范的规定确定。具体做法为，补充项目的编码由计量规范的专业代码××与 B 和三位阿拉伯数字组成，并应从××B001 起顺序编制，同一招标工程的项目不得重码。例如，房屋建筑工程的补充项目编码为 01B001、01B002 等，通用安装工程的补充项目编码为 03B001、03B002 等。

（2）补充项目的工程量清单应附有项目名称、项目特征、计量单位、工程程量计算规则和工作内容。

（3）编制的补充项目应报省级或行业工程造价管理机构备案，省级或行业工程造价管理机构应汇总报住房和城乡建设部标准定额研究所。

【思政小贴纸：工匠精神】

造价人员应该树立精益求精、一丝不苟的工匠精神，按照工程量计算原则进行工程量的精准计量。

（1）计算口径必须一致，施工图列出的分项工程项目的口径必须与预算定额中相应分项工程项目的口径一致，才能准确地套用预算定额单价。

（2）计算规则必须一致，即工程量的计算规则必须与现行定额规定的计算规则一致。现行定额规定的工程量计算规则是综合和确定定额各项消耗指标的依据，必须严格遵守才能使计算出的工料消耗量及分项工程费用符合工程实际。

（3）计量单位必须一致，即工程量计算结果的计量单位必须与预算定额中规定的计量单位一致。只有这样才能准确地套用预算定额中的预算单价。

（4）必须列出计算式，只有计算式正确才能保证计算结果的准确，列出计算式便于计算、校验和复核。在列计算式时，应当表达清楚，详细标出计算式中的各项内容。

（5）计算必须准确，工程量计算的精度将直接影响预算造价的精度，因此数量计算要准确，一般规定工程量的结余数，除土石方、整体面层、刷浆、油漆等可以取整数外，其他工程取小数点后两位，但木结构和金属结构工程应取小数点后三位。

3.3.4 措施项目清单的编制

措施项目分为两类：单价措施项目（施工技术措施项目）和总价措施项目（施工组织措施项目），其中单价措施项目前面已简单介绍。

单价措施项目，即能列出项目编码、项目名称、项目特征、计量单位、工程量计算规则的项目。其编制方法按分部分项工程工程量清单的规定执行，单价项目的措施项目工程量清单，应按"13版计价规范"中——分部分项工程和单价措施项目清单与计价表的内容填写。

扫码学习任务
3.3.4～任务 3.3.6

总价措施项目，即仅能列出项目编码、项目名称，未列出项目特征、计量单位和工程量计算规则的项目。其编制方法按照国家或省级、行业建设主管部门颁发的计价文件规定执行。

"总价项目"的措施项目工程量清单，应按"13版计价规范"中总价措施项目清单与计价表的内容填写，编制人可根据工程的具体情况进行补充。

3.3.4.1 措施项目清单的编制规定

"13版计量规范"规定：措施项目清单编制同分部分项工程一样，必须列出项目编码、项目名称、项目特征、计量单位。

规范仅列出项目编码、项目名称，但未列出项目特征、计量单位和工程量计算规则的措施项目，编制清单时，应按规范规定的项目编码、项目名称确定清单项目。

措施项目清单，应根据相关工程现行国家计量规范的规定编制，根据拟建工程的实际情况列项。需考虑多种因素，除工程本身的因素外，还涉及水文、气象、环境、安全等因素。由于影响措施项目设置的因素太多，计量规范不可能将施工中可能出现的措施项目——列出。在编制措施项目清单时，因工程情况不同，出现计量规范附录中未列的措施项目，可根据工程的具体情况对措施项目清单做补充。

3.3.4.2 措施项目清单的编制方法

"13版计量规范"将措施项目划分为两类：一类是不能计算工程量的项目，如文明施工和安全防护、临时设施等，以"项"计价，称为"总价项目"；另一类是可以计算工程量的项目，如脚手架、模板工程、垂直运输等，以"量"计价，称为"单价项目"。

1. "单价项目"措施项目清单编制

"单价项目"的措施项目清单按照计量规范附录中措施项目规定的项目编码、项目名称、项目特征、计量单位、工程量计算规则编制，其编制方法按分部分项工程工程量清单的规定执行。"单价项目"的措施项目工程量清单应按"13版计价规范"中分部分项工程和单价措施项目清单与计价表的内容填写，见表3-3。

2. "总价项目"措施项目清单编制

"总价项目"的措施项目清单按照计量规范附录中措施项目规定的项目编码、项目名称确定清单项目，其编制方法按照国家或省级、行业建设主管部门颁发的计价文件规定执行。

"总价项目"的措施项目工程量清单应按"13版计价规范"中总价措施项目清单与计价表的内容填写，编制人可根据工程的具体情况进行补充。

3.3.4.3　编制措施项目清单应考虑的因素

编制措施项目清单应考虑多种因素，除了工程本身的因素外，还要考虑水文、气象、环境、安全和施工企业的实际情况。通常需要考虑以下几个方面：

（1）参考拟建工程的常规施工组织设计，以确定环境保护、安全文明施工、临时设施、材料的二次搬运等项目。

（2）参考拟建工程的常规施工技术方案，以确定大型机械设备进出场及安拆、混凝土模板及支架、脚手架、施工排水、施工降水、垂直运输机械、组装平台等项目。

（3）参阅相关的施工规范与工程验收规范，以确定施工方案没有表述的但为实现施工规范与工程验收规范要求而必须发生的技术措施。

（4）确定设计文件中不足以写进施工方案，但要通过一定的技术措施才能实现的内容。

（5）确定招标文件中提出的某些需要通过一定的技术措施才能实现的要求。

3.3.4.4　编制措施项目清单注意事项

（1）措施项目清单是可调整清单（开口清单），投标人在招标文件中所列的措施项目，可根据企业自身特点和工程实际情况做适当的变更。

（2）投标人要对拟建工程可能发生的措施项目和措施费用做通盘考虑，清单计价一经报出，即被认为包括了所有应发生的措施项目的全部费用。如果存在报出的清单中没有列项，但施工中又必须发生的项目，业主有权认为已经综合在分部分项工程工程量清单的综合单价中，将来措施项目发生时投标人不得以任何借口提出索赔与调整。

3.3.5　其他项目清单的编制

其他项目清单是指除分部分项工程工程量清单、措施项目清单外，由于招标人的特殊要求而设置的项目清单，它是根据拟建工程的具体情况编制的。

"13版计量规范"规定，其他项目清单应按照下列内容列项：

（1）暂列金额；

（2）暂估价，包括材料暂估单价、工程设备暂估单价、专业工程暂估价；

（3）计日工；

（4）总承包服务费。

工程建设标准的高低、工程的复杂程度、工程的工期长短、工程的组成内容、发包人对工程管理要求等都直接影响其他项目清单的具体内容。

其他项目清单应按"13版计价规范"中其他项目清单与计价汇总表的内容填写，编制人可根据工程的具体情况进行补充。

3.3.5.1 暂列金额

暂列金额是指招标人在工程量清单中暂定并包括在合同价款中的一笔款项。用于工程合同签订时尚未确定或者不可预见的所需材料、工程设备、服务的采购，施工中可能发生的工程变更、合同约定调整因素出现时的合同价款调整以及发生的索赔、现场签证确认等的费用。

建设工程施工合同价格的确定原则是尽可能接近其最终的竣工结算价格，否则，无法相对准确地预测投资的收益和科学合理地进行投资控制。而工程建设自身的规律决定，设计需要根据工程进展不断地进行优化和调整，发包人的需求可能会随工程建设进展出现变化，工程建设过程还存在其他诸多不确定性因素。这些变化的因素必然会导致合同价格的调整，暂列金额正是为应对这类不可避免的价格调整而预先设立的，以便合理确定工程造价的控制目标。

招标人编制暂列金额项目时应根据工程特点按有关计价规定估算（一般可按类似的分部分项工程费用的10％～15％估算），将暂列金额与拟用项目列出明细，但如确实不能详列也可只列暂定金额总额；投标人应将上述暂列金额计入投标总价中。

暂列金额项目应按"13版计价规范"中暂列金额明细表的内容填写，编制人可根据工程的具体情况进行补充。

需特别注意的是，暂列金额是招标人预先设立的可能发生的金额，在实际履约过程中可能发生，也可能不发生。尽管在计算招标控制价、投标报价时将它列入了工程造价，签订合同时列入了合同价格中，但即便是总价包干合同，也不意味着暂列金额已经属于中标人的应得金额，是否属于中标人的应得金额取决于具体的合同约定，只有按照合同约定程序实际发生后，才能成为中标人的应得金额并纳入合同结算价款中。扣除实际发生金额后的暂列金额，余额仍属于发包人所有。

3.3.5.2 暂估价

暂估价是指招标人在工程量清单中提供的，用于支付必然发生但暂时不能确定价格的材料、工程设备的单价以及专业工程的金额。暂估价在招投标阶段计入工程造价和合同价款，竣工结算时应按材料、工程设备的实际单价以及专业工程合同价款进行调整。暂估价和拟用项目应当结合工程量清单中的暂估价表予以补充说明。

1. 材料、工程设备暂估单价

材料、工程设备暂估单价应根据工程造价信息或参照市场价格估算，并列出明细表；规范要求招标人针对每一类材料、设备暂估价给出相应的拟用项目，即按照材料、设备的名称分别给出，这样的材料、设备暂估价才能够准确地纳入相应的分部分项工程工程量清单项目综合单价中。

材料、工程设备暂估单价应按"13版计价规范"中材料（工程设备）暂估单价及调整表的内容填写。

2. 专业工程暂估价

专业工程的暂估价应是综合暂估价，包括除规费和税金以外的管理费、利润等。专业工程暂估价应分不同专业，按有关计价规定估算，以专业工程项目列出明细表，如桩基础工程、安防工程、电梯安装工程等。

专业工程暂估价应按"13 版计价规范"中专业工程暂估价及结算价表的内容填写。

3.3.5.3   计日工

计日工项目是为了解决施工过程中按发包人要求发生的施工图纸以外的零星项目或工作而设立的。

计日工以完成零星工作所消耗的人工工时、材料数量、机械台班进行计量，并按照计日工表中填报的适用项目的单价进行计价支付。计日工适用的所谓零星工作一般是指合同约定之外的或者因变更而产生的、工程量清单中没有相应项目的额外工作，尤其是那些时间不允许事先商定价格的额外工作。计日工为额外工作和变更的计价提供了一个方便快捷的途径。在工程实践中，计日工项目的单价水平一般要高于工程量清单项目单价的水平，因此，为了获得合理的计日工单价，计日工暂定数量的估算应根据经验贴近实际的数量。

编制计日工清单项目时，招标人应列出项目名称、计量单位和暂估数量。编制招标控制价时，单价由招标人按有关计价规定确定；编制投标报价，单价由投标人自主报价，计入投标总价中。

计日工应按"13 版计价规范"中计日工表的内容填写。

3.3.5.4   总承包服务费

总承包服务费是为了解决招标人在法律法规允许的条件下进行专业工程发包以及自行供应材料、工程设备，并需要总承包人对发包的专业工程提供协调和配合服务（垂直运输、脚手架等），对甲供材料、工程设备提供收、发和保管服务以及进行施工现场管理，对竣工资料进行统一汇总整理等发生并向总承包人支付的费用，按投标人的投标报价向投标人支付该项费用。

编制总承包服务费清单项目时，招标人应将拟定的进行专业分包的专业工程、自行采购的材料及设备，以及明确项目名称、项目价值及服务内容，作为编制招标控制价、投标报价的依据。

总承包服务费应按"13 版计价规范"中总承包服务费计价表的内容填写。

3.3.6   规费、税金项目清单编制

3.3.6.1   规费项目清单编制

规费项目清单应按照下列内容列项，按"13 版计价规范"中规费、税金计价表的内容填写。

（1）社会保险费，包括养老保险费、失业保险费、医疗保险费、工伤保险费、生育保险费。

（2）住房公积金，指企业按规定为职工缴纳的住房公积金。

（3）工程排污费，指施工现场按规定缴纳的工程排污费。

规费是政府和有关权力部门规定的必须缴纳的费用，对未包的规费项目，在编制

规费项目清单时，应根据省级政府或省级有关权力部门的规定列项。

3.3.6.2 税金项目清单编制

根据"13版计价规范"及《财政部 国家税务总局关于全面推开营业税改增值税试点的通知》的规定，税金应按"增值税"列项。

计算增值税可采用一般计税法和简易计税法。计税公式为：

$$增值税＝税前造价×增值税税率 \tag{3-1}$$

若工程项目存在未列的项目，应根据税务部门的规定列项。当国家税法发生变化或地方政府及税务部门依据职权对税种进行调整时，应对税金项目清单进行相应调整。

3.3.7 招标工程量清单编制实例

3.3.7.1 工程量清单编制填表要求

封面应按规定的内容填写、签字、盖章；由造价员编制的工程量清单，应有负责审核的造价工程师签字、盖章。受委托编制的工程量清单由造价工程师签字、盖章以及工程造价咨询人盖章。

总说明应按下列内容填写：

（1）工程概况，按建设规模、工程特征、计划工期、施工现场实际情况、自然地理条件、环境保护要求等；

（2）工程招标和专业发包范围；

（3）工程量清单编制依据；

（4）工程质量、材料、施工等的特殊要求；

（5）其他需要说明的问题。

3.3.7.2 招标工程量清单编制实例

详见项目 7 中某学院传达室工程工程量清单。

一、单项选择题

1. 分部分项工程工程量清单应包括（　　）。

A. 工程量清单表和工程量清单说明

B. 项目编码、项目名称、项目特征、计量单位和工程数量

C. 工程量清单表、措施项目一览表和其他项目清单

D. 项目名称、项目特征、工程内容等

2. 下列属于不可计量的措施项目的是（　　）。

A. 垂直运输　　　　　　　　　　B. 超高施工增加

C. 施工排水、降水　　　　　　　D. 夜间施工增加

3.（　　）进入清单项目综合单价，不在其他项目清单与计价汇总表中汇总。

A. 专业工程暂估价　　　　　　　B. 材料（工程设备）暂估单价

C. 暂列金额　　　　　　　　　　D. 总承包服务费

4. 关于招标工程量清单缺项、漏项的处理，下列说法中不正确的是（　　　）。

A. 工程量清单缺项、漏项及计算错误带来的风险由发包方承担

B. 分部分项工程工程量清单漏项造成新增工程量的，应按变更事件的有关方法调整合同价款

C. 分部分项工程工程量清单缺项引起措施项目发生变化的，应按与分部分项工程相同的方法进行调整

D. 招标工程量清单中措施工程项目缺项，投标人在投标时未予以填报的，合同实施期间应予以增加

二、多项选择题

1. 工程量清单总说明包含的内容有（　　　　　　）。

A. 工程概况　　　　　　　　　　B. 工程发包、分包范围

C. 工程量清单编制依据　　　　　D. 使用的材料设备、施工的特殊要求

E. 工程量清单的编制单位

2. 措施项目清单包括（　　　　　）。

A. 夜间施工增加费　　　　　　　B. 二次搬运费

C. 工程排污费　　　　　　　　　D. 已完工程及设备保护费

E. 冬雨季施工增加费

3. 安全文明施工费包括（　　　　）。

A. 环境保护费　　　　　　　　　B. 工程排污费

C. 安全施工费　　　　　　　　　D. 临时设施费

E. 文明施工费

4. 其他项目清单包括（　　　　　）。

A. 暂列金额　　　　　　　　　　B. 暂估价

C. 总承包服务费　　　　　　　　D. 零星工作

E. 计日工

5. 下列属于可计量的措施项目的是（　　　　　）。

A. 脚手架工程　　　　　　　　　B. 混凝土模板及支架（撑）

C. 垂直运输　　　　　　　　　　D. 超高施工增加

E. 冬雨季施工增加费

6. 下列属于不可计量的措施项目是（　　　　　）。

A. 夜间施工增加费　　　　　　　B. 二次搬运费

C. 施工排水、降水　　　　　　　D. 已完工程及设备保护费

E. 工程定位复测费

项目 4   建筑工程工程量清单计量

(1) 熟悉建筑工程分部分项工程与措施项目工程量计算规则；

(2) 掌握建筑工程分部分项工程与单价措施项目的工程量清单编制方法；

(3) 熟悉总价措施项目、其他项目、规费和税金项目清单编制方法；

(4) 了解建筑工程分部分项工程工程量清单的编制方法。

能力目标

(1) 能根据工程背景和图纸熟练完成工程量清单列项；

(2) 能熟练计算分部分项工程量；

(3) 能熟练计算单价措施项目工程量；

(4) 能结合项目特征编制分部分项工程工程量清单和措施项目清单。

工程量的计算可按《房屋建筑与装饰工程工程量计算规范》（GB 50854—2013）规定，同时结合招标文件、建筑工程施工图及相关设计文件完成。

GB 50854—2013 中的附录按顺序分类，从附录 A 至附录 S 共 17 项（不设附录 I 和附录 O），其中，附录 S 专门介绍施工技术措施项目。下面介绍房屋建筑与装饰工程中常用项目的清单工程量计算，并按照工程量清单的五个要件编制工程量清单。

任务 4.1   土石方工程

土石方工程位于附录 A，包括三个分部工程，分别是 A.1 土方工程，A.2 石方工程，A.3 回填。本节主要介绍土方工程和回填。

土石方工程清单项目设置简图如图 4-1 所示。

4.1.1   工程量清单项目及计量规则

1. 土方工程

土方工程量清单项目设置、项目特征描述的内容、计量单位及工程量计算规则，应按 GB 50854—2013 附录中表 A.1 的规定执行，见表 4-1。

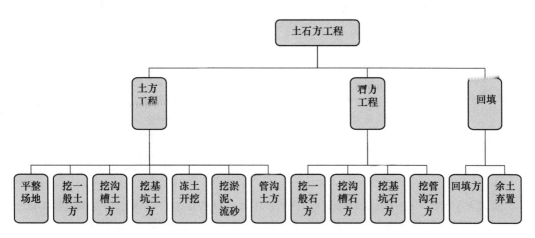

图 4-1　土石方工程清单项目设置简图

表 4-1　土方工程（编码：010101）

项目编码	项目名称	项目特征	计量单位	工程量计算规则	工程内容
010101001	平整场地	1. 土壤类别 2. 弃土运距 3. 取土运距	m²	按设计图示尺寸以建筑物首层建筑面积计算	1. 土方挖填 2. 场地找平 3. 运输
010101002	挖一般土方	1. 土壤类别 2. 挖土深度 3. 弃土运距	m³	按设计图示尺寸以体积计算	1. 排地表水 2. 土方开挖 3. 围护（挡土板）及拆除 4. 基底钎探 5. 运输
010101003	挖沟槽土方			按设计图示尺寸以基础垫层底面积乘以挖土深度计算	
010101004	挖基坑土方				
010101005	冻土开挖	1. 冻土厚度 2. 弃土运距		按设计图示尺寸开挖面积乘以厚度以体积计算	1. 爆破 2. 开挖 3. 清理 4. 运输
010101006	挖淤泥、流砂	1. 挖掘深度 2. 弃淤泥、流砂距离		按设计图示位置、界限以体积计算	1. 开挖 2. 运输

续表

项目编码	项目名称	项目特征	计量单位	工程量计算规则	工程内容
010101007	管沟土方	1. 土壤类别 2. 管外径 3. 挖沟深度 4. 回填要求	1. m 2. m³	1. 以米计量，按设计图示以管道中心线长度计算。 2. 以立方米计量，按设计图示管底垫层面积乘以挖土深度计算；无管底垫层按管外径的水平投影面积乘以挖土深度计算。不扣除各类井的长度，井的土方并入	1. 排地表水 2. 土方开挖 3. 围护（挡土板）、支撑 4. 运输 5. 回填

注：1. 挖土方平均厚度应按自然地面测量标高至设计地坪标高的平均厚度确定。基础土方开挖深度应按基础垫层底表面标高至交付施工场地标高确定，无交付施工场地标高时，应按自然地面标高确定。

2. 建筑物场地厚度不大于±300mm的挖、填、运、找平，应按本表中平整场地项目编码列项。厚度大于±300mm的竖向布置挖土或山坡切土应按本表中挖一般土方项目编码列项。

3. 沟槽、基坑、一般土方的划分为：底宽不大于7m，底长大于3倍底宽为沟槽；底长不大于3倍底宽，底面积不大于150m²为基坑；超出上述范围则为一般土方。

4. 挖土方如需截桩头时，应按桩基工程相关项目编码列项。

5. 桩尖挖土不扣除桩的体积，并在项目特征中加以描述。

6. 弃、取土运距可以不描述，但应注明由投标人根据施工现场实际情况自行考虑，决定报价。

7. 土壤的分类应按表4-2确定，如土壤类别不能准确划分时，招标人可注明为综合，由投标人根据地勘报告决定报价。

8. 土方体积应按挖掘前的天然密实体积计算。非天然密实土方应按表4-3折算。

9. 挖沟槽、基坑、一般土方因工作面和放坡增加的工程量（管沟工作面增加的工程量）是否并入各土方工程量中，应按各省、自治区、直辖市或行业建设主管部门的规定实施，如并入各土方工程量中，办理工程结算时，按经发包人认可的施工组织设计规定计算，编制工程量清单时，可按表4-4、表4-5、表4-6的规定计算。

10. 挖方出现流砂、淤泥时，如设计未明确，在编制工程量清单时，其工程数量可为暂估量，结算时应根据实际情况由发包人与承包人双方现场签证确认工程量。

11. 管沟土方项目适用于管道（给排水、工业、电力、通信）、光（电）缆沟［包括：人（手）孔、接口坑］及连接井（检查井）等。

表4-2 土壤分类表

土壤分类	土壤名称	开挖方法
一、二类土	粉土、砂土（粉砂、细砂、中砂、粗砂、砾砂）、粉质黏土、弱中盐渍土、软土（淤泥质土、泥炭、泥炭质土）、软塑红黏土、冲填土	主要用锹挖掘，少许用镐、条锄开挖。机械能全部直接铲挖满载者
三类土	黏土、碎石土（圆砾、角砾）混合土、可塑红黏土、硬塑红黏土、强盐渍土、素填土、压实填土	主要用镐、条锄挖掘，少许用锹开挖。机械需部分刨松方能铲挖满载者或可直接铲挖但不能满载者

土壤分类	土壤名称	开挖方法
四类土	碎石土（卵石、碎石、漂石、块石）、坚硬红黏土、超盐渍土、杂填土	主要用镐、条锄挖掘，少许用撬棍挖掘。机械须普遍刨松方能铲挖满载者

注：本表土的名称及其含义按国家标准《岩土工程勘察规范》（GB 50021—2001）（2009 年版）定义。

表 4-3　土方体积折算系数

天然密实度体积	虚方体积	夯实后体积	松填体积
0.77	1.00	0.67	0.83
1.00	1.30	0.87	1.08
1.15	1.50	1.00	1.25
0.92	1.20	0.80	1.00

注：1. 虚方指未经碾压、堆积时间不大于 1 年的土壤。

2. 本表按《全国统一建筑工程预算工程量计算规则》（GJDGZ-101-95）整理。

3. 设计密实度超过规定的，填方体积按工程设计要求执行；无设计要求的按各省、自治区、直辖市或行业建设行政主管部门规定的系数执行。

表 4-4　放坡系数表

土类别	放坡起点（m）	人工挖土	机械挖土		
			在坑内作业	在坑上作业	顺沟槽在坑上作业
二类土	1.20	1 : 0.5	1 : 0.33	1 : 0.75	1 : 0.5
三类土	1.50	1 : 0.33	1 : 0.25	1 : 0.67	1 : 0.33
四类土	2.00	1 : 0.25	1 : 0.10	1 : 0.33	1 : 0.25

注：1. 沟槽、基坑中土类别不同时，分别按其放坡起点、放坡系数依不同土类别厚度加权平均计算。

2. 计算放坡时，在交接处的重复工程量不予扣除，原槽、坑做基础垫层时，放坡自垫层上表面开始计算。

表 4-5　基础施工所需工作面宽度计算表

基础材料	每边各增加工作面宽度（mm）
砖基础	200
浆砌毛石、条石基础	150
混凝土基础垫层支模板	300
混凝土基础支模板	300
基础垂直面做防水层	1000（防水层面）

注：本表按《全国统一建筑工程预算工程量计算规则（土建工程）》（GJDGZ-101-95）整理。

表 4-6　管沟施工每侧所需工作面宽度计算表

管道结构宽（mm） 管沟材料	≤500	≤1000	≤2500	>2500
混凝土及钢筋混凝土管道（mm）	400	500	600	700
其他材质管道（mm）	300	400	500	600

注：1. 本表按《全国统一建筑工程预算工程量计算规则（土建工程）》（GJDGZ-101-95）整理。

2. 管道结构宽：有管座的按基础外缘，无管座的按管道外径。

2. 回填

回填工程量清单项目设置、项目特征描述的内容、计量单位及工程量计算规则，应按 GB 50854—2013 附录中表 A.3 的规定执行，见表 4-7。

表 4-7　回填（编码：010103）

项目编码	项目名称	项目特征	计量单位	工程量计算规则	工程内容
010103001	回填方	1. 密实度要求 2. 填方材料品种 3. 填方粒径要求 4. 填方来源、运距	m³	按设计图示尺寸以体积计算。 1. 场地回填：回填面积乘平均回填厚度。 2. 室内回填：主墙间净面积乘回填厚度，不扣除间隔墙。 3. 基础回填：按挖方清单项目工程量减去自然地坪以上埋没的基础体积（包括基础垫层及其他构筑物）	1. 运输 2. 回填 3. 夯实
010103002	余方弃置	1. 废弃料品种 2. 运距		按挖方清单项目工程量减利用回填方体积（正数）计算	余方点装料运输至弃置点

注：1. 密实度要求，在无特殊要求的情况下，项目特征可描述为满足设计和规范的要求。

2. 填方材料品种可以不描述，但应注明由投标人根据设计要求验方后方可填入，并要符合相关工程的质量规范要求。

3. 填方粒径要求，在无特殊要求的情况下，项目特征可以不描述。

4. 如需买土回填应在项目特征的填方来源中描述，并注明买土方数量。

4.1.2　清单工程量计算

4.1.2.1　平整场地

平整场地项目适用于建筑场地厚度在±300mm 以内的挖土、填土、运土以及找平，如图 4-2 所示。

其清单工程量计算规则为：按设计图示尺寸以建筑物首层面积计算。其计算公式为：

$$S_{平整场地} = S_{建筑物首层面积} \tag{4-1}$$

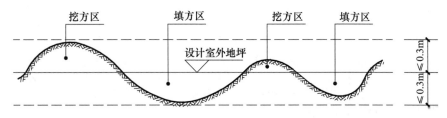

图 4-2　平整场地范围示意图

4.1.2.2　挖沟槽、基坑土方

沟槽、基坑的工作内容包括排地表水、土方开挖、围护（挡土板）及拆除、基底钎探、运输。

清单工程量计算规则为：按设计图示尺寸以基础垫层底面积乘以挖土深度计算。

其计算公式为：

$$V＝基础垫层长×基础垫层宽×挖土深度 \tag{4-2}$$

$$V＝设计槽长×槽断面积 \tag{4-3}$$

其中，外墙下槽长按垫层中心线尺寸长度计算；内墙下槽长按垫层净长线尺寸长度计算。

当基础为带形基础时，外墙基础垫层按外墙中心线长计算，内墙基础垫层按内墙下垫层之间的净长计算。挖土深度按基础垫层底表面标高至交付施工场地标高的高度确定，无交付施工场地标高时，则按自然地面标高确定。

4.1.2.3　回填方

回填方项目适用于场地回填、室内回填和基础回填，并包括指定范围内的运输以及借土回填的土方开挖。

其清单工程量计算规则为：按设计图示尺寸以体积计算。具体分为三种。

1. 场地回填

按回填面积乘以平均回填厚度的体积计算。

$$V_{场地回填}＝回填面积×平均回填厚度 \tag{4-4}$$

2. 室内回填

室内回填也称房心回填，指室内地坪以下，由室外设计地坪标高填至地坪垫层底标高的夯填土。按主墙间净面积乘以回填土厚度的体积计算。

$$
\begin{aligned}
V_{室内回填} &＝主墙间净面积×回填土厚度 \\
&＝（底层建筑面积－主墙所占面积）×回填土厚度
\end{aligned}
\tag{4-5}
$$

式中　主墙所占面积——内、外墙体所占水平平面的面积。

$$主墙所占面积＝L_{中}×外墙厚度＋L_{内}×内墙厚度 \tag{4-6}$$

回填土厚度——设计室外地坪至室内地面垫层间的距离。

$$回填土厚度＝设计室内外地坪高差－地面面层和垫层的厚度 \tag{4-7}$$

3. 基础回填

基础回填指在基础施工完毕以后，将槽、坑四周未做基础的部分回填至室外设计地坪标高。回填方示意图如图 4-3 所示。

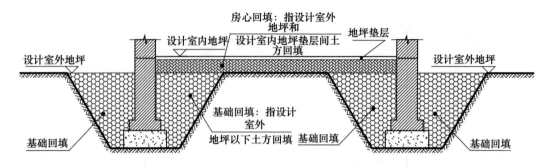

图 4-3　回填方示意图

$$V_{基础回填} = V_{挖土方} - V_{室外设计地坪以下被埋设的基础和垫层等} \tag{4-8}$$

即挖土方体积减去室外设计地坪以下埋设的基础体积（包括基础、垫层及其他构筑物）。

4.1.2.4　余土弃置（余土外运）

$$V = V_{挖土方} - V_{回填土} = 挖方清单项目工程量 - 回填土体积 \tag{4-9}$$

4.1.3　案例分析

【例 4-1】 某学院传达室工程基础平面及剖面如图 4-4 所示，土质为二类土，要求挖出的土方堆于现场，回填后余下的土外运 20m。试计算平整场地、挖沟槽的分项工程量，并编制工程量清单。

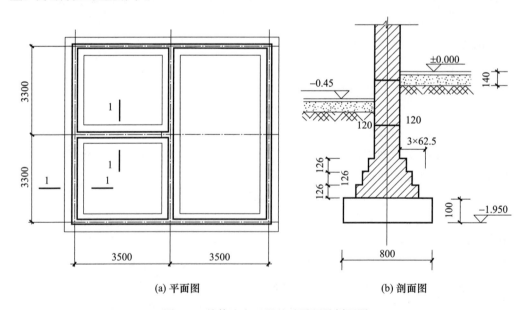

(a) 平面图　　　　　(b) 剖面图

图 4-4　某传达室工程基础平面及剖面图

【解】

1. 计算清单工程量

（1）平整场地。

平整场地工程量＝（3.50＋3.50＋0.24）×（3.30＋3.30＋0.24）＝49.52（m²）

（2）挖沟槽。

如图所示：挖沟槽深度＝1.95－0.45＝1.5（m）

外墙挖沟槽工程量＝0.80×1.5×（3.50＋3.50＋3.30＋3.30）×2＝32.64（m³）

内墙挖沟槽工程量＝0.80×1.5×（3.30×2－0.80＋3.50－0.80）＝10.20（m³）

挖沟槽工程量＝外墙挖沟槽工程量＋内墙挖沟槽工程量＝32.64＋10.20＝42.84（m³）

2. 编制工程量清单（表 4-8）

表 4-8　分部分项工程工程量清单

序号	项目编码	项目名称	项目特征	计量单位	工程量
1	010101001001	平整场地	1. 土壤类别：坚土 2. 挖、填运距：不考虑	m²	49.52
2	010101003001	挖沟槽土方	1. 土壤类别：二类土 2. 挖土深度：1.50m 3. 弃土运距：20m	m³	42.84

【例 4-2】某建筑物为三类工程，地下室如图 4-5 所示，墙外做涂料防水层，施工组织设计确定用反铲挖掘机挖土，土壤类别为三类土，机械挖土坑内作业，土方外运 1km，填土已堆放在距场地 150m 处，计算挖基坑土方及回填方清单工程量。

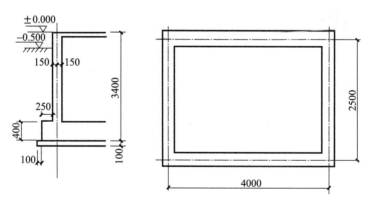

图 4-5　基础平面图和剖面图

【解】

1. 计算清单工程量

挖土深度：3.50－0.50＝3.00（m）

垫层面积：[4.0＋（0.15＋0.25＋0.1）×2]×[2.5＋（0.15＋0.25＋0.1）×2]＝17.50（m²）

挖基础土方体积：3.0×17.5＝52.50（m³）

回填土挖土方体积：

垫层工程量：$5.0 \times 3.5 \times 0.1 = 1.75$（$m^3$）

底板工程量：$4.8 \times 3.3 \times 0.4 = 6.34$（$m^3$）

地下室所占空间工程量：$4.3 \times 2.8 \times 2.5 = 30.10$（$m^3$）

回填土工程量：$52.50 - 1.75 - 6.34 - 30.10 = 14.31$（$m^3$）

2. 编制工程量清单（表4-9）

表4-9　分部分项工程工程量清单

序号	项目编码	项目名称	项目特征	计量单位	工程量
1	010101002001	挖一般土方	1. 土壤类别：三类土 2. 挖土深度：3.00m 3. 弃土运距：1km	m^3	52.50
2	010103001001	基础回填土	1. 土壤类别：三类土 2. 弃土运距：150m	m^3	14.31

【例4-3】 根据图4-6所示的某平房建筑平面图及有关数据，计算室内回填土工程量。

有关数据：室内外地坪高差0.30m，C15混凝土地面垫层80mm厚，1∶2水泥砂浆面层25mm厚。

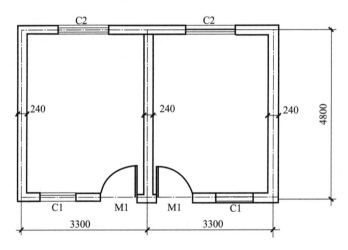

图4-6　某平房建筑平面图

【解】

1. 计算清单工程量

回填土厚＝室内外地坪高差－垫层厚－面层厚＝$0.30 - 0.08 - 0.025 = 0.195$（m）

主墙间净面积＝建筑面积－墙结构面积

$$= (3.30 \times 2 + 0.24) \times (4.80 + 0.24) - [(6.60 + 4.80) \times 2 + (4.80 - 0.24)] \times 0.24$$

$$= 6.84 \times 5.04 - 27.36 \times 0.24 = 34.47 - 6.57 = 27.90 \text{（}m^2\text{）}$$

室内回填土体积＝主墙间净面积×回填土厚＝$27.90 \times 0.195 = 5.44$（$m^3$）

2. 编制工程量清单（表 4-10）

表 **4-10**　分部分项工程工程量清单

项目编码	项目名称	项目特征	计量单位	工程量
A.1　土石方工程				
010103001002	土方回填（室内）	1. 密实度：满足设计要求 2. 填料：原土（三类土） 3. 夯填：分层夯填	m³	5.44

 地基处理与边坡支护工程

在 GB 50854—2013 中，地基处理与边坡支护工程位于附录 B，包括两个分部工程，分别是 B.1 地基处理，B.2 基坑与边坡支护。

地基处理与边坡支护清单项目设置简图如图 4-7 所示。本节只简单介绍工程量清单项目设置。

图 4-7　地基处理与边坡支护清单项目设置简图

4.2.1　地基处理

4.2.1.1　工程量清单项目

地基处理工程量清单项目设置、项目特征描述的内容、计量单位及工程量计算规则，应按 GB 50854—2013 中表 B.1 地基处理（编码：010201）规定执行。

设置了换土垫层（010201001）、铺设土工合成材料（010201002）、预压地基（010201003）、强夯地基（010201004）、振冲密实（不填料）（010201005）、振冲桩（填料）（010201006）、砂石桩（010201007）、水泥粉煤灰碎石桩（010201008）、深层搅拌桩（010201009）、粉喷桩（010201010）、夯实水泥土桩（010201011）、高压喷射注浆桩（010201012）、石灰桩（010201013）、灰土（土）挤密桩（010201014）、柱锤冲扩桩（010201015）、注浆地基（010201016）、褥垫层（010201017）等共 17 个工程量清单项目。

工程中，通常采用振冲桩、砂石桩、水泥粉煤灰碎石桩、深层搅拌桩、喷粉桩、夯实水泥土桩、高压旋喷桩、石灰桩、灰土挤密桩、柱锤冲扩桩等进行地基处理。项目编码 010201006～010201015 是复合地基桩地基处理。

4.2.1.2　注意事项

（1）地层情况按 GB 50854—2013 附录 A 中土壤分类表（表 4-1-1）、岩石分类表的规

定，并根据岩土工程勘察报告按单位工程各地层所占比例（包括范围值）进行描述。对无法准确描述的地层情况，可注明由投标人根据岩土工程勘察报告自行决定报价。

（2）项目特征中的桩长包括桩尖，空桩长度＝孔深－桩长，孔深为自然地面至设计桩底的深度。

（3）高压喷射注浆类型包括旋喷、摆喷、定喷，高压喷射注浆方法包括单管法、双重管法、三重管法。

（4）复合地基的检测费用按国家相关取费标准单独计算，不在本清单项目中。

（5）如采用泥浆护壁成孔，工作内容包括土方、废泥浆外运，如采用沉管灌注成孔，工作内容包括桩尖制作、安装。

（6）弃土（不含泥浆）清理、运输按《房屋建筑与装饰工程工程量计算规范》（GB 50854—2013）附录A中相关项目编码列项。

4.2.1.3 相关说明

（1）地基处理的方法之一就是换土垫层法。换土垫层项目适应于换填砂石、碎石、三合土、矿渣、素土等。

强夯地基项目适用于各种夯击能量的地基夯击工程。

强夯地基工程量计算示意图如图4-8所示。按设计图示处理范围以面积计算，即根据每个点位所代表的范围乘以点数计算。在图4-8中，工程量＝4A×5B。

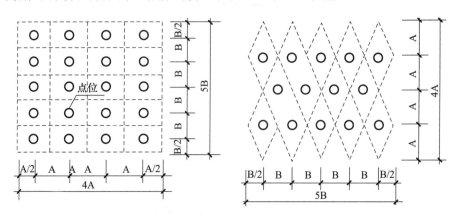

图4-8 强夯地基工程量计算示意图

【思政小贴纸：劳模精神】

作为工程类专业的学生，要树立勇于创新、争创一流的劳模精神。重视多种地基处理方法的综合应用可取得较好的社会经济效益。例如，真空预压法与高压喷射注浆法结合可使真空预压应用于水平渗透性较大的土层，而高压喷射注浆法与灌浆相结合使纠偏加固技术提高到一个新的水平。单用动力固结法（俗称强夯法）处理饱和软黏土地基时却极易产生"橡皮土"现象，难以达到预期效果。为此，岩土工程界将强夯法和排水固结法结合起来，开创了"动力排水固结法"这项新技术。

（2）振冲桩（填料）项目适用于振冲法成孔，灌注填料加以振密所形成的桩体。其清单内容见表 4-11。

表 4-11　振冲桩 地基处理（编码：010201）

项目编码	项目名称	项目特征	计量单位	工程量计算规则	工程内容
010201006	振冲桩（填料）	1. 地层情况 2. 空桩长度、桩长 3. 桩径 4. 填充材料种类	1. m 2. m³	1. 以米计量，按设计图示尺寸以桩长计算 2. 以立方米计量，按设计桩截面乘以桩长以体积计算	1. 振冲成孔、填料、振实 2. 材料运输 3. 泥浆运输

说明：

（1）项目特征中的"地层情况"，可按 GB 50854—2013 附录 A 中土壤分类表、岩石分类表的规定，并根据工程勘察报告按单位工程各地层所占比例（包括范围值）进行描述，对无法准确描述的地层情况，可注明由投标人根据岩土工程勘察报告自行决定报价。

桩长包括桩尖，空桩长度＝孔深－桩长，孔深为自然地面至设计桩底的深度。

（2）从工程内容可以看出，振冲桩项目内，除包含振冲桩外，还包含泥浆运输，计价时应注意包含。

（3）砂石桩项目适用于各种成孔方式（振动沉管、锤击沉管）的砂石灌注桩。

（4）粉喷桩项目适用于水泥、生石灰粉等粉喷桩。

（5）灰土（土）挤密桩项目适用于各种成孔方式的灰土（土）、石灰、水泥粉、煤灰等挤密桩。

灰土（土）挤密桩清单内容见表 4-12。

表 4-12　灰土（土）挤密桩 地基处理（编码：010201）

项目编码	项目名称	项目特征	计量单位	工程量计算规则	工程内容
010201014	灰土（土）挤密桩	1. 地层情况 2. 空桩长度、桩长 3. 桩径 4. 成孔方法 5. 灰土级配	m	按设计图示尺寸以桩长（包括桩尖）计算	1. 成孔 2. 灰土拌合、运输、填充、夯实

说明：

（1）采用泥浆护壁成孔时，工程内容还包含土方、废泥浆外运。

（2）采用沉管灌注成孔时，工程内容还包含桩尖制作、安装。

4.2.2　基坑与边坡支护

4.2.2.1　工程量清单项目

基坑与边坡支护地基处理工程量清单项目设置、项目特征描述的内容、计量单位及工程量计算规则，应按 GB 50854—2013 中表 B.2 地基处理（编码：010202）的规定执行。

设置了地下连续墙（010202001），咬合灌注桩（010202002），圆木桩（010202003），预制钢筋混凝土板桩（010202004），型钢桩（010202005），钢板桩（010202006），锚杆（锚索）（010202007），土钉（010202008），喷射混凝土，水泥砂浆（010202009），钢筋混凝土支撑（010202010），钢支撑（010202011）等共 11 个工程量清单项目。

4.2.2.2　注意事项

（1）其他锚杆是指不施加预应力的土层锚杆和岩石锚杆。置入方法包括钻孔置入、打入或射入等。

（2）基坑与边坡的检测、变形观测等费用按国家相关取费标准单独计算，不在本清单项目中。

（3）地下连续墙和喷射混凝土的钢筋网及咬合灌注桩的钢筋笼制作、安装，按《房屋建筑与装饰工程工程量计算规范》（GB 50854—2013）附录 E 中相关项目编码列项。本分部未列的基坑与边坡支护的排桩按附录 C 中相关项目编码列项。水泥土墙、坑内加固按表 B.1 中相关项目编码列项。砖、石挡土墙、护坡按附录 D 中相关项目编码列项。混凝土挡土墙按附录 E 中相关项目编码列项。弃土（不含泥浆）清理、运输按附录 A 中相关项目编码列项。

4.2.2.3　相关说明

（1）地下连续墙项目适用于各种导墙施工的复合型地下连续墙工程。

地下连续墙适用于构成建筑物、构筑物地下结构永久性的复合型地下连续墙（复合地下连续墙应列在分部分项工程工程量清单项目中）。

地下连续墙清单内容见表 4-13。

表 4-13　地下连续墙　基坑与边坡支护（编码：010202）

项目编码	项目名称	项目特征	计量单位	工程量计算规则	工程内容
010202001	地下连续墙	1. 地层情况 2. 导墙类型、截面 3. 墙体厚度 4. 成槽深度 5. 混凝土种类、强度等级 6. 接头形式	m³	按设计图示墙中心线长乘以厚度乘以槽深的体积计算	1. 导墙挖填、制作、安装、拆除 2. 挖土成槽、固壁、清底置换 3. 混凝土制作、运输、灌注、养护 4. 接头处理 5. 土方、废泥浆外运 6. 打桩场地硬化及泥浆池、泥浆沟

说明：

（1）项目特征描述中的"混凝土种类"，如在同一地区既使用预拌（商品）混凝土，又允许现场搅拌混凝土时，应予注明。

（2）从工程内容可以看出，地下连续墙项目内，除包含地下连续墙外，还包含导墙的挖槽、固壁、回填、土方、废泥浆外运、打桩场地硬化及泥浆池、泥浆沟，计价时应注意包含。

（2）锚杆项目是指在需要加固的土体中设置锚杆（钢管或粗钢筋、钢丝束、钢绞线）并灌浆，之后进行锚杆张拉并固定，以便形成支护。

（3）土钉项目是指在需要加固的土体中设置一排土钉（变形钢筋或钢管、角钢等）并灌浆，在加固的土体面层上固定钢丝网后。喷射混凝土面层后所形成的支护。

锚杆、土钉支护项目中的钻孔、布筋、锚杆安装、灌浆、张拉等需要搭设的脚手架，应列入措施项目清单。

4.2.3　案例分析

【例 4-4】如图 4-9 所示，某工程基坑边坡采用土钉支护，土钉采用 HRB335，直径 25mm 的钢筋，深度为 3m，采用钻孔方式置入土钉，平均每平方米设一根，C20 混凝土喷射厚度为 80mm。试计算该边坡清单工程量（不考虑挂网、喷射平台等内容）。

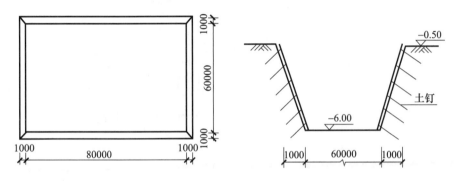

图 4-9　土钉边坡图

【解】

1. 计算清单工程量

混凝土喷射面积：$(81+61) \times 2 \times (1.0^2 + 5.5^2)^{0.5} = 1587.61$（m²）

土钉长度：$1587.61 \div 1.0 \times 3 = 4762.83$（m）

2. 编制工程量清单（表 4-14）

表 4-14　分部分项工程工程量清单

序号	项目编码	项目名称	项目特征	计量单位	工程量
1	010202008001	土钉	1. 单桩深度：3m 2. 杆体材料品种、规格：土钉采用 HRB335，直径 25mm 的钢筋 3. 置入方法：钻孔	m	4762.83
2	010202009001	喷射混凝土	1. 混凝土强度等级：C20 2. 厚度：80mm	m²	1587.61

任务 4.3 桩基工程

在 GB 50854—2013 中,桩基工程位于附录 C,包括两个分部工程,分别是 C.1 打桩,C.2 灌注桩。

桩基工程清单项目设置简图如图 4-10 所示。

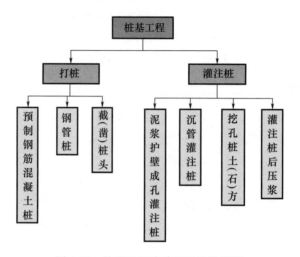

图 4-10 桩基工程清单项目设置简图

4.3.1 工程量清单项目及计量规则

4.3.1.1 打桩

打桩工程量清单项目设置、项目特征描述的内容、计量单位及工程量计算规则,应按 GB 50854—2013 附录中表 C.1 的规定执行,见表 4-15。

表 4-15 打桩(编码:010301)

项目编码	项目名称	项目特征	计量单位	工程量计算规则	工程内容
010301001	预制钢筋混凝土方桩	1. 地层情况 2. 送桩深度、桩长 3. 桩截面 4. 桩倾斜度 5. 沉桩方法 6. 接桩方式 7. 混凝土强度等级	1. m 2. m³ 3. 根	1. 以米计量,按设计图示尺寸乘以桩长(包括桩尖)计算。 2. 以立方米计量,按设计图示截面面积乘以桩长(包括桩尖)计算。 3. 以根计量,按设计图示数量计算	1. 工作平台搭拆 2. 桩机竖拆、移位 3. 沉桩 4. 接桩 5. 送桩

续表

项目编码	项目名称	项目特征	计量单位	工程量计算规则	工程内容
010301002	预制钢筋混凝土管桩	1. 地层情况 2. 送桩深度、桩长 3. 桩外径、壁厚 4. 桩倾斜度 5. 沉桩方法 6. 桩尖类型 7. 混凝土强度等级 8. 填充材料种类 9. 防护材料种类	1. m 2. m³ 3. 根	1. 以米计量，按设计图示尺寸乘以桩长（包括桩尖）计算。 2. 以立方米计量，按设计图示截面面积乘以桩长（包括桩尖）计算。 3. 以根计量，按设计图示数量计算	1. 工作平台搭拆 2. 桩机竖拆、移位 3. 沉桩 4. 接桩 5. 送桩 6. 桩尖制作安装 7. 填充材料、刷防护材料
010301003	钢管桩	1. 地层情况 2. 送桩深度、桩长 3. 材质 4. 管径、壁厚 5. 桩倾斜度 6. 沉桩方法 7. 填充材料种类 8. 防护材料种类	1. t 2. 根	1. 以吨计量，按设计图示尺寸乘以质量计算 2. 以根计量，按设计图示数量计算	1. 工作平台搭拆 2. 桩机竖拆、移位 3. 沉桩 4. 接桩 5. 送桩 6. 切割钢管、精割盖帽 7. 管内取土 8. 填充材料、刷防护材料
010301004	截（凿）桩头	1. 柱类型 2. 桩头截面、高度 3. 混凝土强度等级 4. 有无钢筋	1. m³ 2. 根	1. 以立方米计量，按设计桩截面乘以桩头长度的体积计算。 2. 以根计量，按设计图示数量计算	1. 截（切割）桩头 2. 凿平 3. 废料外运

注：1. 地层情况按 GB 50854—2013 附录 A 中土壤分类表（表 4-1-1）、岩石分类表的规定，并根据岩土工程勘察报告按单位工程各地层所占比例（包括范围值）进行描述。对无法准确描述的地层情况，可注明由投标人根据岩土工程勘察报告自行决定报价。

2. 项目特征中的桩截面、混凝土强度等级、桩类型等可直接用标准图代号或设计桩型进行描述。

3. 预制钢筋混凝土方桩、预制钢筋混凝土管桩项目以成品桩编列，应包括成品桩购置费，如果用现场预制，应包括现场预制桩的所有费用。

4. 打试验桩和打斜桩应按相应项目编码单独列项，并应在项目特征中注明试验桩或斜桩（斜率）。

5. 截（凿）桩头项目适用于 GB 50854—2013 附录 B、附录 C 所列的桩头截（凿）。

6. 预制钢筋混凝土管桩顶与承台的连接构造按 GB 50854—2013 附录 E 的相关项目列项。

说明:

从工程内容可以看出,预制钢筋混凝土方桩、预制钢筋混凝土管桩项目内,除包含预制钢筋混凝土方桩、预制钢筋混凝土管桩外,还包含接桩、送桩及管桩的桩尖,计价时应注意包含。

4.3.1.2 灌注桩

灌注桩工程量清单项目设置、项目特征描述的内容、计量单位及工程量计算规则,应按 GB 50854—2013 附录中表 C.2 的规定执行,见表 4-16。

表 4-16　灌注桩(编码:010302)

项目编码	项目名称	项目特征	计量单位	工程量计算规则	工程内容
010302001	泥浆护壁成孔灌注桩	1. 地层情况 2. 空桩长度、桩长 3. 桩径 4. 成孔方法 5. 护筒类型、长度 6. 混凝土种类、强度等级	1. m 2. m³ 3. 根	1. 以米计量,按设计图示尺寸乘以桩长(包括桩尖)计算。 2. 以立方米计量,按不同截面在桩上范围内的体积计算。 3. 以根计量,按设计图示数量计算	1. 护筒埋设 2. 成孔、固壁 3. 混凝土制作、运输、灌注、养护 4. 土方、废泥浆外运 5. 打桩场地硬化及泥浆池、泥浆沟
010302002	沉管灌注桩	1. 地层情况 2. 空桩长度、桩长 3. 复打长度 4. 桩径 5. 沉桩方法 6. 桩尖类型 7. 混凝土种类、强度等级			1. 打(沉)拔钢管 2. 桩尖制作、安装 3. 混凝土制作、运输、灌注、养护
010302003	干作业成孔灌注桩	1. 地层情况 2. 空桩长度、桩长 3. 桩径 4. 扩孔直径、高度 5. 成孔方法 6. 混凝土种类、强度等级			1. 成孔、扩孔 2. 混凝土制作、运输、灌注、振捣、养护
010302004	挖孔桩土(石)方	1. 地层情况 2. 挖孔深度 3. 弃土(石)运距	m³	按设计图示尺寸(含护壁)截面面积乘以挖孔深度的立方米计算	1. 排地表水 2. 挖土、凿石 3. 基底钎探 4. 运输

右上角：续表

项目编码	项目名称	项目特征	计量单位	工程量计算规则	工程内容
010302005	人工挖孔灌注桩	1. 桩芯长度 2. 桩芯直径、扩底直径、扩底高度 3. 护壁厚度、高度 4. 护壁混凝土种类、强度等级 5. 桩芯混凝土种类、强度等级	1. m³ 2. 根	1. 以立方米计量，按桩芯混凝土体积计算。 2. 以根计量，按设计图示数量计算	1. 护壁制作 2. 混凝土制作、运输、灌注、振捣、养护

注：1. 地层情况 GB 50854—2013 附录 A 中土壤分类表（表 4-1-1）、岩石分类表的规定，并根据岩土工程勘察报告按单位工程各地层所占比例（包括范围值）进行描述。对无法准确描述的地层情况，可注明由投标人根据岩土工程勘察报告自行决定报价。

2. 项目特征中的桩长包括桩尖，空桩长度＝孔深－桩长，孔深为自然地面至设计桩底的深度。

3. 项目特征中的桩截面（桩径）、混凝土强度等级、桩类型等可直接用标准图代号或设计桩型进行描述。

4. 泥浆护壁成孔灌注桩是指在泥浆护壁条件下成孔，采用水下灌注混凝土的桩。其成孔方法包括冲击钻成孔、冲抓锥成孔、回旋钻成孔、潜水钻成孔、泥浆护壁的旋挖成孔等。

5. 沉管灌注桩的沉管方法包括捶击沉管法、振动沉管法、振动冲击沉管法、内夯沉管法等。

6. 干作业成孔灌注桩是指不用泥浆护壁和套管护壁的情况下，用钻机成孔后，下钢筋笼，灌注混凝土的桩，适用于地下水位以上的土层使用。其成孔方法包括螺旋钻成孔、螺旋钻成孔扩底、干作业的旋挖成孔等。

7. 混凝土种类包括清水混凝土、彩色混凝土、水下混凝土等，如在同一地区既使用预拌（商品）混凝土，又允许现场搅拌混凝土时，也应注明。

8. 混凝土灌注桩的钢筋笼制作、安装，按 GB 50854—2013 附录 E 中相关项目编码列项。

4.3.2 清单工程量计算

1. 预制钢筋混凝土方桩、管桩

预制钢筋混凝土桩项目适用于预制混凝土方桩、管桩和板桩等。

注意：

（1）试桩应按预制钢筋混凝土桩项目编码单独列项。

（2）打钢筋混凝土预制板桩是指留添置原位（不拔出）的板桩，板桩应在工程量清单中描述其单桩投影面积。

清单工程量计算：

打预制钢筋混凝土方桩、管桩和板桩的工程量，按体积以立方米计算。体积按设计图示桩长（包括桩尖，不扣除桩尖虚体积）乘以桩截面面积计算。

$$V＝设计图示桩长（含桩尖）×桩截面面积 \qquad (4-10)$$

或：

$$L＝设计图示桩长（含桩尖）$$

或：

$$N＝设计图示桩的数量$$

管桩应扣除空心部分的体积，如图 4-11 所示。

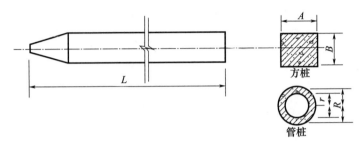

图 4-11　混凝土桩

当管桩的空心部分按设计要求灌注混凝土或灌注其他填充材料时，应另行计算。

2. 钢管桩

清单工程量计算：

$$M＝设计图示钢管桩的质量$$

或：

$$N＝设计图示桩的数量$$

3. 泥浆护壁成孔灌注桩、沉管灌注桩、干作业成孔灌注桩

$$V＝设计图示桩长（含桩尖）×桩截面面积 \qquad (4-11)$$

或：

$$L＝设计图示桩长（含桩尖）$$

或：

$$N＝设计图示桩的数量$$

4. 人工挖孔灌注桩

人工挖孔桩是采用人工在桩位挖孔，排除孔中的土方，一般可采用分段挖土法施工。为了防止桩周围土方塌方，每段挖土深度不能太深，宜控制在 1m 左右（由设计单位确定）。当第一段桩孔挖土完成后，就可以支模及浇筑护壁混凝土。护壁混凝土达到 $1N/mm^2$（MPa）强度后（常温时间歇 1d 以上）方能拆模。这时可以进行第二段挖土，如此周而复始地分段进行，一直挖到设计标高后，即放入钢筋骨架并浇灌桩身混凝土，使桩身成形。

现场人工挖孔扩底灌注桩按图示护壁内径圆台体积及扩大桩头实体积以立方米为单位计算。

$$V＝设计图示尺寸桩芯混凝土体积$$

或：

$$N＝设计图示桩的数量$$

5. 截（凿）桩头

截（凿）桩头清单内容见表 4-9 中截（凿）桩头（010301004）。

说明：

（1）桩类型可直接用设计桩型进行描述。

（2）从工程内容可以看出，截（凿）桩头项目内，除包含截（凿）桩头项目外，还包含废料外运，计价时应注意包含。

清单工程量计算：

$$V=设计图示桩头长度×桩截面面积 \qquad (4-12)$$

或：

$$N=设计图示桩的数量$$

4.3.3 案例分析

【例4-5】某工程用110根C60预应力钢筋混凝土管桩，桩外径600mm，壁厚100mm，每根桩总长25m，每根桩顶连接构造（假设）钢托板3.5kg、圆钢骨架38kg，桩顶灌注C30混凝土1.5m高，设计桩顶标高为－3.5m，现场自然地坪标高为－0.45m，现场条件允许可以不发生场内运桩。试编制该工程工程量清单。

【解】

1. 计算清单工程量

C60预应力钢筋混凝土管桩

$$L=25×110=2750.00（m）$$

2. 编制工程量清单（表4-17）

表4-17 分部分项工程工程量清单

项目编码	项目名称	项目特征	计量单位	工程量
010301002001	预制混凝土管桩	1. 土壤类别：一级土 2. 单桩长25m，110根 3. 桩外径600mm，壁厚100mm 4. 混凝土强度C30	m/根	2750.00/110

【例4-6】某工程采用110根C20钻孔灌注桩，桩直径11000mm，每根桩总长16m，其中入岩深度为1.5m，桩侧后注浆，1.0t/桩，声测管1根/桩。设计桩顶标高为－3.0m，现场自然地坪标高为－0.45m，设计规定加灌长度为1m，废弃泥浆要求外运5km，桩孔要求回填碎石。试编制该工程工程量清单。

【解】

1. 计算清单工程量

$$L=110×16=1760.00（m）$$

$$V=110×（3.14×1.1^2/4）×16=1671.74（m^3）$$

$$n=110（根）$$

2. 编制工程量清单（表4-18）

表 4-18　分部分项工程工程量清单

项目编码	项目名称	项目特征	计量单位	工程量	备注
010302001001	泥浆护壁成孔灌注桩	1. 土壤类别：一级土，进入岩层 1.5m	m	1760.00	以 m 为计量单位
		2. 单桩长 16m，110 根	m³	1671.74	以 m³ 为计量单位
		3. 桩直径 11000mm			
		4. 泥浆护壁成孔，泥浆外运 5km	根	110	以根为计量单位
		5. 混凝土强度 C20			

任务 4.4　砌筑工程

在 GB 50854—2013 中，砌筑工程位于附录 D，包括四个分部工程和一个相关问题及说明，分别是 D.1 砖砌体，D.2 砌块砌体，D.3 石砌体，D.4 垫层，D.5 相关问题及说明。

砌筑工程清单项目设置简图如图 4-12 所示。

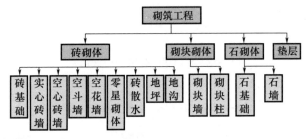

图 4-12　砌筑工程清单项目设置简图

4.4.1　砖砌体

4.4.1.1　工程量清单项目及计量规则

砖砌体工程量清单项目设置、项目特征描述的内容、计量单位及工程量计算规则，应按 GB 50854—2013 附录中表 D.1 的规定执行，见表 4-19。

表 4-19　砖砌体（编码：010401）

项目编码	项目名称	项目特征	计量单位	工程量计算规则	工作内容
010401001	砖基础	1. 砖品种、规格、强度等级 2. 基础类型 3. 砂浆强度等级 4. 防潮层材料种类	m³	按设计图示尺寸以体积计算。包括附墙垛基础宽出部分体积，扣除地梁（圈梁）、构造柱所占体积，不扣除基础大放脚 T 形接头处的重叠部分及嵌入基础内的钢筋、铁件、管道、基础砂浆防潮层和单个面积不大于 0.3m² 的孔洞所占体积，靠墙暖气沟的挑檐不增加。基础长度：外墙按外墙中心线，内墙按内墙净长线计算	1. 砂浆制作、运输 2. 砌砖 3. 防潮层铺设 4. 材料运输

续表

项目编码	项目名称	项目特征	计量单位	工程量计算规则	工作内容
010401002	砖砌挖孔桩护壁	1. 砖品种、规格、强度等级 2. 砂浆强度等级	m³	按设计图示尺寸以立方米计算	1. 砂浆制作、运输 2. 砌砖 3. 材料运输
010401003	实心砖墙	1. 砖品种、规格、强度等级 2. 墙体类型 3. 砂浆强度等级、配合比	m³	按设计图示尺寸以体积计算。 扣除门窗洞口、过人洞、空圈、嵌入墙内的钢筋混凝土柱、梁、圈梁、挑梁、过梁及凹进墙内的壁龛、管槽、暖气槽、消火栓箱所占体积，不扣除梁头、板头、檩头、垫木、木楞头、沿缘木、木砖、门窗走头、砖墙内加固钢筋、木筋、铁件、钢管及单个面积不小于 0.3m² 的孔洞所占的体积。凸出墙面的腰线、挑檐、压顶、窗台线、虎头砖、门窗套的体积亦不增加。凸出墙面的砖垛并入墙体体积内计算。 1. 墙长度：外墙按中心线、内墙按净长计算。 2. 墙高度。 （1）外墙：斜（坡）屋面无檐口天棚者算至屋面板底；有屋架且室内外均有天棚者算至屋架下弦底另加 200mm；无天棚者算至屋架下弦底另加 300mm，出檐宽度超过 600mm 时按实砌高度计算；有钢筋混凝土楼板隔层者算至板顶，平屋顶算至钢筋混凝土板底。 （2）内墙：位于屋架下弦者，算至屋架下弦底；无屋架者算至天棚底另加 100mm；有钢筋混凝土楼板隔层者算至楼板顶；有框架梁时算至梁底。 （3）女儿墙：从屋面板上表面算至女儿墙顶面（如有混凝土压顶时算至压顶下表面）。 （4）内、外山墙：按其平均高度计算。 3. 框架间墙：不分内外墙按墙体净尺寸以体积计算。 4. 围墙：高度算至压顶上表面（如有混凝土压顶时算至压顶下表面），围墙柱并入围墙体积内	1. 砂浆制作、运输 2. 砌砖 3. 刮缝 4. 砖压顶砌筑 5. 材料运输
010401004	多孔砖墙				
010401005	空心砖墙				

项目编码	项目名称	项目特征	计量单位	工程量计算规则	工作内容
010401006	空斗墙	1. 砖品种、规格、强度等级 2. 墙体类型 3. 砂浆强度等级、配合比	m³	按设计图示尺寸以空斗墙外形体积计算。墙角、内外墙交接处、门窗洞口立边、窗台砖、屋檐处的实砌部分体积并入空斗墙体积内	1. 砂浆制作、运输 2. 砌砖 3. 装填充料 4. 刮缝 5. 材料运输
010401007	空花墙			按设计图示尺寸以空花部分外形体积计算，不扣除空洞部分体积	
010404008	填充墙	1. 砖品种、规格、强度等级 2. 墙体类型 3. 填充材料种类及厚度 4. 砂浆强度等级、配合比		按设计图示尺寸以填充墙外形体积计算	
010401009	实心砖柱	1. 砖品种、规格、强度等级 2. 柱类型 3. 砂浆强度等级、配合比		按设计图示尺寸以体积计算。扣除混凝土及钢筋混凝土梁垫、梁头所占体积	1. 砂浆制作、运输 2. 砌砖 3. 刮缝 4. 材料运输
010404010	多孔砖柱				
010404011	砖检查井	1. 井截面 2. 垫层材料种类、厚度 3. 底板厚度 4. 井盖安装 5. 混凝土强度等级 6. 砂浆强度等级 7. 防潮层材料种类	座	按设计图示数量计算	1. 土方挖、运 2. 砂浆制作、运输 3. 铺设垫层 4. 底板混凝土制作、运输、浇筑、振捣、养护 5. 砌砖 6. 刮缝 7. 井池底、壁抹灰 8. 抹防潮层 9. 回填 10. 材料运输
010404012	零星砌砖	1. 零星砌砖名称、部位 2. 砂浆强度等级、配合比	1. m³ 2. m² 3. m 4. 个	1. 以立方米计量，按设计图示尺寸截面面积乘以长度计算。 2. 以平方米计量，按设计图示尺寸水平投影面积计算。 3. 以米计量，按设计图示尺寸长度计算。 4. 以个计量，按设计图示数量计算	1. 砂浆制作、运输 2. 砌砖 3. 刮缝 4. 材料运输
010404013	砖散水、地坪	1. 砖品种、规格、强度等级 2. 垫层材料种类、厚度 3. 散水、地坪厚度 4. 面层种类、厚度 5. 砂浆强度等级	m²	按设计图示尺寸以面积计算	1. 土方挖、运 2. 地基找平、夯实 3. 铺设垫层 4. 砌砖散水、地坪 5. 抹砂浆面层

项目编码	项目名称	项目特征	计量单位	工程量计算规则	工作内容
010404014	砖地沟、明沟	1. 砖品种、规格、强度等级 2. 沟截面尺寸 3. 垫层材料种类、厚度 4. 混凝土强度等级 5. 砂浆强度等级	m	以米计量，按设计图示以中心线长度计算	1. 土方挖、运 2. 铺设垫层 3. 底板混凝土制作、运输、浇筑、振捣、养护 4. 砌砖 5. 刮缝、抹灰 6. 材料运输

注: 1. 砖基础项目适用于各种类型砖基础，如柱基础、墙基础、管道基础等。
  2. 基础与墙（柱）身使用同一种材料时，以设计室内地面为界（有地下室者，以地下室室内设计地面为界），以下为基础，以上为墙（柱）身。基础与墙身使用不同材料时，设计室内地面高度不大于 ±300mm 时，以不同材料为分界线，高度大于 ±300mm 时，以设计室内地面为分界线。
  3. 砖围墙以设计室外地坪为界，以下为基础，以上为墙身。
  4. 框架外表面的镶贴砖部分，按零星项目编码列项。
  5. 附墙烟囱、通风道、垃圾道应按设计图示尺寸以体积（扣除孔洞所占体积）计算并入所依附的墙体体积内。当设计规定孔洞内需抹灰时，应按 GB 50854—2013 附录 M 中零星抹灰项目编码列项。
  6. 空斗墙的窗间墙、窗台下、楼板下、梁头下的实砌部分，按零星砌砖项目编码列项。
  7. 空花墙项目适用于各种类型的空花墙，使用混凝土花格砌筑的空花墙，实砌墙体与混凝土花格应分别计算，混凝土花格按混凝土及钢筋混凝土中预制构件相关项目编码列项。
  8. 台阶、台阶挡墙、梯带、锅台、炉灶、蹲台、池槽、池槽腿、砖胎模、花台、花池、楼梯栏板、阳台栏板、地垄墙、不大于 0.3m² 的孔洞填塞等，应按零星砌砖项目编码列项。砖砌锅台与炉灶可按外形尺寸以个计算，砖砌台阶可按水平投影面积以平方米计算，小便槽、地垄墙可按长度计算，其他工程按立方米计算。
  9. 砖砌体内钢筋加固，应按 GB 50854—2013 附录 E 中相关项目编码列项。
  10. 砖砌体勾缝按 GB 50854—2013 附录 M 中相关项目编码列项。
  11. 检查井内的爬梯按 GB 50854—2013 附录 E 中相关项目编码列项；井、池内的混凝土构件按附录 E 中混凝土及钢筋混凝土预制构件编码列项。
  12. 如施工图设计标注做法见标准图集时，应注明标注图集的编码、页号及节点大样。

在本节砖砌体工程项目学习中，将介绍砖基础和砖墙体（实心砖墙、多孔砖墙、空心砖墙等）的清单工程量计算和编制。

4.4.1.2　砖基础

砖基础项目适用于各种类型的砖基础，包括柱基础、墙基础、管道基础等。

1. 砖基础的长度

砖基础的外墙墙基按外墙中心线的长度计算；内墙墙基按净长度计算。

2. 砖基础的断面面积

砖基础一般包括基础墙和大放脚两部分。大放脚是墙基下面的扩大部分，分等高式和不等高式（间隔式）两种。

等高式大放脚，每步放脚层数相等，高度为 126mm（两皮砖加两灰缝）；每步放脚宽度相等，为 62.5mm（1 砖长加一灰缝的 1/4），如图 4-13 所示。

不等高式（间隔式）大放脚，每步放脚高度不等，为 63mm 与 126mm 互相交替间隔放脚；每步放脚宽度相等，为 62.5mm，如图 4-14 所示。

由于等高式与不等高式（间隔式）大放脚是有规律的，因此，可以预先将各种形式和不同层次的大放脚增加断面积计算出来，然后按不同墙厚折成其高度（简称为折加高度）加在砖基础的高度内计算，以加快计算速度。

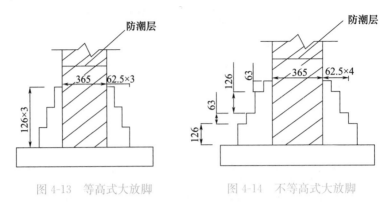

图 4-13　等高式大放脚　　　　　图 4-14　不等高式大放脚

等高式和不等高式砖基础大放脚增加断面积和折加高度见表 4-20，供计算基础体积时查用。

表 4-20　等高式和不等高式砖基础大放脚折加高度和大放脚增加断面积表

放脚层数	折加高度（m）												增加断面（m²）	
	$\frac{1}{2}$ 砖 (0.115)		1 砖 (0.24)		$1\frac{1}{2}$ 砖 (0.365)		2 砖 (0.49)		$2\frac{1}{2}$ 砖 (0.615)		3 砖 (0.74)			
	等高	不等高	等高	不等高	等高	不等高	等高	不等高	等高	不等高	等高	不等高	等高	不等高
一	0.137	0.137	0.066	0.066	0.043	0.043	0.032	0.032	0.026	0.026	0.021	0.021	0.01575	0.01575
二	0.411	0.342	0.197	0.164	0.129	0.108	0.096	0.080	0.077	0.064	0.064	0.053	0.04725	0.03938
三	0.822	0.685	0.394	0.328	0.259	0.216	0.193	0.161	0.154	0.128	0.128	0.106	0.0945	0.07875
四	1.396	1.096	0.656	0.525	0.432	0.345	0.321	0.253	0.256	0.205	0.213	0.170	0.1575	0.126
五	2.054	1.643	0.984	0.788	0.647	0.518	0.482	0.380	0.384	0.307	0.319	0.255	0.2363	0.189
六	2.876	2.260	1.378	1.083	0.906	0.712	0.672	0.530	0.538	0.419	0.447	0.315	0.3308	0.2599
七		3.013	1.838	1.444	1.208	0.949	0.900	0.707	0.717	0.563	0.596	0.468	0.441	0.3465
八		3.835	2.363	1.838	1.553	1.208	1.157	0.900	0.922	0.717	0.766	0.596	0.567	0.4411
九			2.953	2.297	1.942	1.510	1.447	1.125	1.153	0.896	0.958	0.745	0.7088	0.5513
十			3.610	2.789	2.372	1.834	1.768	1.366	1.409	1.088	1.717	0.905	0.8663	0.6694

注：1. 基础放脚折加高度是按双面且完全对称计算的，当放脚为单面时，表中面积应乘以 0.5；当两面不对称时，应分别按单面计算。

2. 本表按标准砖双面放脚每层高 126mm（等高式）及双面放脚层高分别为 126mm、63mm（不等高式），砌出 62.5mm 计算。

3. 本表是以标准砖 240mm×115mm×53mm 为准，灰缝为 10mm 为准编制的。

砖基础的断面面积＝标准墙厚面积＋大放脚增加的面积

$$＝标准墙厚×（设计基础高度＋大放脚折加高度）\qquad(4\text{-}13)$$

$$大放脚折加高度＝大放脚增加的面积/墙厚＝\Delta S/B\qquad(4\text{-}14)$$

式中　ΔS——大放脚增加的断面面积，是按等高和不等高放脚层数计算的增加断面面积；

　　　B——基础墙厚。

折加高度计算方法如图 4-15 所示，图中 $\Delta S = 2S_1$。

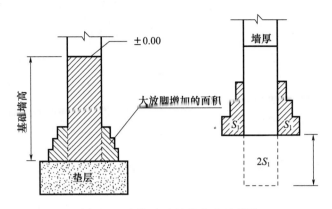

图 4-15　折加高度计算方法示意图

3. 砖基础清单工程量计算

$V_{墙基础}$＝基础墙体积＋大放脚体积

＝基础墙长度×（基础墙的断面积＋大放脚折算断面积）

＝基础墙长度×基础墙厚度×（基础墙高度＋大放脚折算高度）　　(4-15)

$V_{柱基础}$＝基础柱的高度×柱的断面积＋柱大放脚折算体积　　(4-16)

4.4.1.3　砖墙体

砖墙体项目包括实心砖墙、多孔砖墙、空心砖墙及砌块墙等。

实心砖墙项目适用于各种类型的实心砖墙，包括外墙、内墙、围墙、弧形墙等；空心砖墙项目适用于各种规格的空心砖砌筑的各种类型的墙体。

当实心砖墙类型不同时，其价格就不同，因而清单编制人在描述项目特征时必须描述详细，以便投标人准确报价。

1. 墙长度

外墙按外墙中心线长度计算；内墙按内墙净长线长度计算。

女儿墙按女儿墙中心线长度计算；框架间墙长取柱间净长。

2. 墙高度

（1）外墙高度。

坡屋面：无檐口、无天棚的，算至屋面板底，如图 4-16（a）所示；

　　　　有屋架、有天棚的，算至屋架下弦底＋200mm，如图 4-16（b）所示；

　　　　有屋架、无天棚的，算至屋架下弦底＋300mm，如图 4-16（c）所示。

平屋面：算至钢筋混凝土屋面板底，如图 4-16（d）、图 4-16（e）所示。

（2）内墙高度。

屋架下：算至屋架底，如图 4-17（a）所示；有混凝土楼板：算至板顶，如图 4-17（b）所示；

无屋架：算至天棚底＋100mm，如图 4-17（c）所示；有框架梁，算至梁底，如图 4-17（d）所示。

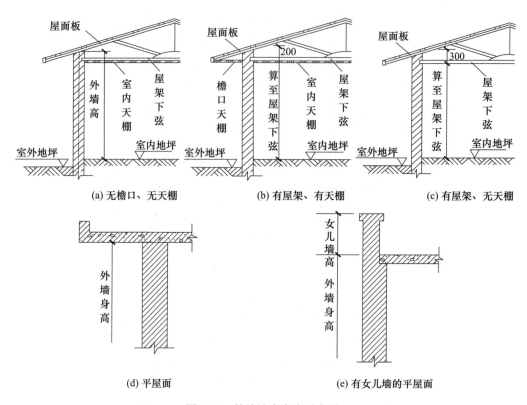

图 4-16 外墙墙身高度示意图

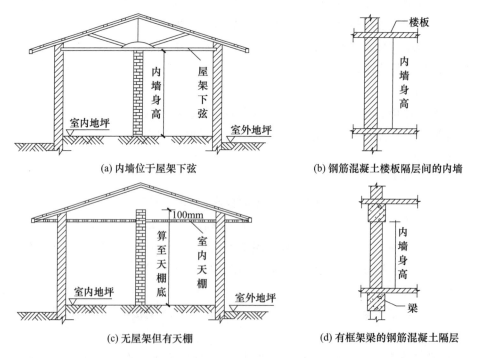

图 4-17 内墙墙身高度示意图

（3）女儿墙高。

从屋面板顶至墙顶（混凝土压顶下表面），如图 4-18 所示。

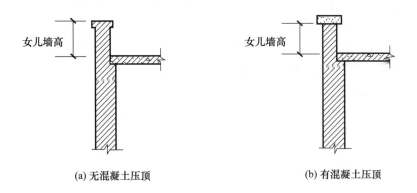

(a) 无混凝土压顶　　　　　(b) 有混凝土压顶

图 4-18　女儿墙墙身高度示意图

（4）内外山墙高。

按其平均高度计算，如图 4-19、图 4-20 所示。

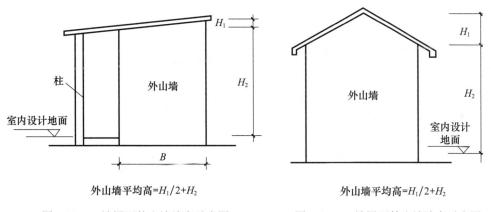

外山墙平均高=$H_1/2+H_2$　　　　　外山墙平均高=$H_1/2+H_2$

图 4-19　一坡屋面外山墙墙高示意图　　　图 4-20　二坡屋面外山墙墙高示意图

3. 墙厚度

（1）标准砖尺寸应为 240mm×115mm×53mm。

（2）标准砖墙厚度应按表 4-21 计算。

表 4-21　标准墙计算厚度表

砖数（厚度）	1/4	1/2	3/4	1	$1\frac{1}{2}$	2	$2\frac{1}{2}$	3
计算厚度（mm）	53	115	180	240	365	490	615	740

4. 砖墙清单工程量计算

$$V＝墙长×墙高×墙厚－应扣除体积＋应增加体积 \qquad (4\text{-}17)$$

（1）应扣除体积。

扣除门窗洞口、过人洞、空圈、嵌入墙身的钢筋混凝土柱、梁、圈梁、挑梁、管槽、暖气槽、消防栓箱、过梁及凹进墙内的壁龛（图4-21）所占体积。

不扣除梁头、板头（图4-22）、檩头、垫木、木楞头、沿椽木、木砖、门窗走头、砖墙内加固钢筋、木筋、铁件、钢管及单个面积为 $0.3m^2$ 以下的孔洞所占体积。凸出墙面的窗台虎头砖（图4-23）、砖压顶线（图4-24）、山墙泛水、烟囱根、门窗套（图4-25）、三皮砖以内的腰线和挑檐的体积也不增加。

砖垛、凸出墙面三皮砖以上的腰线和挑檐等体积，并入墙身体积内计算。

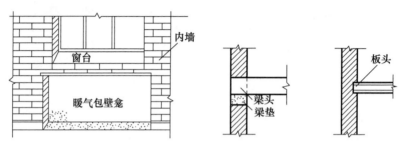

图4-21　暖气包壁龛示意图　　　图4-22　梁头、板头示意图

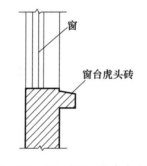

图4-23　凸出墙面的窗台虎头砖　　　图4-24　砖压顶线

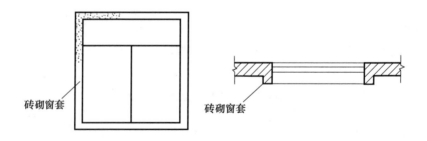

图4-25　砖砌窗套示意图

（2）应增加体积。

附墙垛、附墙烟囱等基础宽出部分的体积，应并入基础工程量内计算，计算公式为：

$$砖垛基础体积＝砖垛基础墙体积＋砖垛基础放脚增加体积 \qquad (4\text{-}18)$$

5. 基础与墙体的划分界限

基础与墙体的划分界限见表 4-22。

表 4-22　基础与墙体的划分界限

砖	基础 与墙身	使用同一种材料（图 4-26）	设计室内地面（有地下室者，以地下室室内设计地面为界）
		使用不同材料（图 4-26）	材料分界线距室内地面不大于±300mm：材料为界 材料分界线距室内地面大于±300mm：室内地坪为界
	基础与围墙		以设计室外地坪为界，以下为基础，以上为墙身
石	基础与勒脚		以设计室外地坪为界，以下为基础，以上为勒脚
	勒脚与墙身		以设计室内地坪为界，以下为勒脚，以上为墙身
	基础与围墙		围墙内外地坪标高不同时，应以较低地坪标高为界，以下为基础； 围墙内外标高之差为挡土墙时，挡土墙以上为墙身

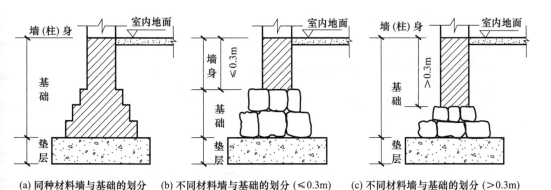

(a) 同种材料墙与基础的划分　(b) 不同材料墙与基础的划分（≤0.3m）　(c) 不同材料墙与基础的划分（>0.3m）

图 4-26　基础与墙身分界线

4.4.2　砌块砌体

砌块砌体工程量清单项目设置、项目特征描述的内容、计量单位及工程量计算规则，应按 GB 50854—2013 附录中表 D.2 的规定执行，见表 4-23。

表 4-23　砌块砌体（编码：010402）

项目编码	项目名称	项目特征	计量单位	工程量计算规则	工作内容
010402001	砌块墙	1. 砌块品种、规格、强度等级 2. 墙体类型 3. 砂浆强度等级	m³	工程量计算规则同实心砖墙、多孔砖墙和空心砖墙	1. 砂浆制作、运输 2. 砌砖、砌块 3. 勾缝 4. 材料运输

项目编码	项目名称	项目特征	计量单位	工程量计算规则	工作内容
010402002	砌块柱	1. 砖品种、规格、强度等级 2. 墙体类型 3. 砂浆强度等级	m³	按设计图示尺寸以体积计算。扣除混凝土及钢筋混凝土梁垫、梁头、板头所占体积	1. 砂浆制作、运输 2. 砌砖、砌块 3. 勾缝 4. 材料运输

注：1. 砌体内加筋、墙体拉结的制作、安装，应按附录 E 中相关项目编码列项。

2. 砌块排列应上、下错缝搭砌，如果搭错缝长度满足不了规定的压搭要求，可以采取压砌钢筋网片的措施，具体构造要求按设计规定。若设计无规定时，应注明由投标人根据工程实际情况自行考虑。

3. 砌体垂直灰缝宽大于 30mm 时，采用 C20 细石混凝土灌实。灌注的混凝土应按 GB 50854—2013 附录 E 中相关项目编码列项。

4.4.3 石砌体

石砌体工程量清单项目设置、项目特征描述的内容、计量单位及工程量计算规则，应按 GB 50854—2013 附录中表 D.3 的规定执行，见表 4-24。

表 4-24 石砌体（编码：010403）

项目编码	项目名称	项目特征	计量单位	工程量计算规则	工作内容
010403001	石基础	1. 石料种类、规格 2. 基础类型 3. 砂浆强度等级	m³	按设计图示尺寸以体积计算。包括附墙垛基础宽出部分体积，不扣除基础砂浆防潮层及单个面积不大于 0.3 m² 的孔洞所占体积，靠墙暖气沟的挑檐不增加体积。基础长度：外墙按中心线，内墙按净长计算	1. 砂浆制作、运输 2. 吊装 3. 砌石 4. 防潮层铺设 5. 材料运输
010403002	石勒脚	1. 石料种类、规格 2. 石表面加工要求 3. 勾缝要求 4. 砂浆强度等级、配合比	m³	按设计图示尺寸以体积计算，扣除单个面积大于 0.3m² 的孔洞所占的体积	1. 砂浆制作、运输 2. 吊装 3. 砌石 4. 石表面加工 5. 勾缝 6. 材料运输
010403003	石墙			工程量计算规则同实心砖墙、多孔砖墙和空心砖墙，只是无"框架间墙"	
010403004	石挡土墙	1. 石料种类、规格 2. 石表面加工要求 3. 勾缝要求 4. 砂浆强度等级、配合比		按设计图示尺寸以体积计算	1. 砂浆制作、运输 2. 吊装 3. 砌石 4. 变形缝、泄水孔、压顶抹灰 5. 滤层 6. 勾缝 7. 材料运输

续表

项目编码	项目名称	项目特征	计量单位	工程量计算规则	工作内容
010403005	石柱	1. 石料种类、规格 2. 石表面加工要求 3. 勾缝要求 4. 砂浆强度等级、配合比	m³	按设计图示尺寸以体积计算	1. 砂浆制作、运输 2. 吊装 3. 砌石 4. 石表面加工 5. 勾缝 6. 材料运输
010403006	石栏杆		m	按设计图示以长度计算	
010403007	石护坡	1. 垫层材料种类、厚度、 2. 石料种类、规格 3. 护坡厚度、高度 4. 石表面加工要求 5. 勾缝要求 6. 砂浆强度等级、配合比	m³	按设计图示尺寸以体积计算	1. 铺设垫层 2. 石料加工 3. 砂浆制作、运输 4. 砌石 5. 石表面加工 6. 勾缝 7. 材料运输
010403008	石台阶				
010403009	石坡道		m²	按设计图示以水平投影面积计算	
010403010	石地沟、明沟	1. 沟截面尺寸 2. 土壤类别、运距 3. 垫层材料种类、厚度 4. 石料种类、规格 5. 石表面加工要求 6. 勾缝要求 7. 砂浆强度等级、配合比	m	按设计图示以中心线长度计算	1. 土方挖、运 2. 砂浆制作、运输 3. 铺设垫层 4. 砌石 5. 石表面加工 6. 勾缝 7. 回填 8. 材料运输

注：1. 石基础、石勒脚、石墙的划分：基础与勒脚应以设计室外地坪为界。勒脚与墙身应以设计室内地面为界。石围墙内外地坪标高不同时，应以较低地坪标高为界，以下为基础；内外标高之差为挡土墙时，挡土墙以上为墙身。

2. 石基础项目适用于各种规格（粗料石、细料石等）、各种材质（砂石、青石等）和各种类型（柱基、墙基、直形、弧形等）基础。

3. 石勒脚、石墙项目适用于各种规格（粗料石、细料石等）、各种材质（砂石、青石、大理石、花岗石等）和各种类型（直形、弧形等）勒脚和墙体。

4. 石挡土墙项目适用于各种规格（粗料石、细料石、块石、毛石、卵石等）、各种材质（砂石、青石、石灰石等）和各种类型（直形、弧形、台阶形等）挡土墙。

5. 石柱项目适用于各种规格、各种石质、各种类型的石柱。

6. 石栏杆项目适用于无雕饰的一般石栏杆。

7. 石护坡项目适用于各种石质和各种石料（粗料石、细料石、片石、块石、毛石、卵石等）。

8. 石台阶项目包括石梯带（垂带），不包括石梯膀，石梯膀应按 GB 50854—2013 中附录 C 石挡土墙项目编码列项。

9. 如施工图设计标注做法见标准图集时，应注明标注图集的编码、页号及节点大样。

4.4.4 垫层

垫层工程量清单项目设置、项目特征描述的内容、计量单位及工程量计算规则，应按 GB 50854—2013 附录中表 D.4 的规定执行，见表 4-25。

表 4-25　垫层（编码：010404）

项目编码	项目名称	项目特征	计量单位	工程量计算规则	工作内容
010404001	垫层	垫层材料种类、配合比、厚度	m³	按设计图示尺寸以立方米计算	1. 垫层材料的拌制 2. 垫层铺设 3. 材料运输

注：除混凝土垫层应按附录 E 中相关项目编码列项外，没有包括垫层要求的清单项目应按本表垫层项目编码列项。

垫层清单工程量计算：

$$V＝垫层长×垫层宽×垫层厚 \tag{4-19}$$

4.4.5 案例分析

【例 4-7】某单位传达室基础平面图及基础详图如图 4-27 所示，室内地坪为±0.00 m，防潮层为−0.06m，防潮层以下用 M10 水泥砂浆砌标准砖基础，防潮层以上为多孔砖墙身，计算砖基础的清单工程量。

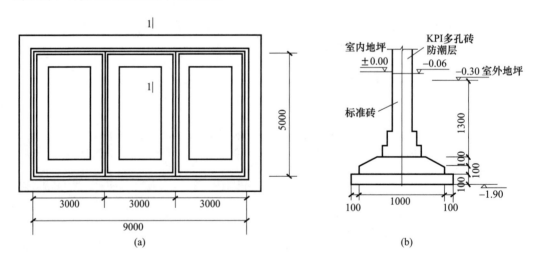

图 4-27　某单位传达室基础平面图及基础详图

【解】

1. 计算清单工程量

砖基础长：$(9.0＋5.0)×2＋(5−0.24)×2＝37.52$（m）

砖基础高：$1.9−0.1−0.1−0.1−0.06＝1.54$（m）

大放脚折加高度：0.197m（查表）

砖基础工程量：$37.52 \times (1.54+0.197) \times 0.24 = 15.64$（$m^3$）

2. 编制工程量清单（表4-26）

表4-26　分部分项工程工程量清单

项目编码	项目名称	项目特征	计量单位	工程量
010401001001	砖基础	1. 砖品种、规格：标准砖 240mm×115mm×53mm 2. 砂浆强度等级：M10 水泥砂浆	m^3	15.64

【例4-8】某培训楼平面图及其基础剖面图如图4-28所示，已知内外墙墙厚均为240mm，层高3.0m，内外墙上均设圈梁，洞口上部设过梁，墙转角处设置构造柱，门窗及构件尺寸见表4-27，试根据已知条件对该砌筑工程列项，并编制工程量清单。

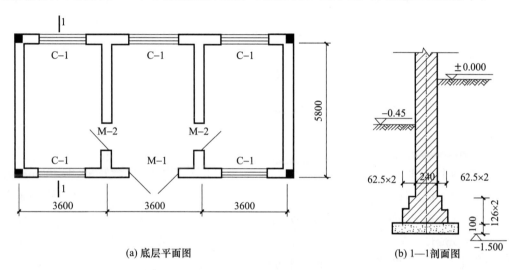

(a) 底层平面图　　　　(b) 1—1剖面图

图4-28　某培训楼平面图及其基础剖面图

表4-27　门窗及构件尺寸

门窗名称	门窗尺寸（宽×高）mm^2	构件名称	构件尺寸或体积
M-1	1800×2100	构造柱	$0.15m^3$/根
M-2	1000×2100	圈梁	240mm×240mm
C-1	1500×1500	过梁	（洞口宽度+0.5）×0.24×0.12（m^3）

【解】

1. 计算清单工程量

外墙中心线长度：$(3.6 \times 3 + 5.8) \times 2 = 33.2$（m）

内墙净长线长度：$(5.8 - 0.24) \times 2 = 11.12$（m）

M1 面积：$1.8 \times 2.1 = 3.78$（m^2）

M2 面积：$1.0 \times 2.1 = 2.1$（m^2）

C1 面积：$1.5 \times 1.5 = 2.25$（m^2）

GZ 体积：$0.15 \times 4 = 0.6$ （m³）

QL 体积：$0.24 \times 0.24 \times [(33.2 - 0.24 \times 4) + 11.12] = 2.50$ （m³）

GL 体积：$0.24 \times 0.12 \times [(1.8 + 0.5) \times 1 + (1.0 + 0.5) \times 2 + (1.5 + 0.5) \times 5] = 0.44$ （m³）

$V_{砖基础} = [0.24 \times (1.5 - 0.1 - 0.45) + 0.04725] \times (33.2 + 11.12) = 12.20$ （m³）

$V_{砖墙} = [(33.2 + 11.12) \times 3.0 - (3.78 + 2.1 \times 2 + 2.25 \times 5)] \times 0.24 - (0.6 + 2.50 + 0.44) = 23.76$ （m³）

2. 编制工程量清单（表4-28）

表 4-28　分部分项工程工程量清单

序号	项目编码	项目名称	项目特征	计量单位	工程量
1	010401001001	砖基础	砖品种、规格：标准砖 240mm×115mm×53mm	m³	12.20
2	010401003001	实心砖墙	1. 砖品种、规格：标准砖 240mm×115mm×53mm 2. 墙体类型：双面混水墙 3. 墙体厚度：240mm 4. 砂浆强度等级：M5 混合砂浆	m³	23.76

【例 4-9】某建筑物墙体采用烧结页岩多孔砖墙，混凝土柱截面尺寸 400mm×400mm，共 8 根，柱基顶面标高−0.5m。混凝土强度等级及砾石粒径：梁、柱、板为 C25，砾 40 mm。屋面 100mm 厚现浇钢筋混凝土板，KL：250mm×500mm，①④轴柱梁 L：240mm×350mm。C1：1800mm×1800mm，M1 尺寸为 2100mm×2700mm。M1 上设雨篷，其梁断面为 240mm×240mm，长 2600mm。试计算砖墙清单工程量（轴线尺寸均为墙中心线长度）（图 4-29）。

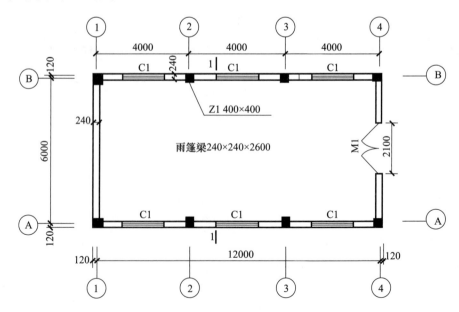

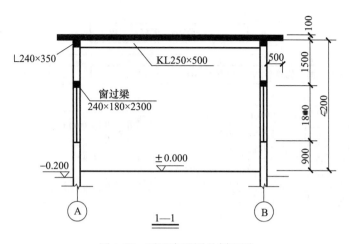

图 4-29　平面布置图及剖面图

【解】

1. 计算清单工程量

Ⓐ Ⓑ轴线墙体体积：

$V=［(6.24-0.4×2)×2×(4.2+0.1-0.35)-2.1×2.7］×0.24-0.24×0.24×2.6=8.80（m^3）$

①—④轴线墙体体积：

$V=\{［(12.24-0.4×4)×(4.2+0.1-0.35)-1.8×1.8×3］×0.24-0.24×0.18×2.3×3\}×2=14.91（m^3）$

小计：$8.80+14.91=23.71（m^3）$

2. 编制工程量清单（表 4-29）

表 4-29　分部分项工程工程量清单

项目编码	项目名称	项目特征	计量单位	工程量
010401004001	多孔砖墙	烧结页岩多孔砖	m³	23.71

任务 4.5　混凝土及钢筋混凝土工程

在 GB 50854—2013 中，混凝土及钢筋混凝土工程位于附录 E，包括 16 个分部工程和一个相关问题及说明，分别是 E.1 现浇混凝土基础，E.2 现浇混凝土柱，E.3 现浇混凝土梁，E.4 现浇混凝土墙，E.5 现浇混凝土板，E.6 现浇混凝土楼梯，E.7 现浇混凝土其他构件，E.8 后浇带，E.9 预制混凝土柱，E.10 预制混凝土梁，E.11 预制混凝土屋架，E.12 预制混凝土板，E.13 预制混凝土楼梯，E.14 其他预制构件，E.15 钢筋工程，E.16 螺栓、铁件，E.17 相关问题及说明。

混凝土及钢筋混凝土工程清单项目设置简图如图 4-30 所示。

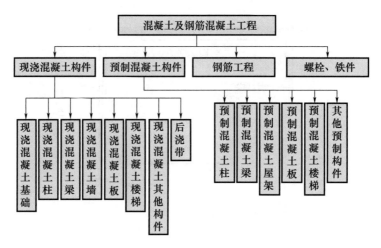

图 4-30　混凝土及钢筋混凝土工程清单项目设置简图

【思政小贴纸：劳动精神】

　　混凝土工程包括混凝土的浇筑、振捣和养护等工序，需要混凝土工人长期在艰苦的环境下作业。在混凝土浇筑、振捣的过程中，混凝土工人一直是连续性作业的，并且为了施工顺畅，一般都是白天验收完了，晚上直接打灰，有时还会连续作业。更辛苦的是，在盛夏施工时混凝土工人身上穿的"水泥衣"有 10 多斤，这衣服必须要穿，不然水泥溅到身上会腐蚀皮肤。有时候，水泥不小心溅到混凝土工人身上，当时不觉得烫，但是时间稍微长一点，皮肤就会被烧伤，若不及时清洗，时间长了，皮肤还会被腐蚀。作为未来的建筑行业从业者，我们要尊重劳动工人，尊重工人辛勤劳动的成果，做一个崇尚劳动、热爱劳动的好青年。

4.5.1　现浇混凝土基础

　　现浇混凝土基础项目包括垫层、带形基础、独立基础、满堂基础、桩承台基础和设备基础 6 个清单项目。

　　现浇混凝土基础清单项目设置简图如图 4-31 所示。

扫码学习任务 4.5.1

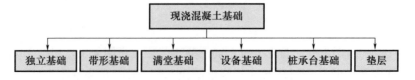

图 4-31　现浇混凝土基础清单项目设置简图

4.5.1.1　工程量清单项目及计量规则

　　现浇混凝土基础工程量清单项目设置、项目特征描述的内容、计量单位及工程量计算规则，应按 GB 50854—2013 附录中表 E.1 的规定执行见表 4-30。

表 4-30　现浇混凝土基础（编码：010501）

项目编码	项目名称	项目特征	计量单位	工程量计算规则	工作内容
010501001	垫层	1. 混凝土种类 2. 混凝土强度等级	m³	按设计图示尺寸以体积计算。不扣除伸入承台基础的桩头所占体积	1. 模板及支撑制作、安装、拆除、堆放、运输及清理模内杂物、刷隔离剂等 2. 混凝土制作、运输、浇筑、振捣、养护
010501002	带形基础				
010501003	独立基础				
010501004	满堂基础				
010501005	桩承台基础				
010501006	设备基础	1. 混凝土种类 2. 混凝土强度等级 3. 灌浆材料及其强度等级			

注：1. 有肋带形基础、无肋带形基础应按本表中相关项目列项，并注明肋高。

2. 箱式满堂基础中柱、梁、墙、板按 GB 50854—2013 中表 E.2、表 E.3、表 E.4、表 E.5 相关项目分别编码列项；箱式满堂基础底板按本表中的满堂基础项目列项。

3. 框架式设备基础中柱、梁、墙、板分别按 GB 50854—2013 中表 E.2、表 E.3、表 E.4、表 E.5 相关项目编码列项；基础部分按本表相关项目编码列项。

4. 如为毛石混凝土基础，项目特征应描述毛石所占比例。

说明：

（1）项目特征描述中的"混凝土种类"是指清水混凝土、彩色混凝土等。如在同一地区既使用预拌（商品）混凝土，又允许现场搅拌混凝土时，应同时注明。如为毛石混凝土基础，应描述毛石所占比例。

（2）混凝土基础和墙、柱的分界线，以混凝土基础的扩大顶面为界，以下为基础，以上为柱或墙，如图 4-32 所示。

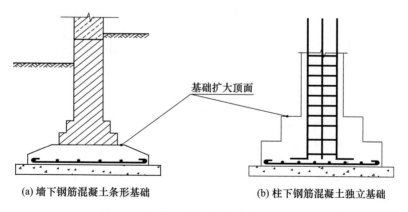

(a) 墙下钢筋混凝土条形基础　　　(b) 柱下钢筋混凝土独立基础

图 4-32　混凝土基础和墙、柱划分示意图

4.5.1.2　垫层

清单工程量计算如下：

基础垫层：　　　　$V_{基础垫层} = 设计垫层底面积 × 垫层厚度$　　　　　（4-20）

楼地面垫层： $V_{楼地面垫层}=主墙间净面积×设计垫层厚度$ （4-21）

楼地面垫层面积应扣除凸出地面构筑物、设备基础、室内铁道、地沟等所占面积，不扣除间壁墙（厚度不大于 120mm）及不大于 $0.3m^2$ 柱、垛、附墙烟囱及孔洞所占面积。

需要注意的是，房屋建筑工程中的垫层项目，若是非混凝土垫层，则按 010404001 列项；若是混凝土垫层，则按 010501001 列项。

4.5.1.3 带形基础

1. 带形基础形式

带形基础按其形式不同可分为无梁式（板式）和有梁式（带肋）两种，如图 4-33 所示。

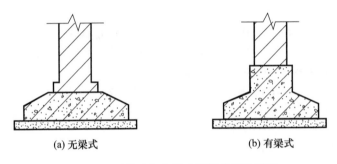

(a) 无梁式   (b) 有梁式

图 4-33 无梁式和有梁式带形基础示意图

基础长度：外墙基础按外墙中心线长度计算，内墙基础按基础间净长线计算，如图 4-34 所示。

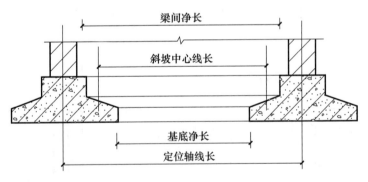

图 4-34 内墙基础计算长度示意图

无梁式（板式）混凝土基础和有梁式（带肋）混凝土基础应分别编码列项，并注明肋高。

2. 清单工程量计算

带形基础。设计图示尺寸体积，不扣除伸入承台基础的桩头所占体积。

$$V_{带形基础}=基础长度×断面积+V_{T形接头}$$ （4-22）

T 形接头如图 4-35 所示，其体积计算如下：

接头体积： $V_T=L_T×b×H+[L_T/6×(B+2b)×h_1]$ （4-23）

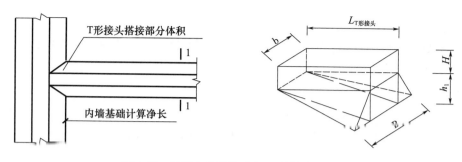

图 4-35　混凝土带形基础和 T 形接头示意图

4.5.1.4　独立基础

独立基础按其断面形状可分为四棱锥台形、踏步（台阶）形和杯形独立基础等。

1. 四棱锥台形独立基础的工程量计算

如图 4-36 所示，其体积计算如下：

$$V=a\times b\times h+h_1/6\times [a_1\times b_1+a\times b+(a_1+a)\times(b_1+b)] \tag{4-24}$$

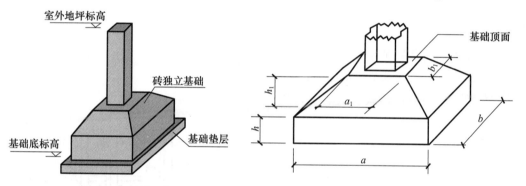

图 4-36　四棱锥台形独立基础示意图

2. 踏步（台阶）形独立基础的工程量计算

$$V=abh_1+a_1b_1h_2 \tag{4-25}$$

踏步（台阶）形独立基础如图 4-37 所示。

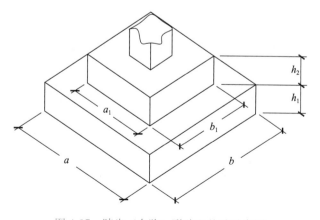

图 4-37　踏步（台阶）形独立基础示意图

4.5.1.5　满堂基础

满堂基础按其形式不同可分为无梁式、有梁式和箱式满堂基础 3 种主要形式。

1. 无梁式满堂基础

如图 4-38 所示，其工程量计算式如下：

$$无梁式满堂基础工程量＝底板＋柱墩＋边肋 \qquad (4-26)$$

式中，柱墩体积的计算与角锥形独立基础的体积计算方法相同。

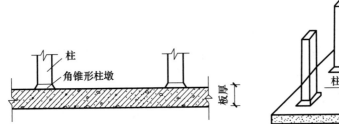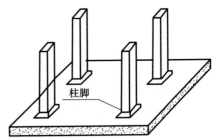

图 4-38　无梁式满堂基础示意图

2. 无梁式满堂基础

如图 4-39 所示，其工程量计算式如下：

$$有梁式满堂基础工程量＝基础底板体积＋梁体积 \qquad (4-27)$$

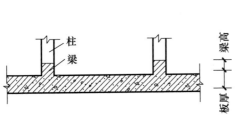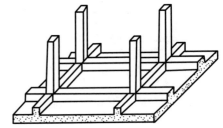

图 4-39　有梁式满堂基础示意图

3. 箱式满堂基础

如图 4-40 所示，箱形基础混凝土工程量分别按无梁式满堂基础、墙、板相关规定计算。

可按满堂基础、现浇柱、梁、墙、板分别编码列项，也可利用满堂基础中的第五级编码分别列项。

4.5.2　现浇混凝土柱

现浇混凝土柱项目适用于各种结构形式下的柱，包括矩形柱、构造柱、异形柱 3 个清单项目。

现浇混凝土柱清单项目设置简图如图 4-41 所示。

扫码学习任务 4.5.2

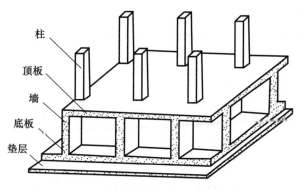

图 4-40　箱式满堂基础示意图

图 4-41　现浇混凝土柱清单项目设置简图

4.5.2.1　工程量清单项目及计量规则

现浇混凝土柱工程量清单项目设置、项目特征描述的内容、计量单位及工程量计算规则，应按 GB 50854—2013 附录中表 E.2 的规定执行，见表 4-31。

表 4-31　现浇混凝土柱（编码：010502）

项目编码	项目名称	项目特征	计量单位	工程量计算规则	工作内容
010502001	矩形柱	1. 混凝土种类 2. 混凝土强度等级	m³	按设计图示尺寸以体积计算。 柱高： 　1. 有梁板的柱高，应自柱基上表面（或楼板上表面）至上一层楼板上表面之间的高度计算。 　2. 无梁板的柱高，应自柱基上表面（或楼板上表面）至柱帽下表面之间的高度计算。 　3. 框架柱的柱高，应自柱基上表面至柱顶高度计算。 　4. 构造柱按全高计算，嵌接墙体部分（马牙槎）并入柱身体积。 　5. 依附柱上的牛腿和升板的柱帽，并入柱身体积	1. 模板及支架（撑）制作、安装、拆除、堆放、运输及清理模内杂物、刷隔离剂等 2. 混凝土制作、运输、浇筑、振捣、养护
010502002	构造柱				
010502003	异形柱	1. 柱形状 2. 混凝土种类 3. 混凝土强度等级			

注：混凝土种类包括清水混凝土、彩色混凝土等，如在同一地区既使用预拌（商品）混凝土，又允许现场搅拌混凝土时，也应注明。

说明：

（1）L形柱和变截面矩形柱可执行矩形柱清单项目。

（2）柱面有凹凸和竖向线脚、工字、十字、T形、5～7边形柱执行异形柱清单项目。

（3）工程量计算时，不扣除基础中钢筋、铁件等所占体积，但应扣除劲性骨架的型钢所占体积。

4.5.2.2 清单工程量计算

现浇混凝土柱清单计算规则是按设计图示尺寸以体积计算，其计算公式为：

$$V=设计图示尺寸体积=柱断面面积×柱高 \tag{4-28}$$

1. 柱高的确定

（1）有梁板的柱高，应按自柱基上表面（或楼板一表面）至上一层楼板上表面之间的高度计算，如图 4-42（a）所示。

（2）无梁板的柱高，应按自柱基上表面（或楼板上表面）至柱帽下表面之间的高度计算，如图 4-42（b）所示。

（3）框架柱的柱高，应按自柱基上表面至柱顶之间的高度计算，如图 4-42（c）所示。

（4）构造柱按全高计算，嵌接墙体部分（马牙槎）并入柱身体积，如图 4-42（d）所示。

（5）依附柱上的牛腿和升板的柱帽，并入柱身体积。

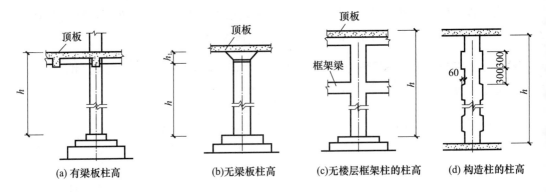

（a）有梁板柱高　（b）无梁板柱高　（c）无楼层框架柱的柱高　（d）构造柱的柱高

图 4-42　柱高示意图

2. 柱断面积的计算

柱断面积可按设计图示尺寸计算。

计算构造柱断面时，应根据构造柱的具体位置计算其实际面积（包括马牙槎面积），马牙槎的构造如图 4-43 所示。其柱断面积计算如下：

$$S_{马牙槎}=构造柱依附的墙厚×0.03×n（马牙槎个数） \tag{4-29}$$

构造柱的平面布置有 4 种情况：一字形墙中间处、T形接头处、十字交叉处、L形拐角处，如图 4-44 所示。

$$构造柱断面积=d_1d_2+0.03（n_1d_1+n_2d_2） \tag{4-30}$$

其中，d_1、d_2 为构造柱两个方向的尺寸，n_1、n_2 为 d_1、d_2 方向咬接的边数。

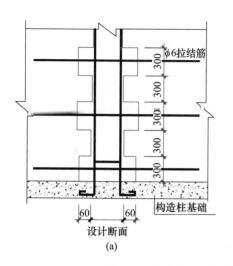
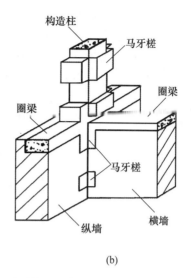

图 4-43　构造柱与砖墙嵌接部分（马牙槎）示意图

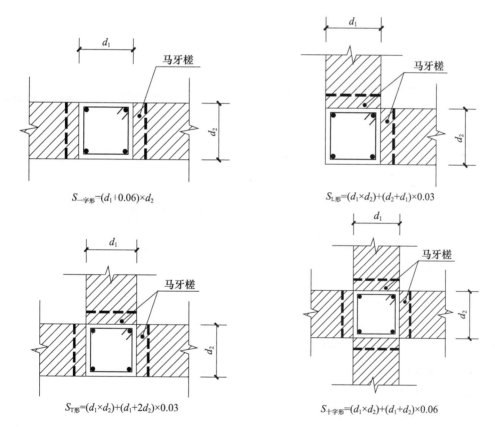

$S_{-字形}=(d_1+0.06)\times d_2$

$S_{L形}=(d_1\times d_2)+(d_2+d_1)\times 0.03$

$S_{T形}=(d_1\times d_2)+(d_1+2d_2)\times 0.03$

$S_{十字形}=(d_1\times d_2)+(d_1+d_2)\times 0.06$

图 4-44　构造柱平面位置图

3. 注意事项

（1）构造柱嵌接墙体部分（马牙槎）并入柱身体积计算。

（2）薄壁柱也称隐壁柱，是指在框剪结构中，隐藏在墙体中的钢筋混凝土柱。单独的薄壁柱根据其截面形状，确定以矩形柱或异形柱编码列项。

（3）依附柱上的牛腿（图 4-45）和升板的柱帽，并入柱身体积计算。其中，升板建筑是指利用房屋自身网状排列的承重柱作为导杆，将就地叠层生产的大面积楼板由下而上逐层提升就位固定的一种方法。升板的柱帽是指升板建筑中联结板与柱之间的构件。

（4）混凝土柱上的钢牛腿按 GB 50854—2013 附录 F 金属结构工程中的零星钢构件编码列项。

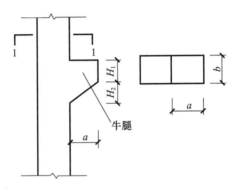

图 4-45　牛腿柱示意图

4.5.3　现浇混凝土梁

现浇混凝土梁项目包括基础梁，矩形梁，异形梁，圈梁，过梁，弧形、拱形梁六个清单项目。

现浇混凝土梁清单项目设置简图如图 4-46 所示。

扫码学习任务 4.5.3
和任务 4.5.4

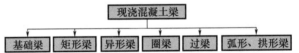

图 4-46　现浇混凝土梁清单项目设置简图

4.5.3.1　工程量清单项目及计量规则

现浇混凝土梁工程量清单项目设置、项目特征描述的内容、计量单位及工程量计算规则，应按"GB50854－2013"附录中表 E.3 的规定执行，见表 4-32。

表 4-32　现浇混凝土梁（编码：010503）

项目编码	项目名称	项目特征	计量单位	工程量计算规则	工程内容
010503001	基础梁	1. 混凝土种类 2. 混凝土强度等级	m³	按设计图示尺寸以体积计算。伸入墙内的梁头、梁垫并入梁体积内。 梁长： 1. 梁与柱连接时，梁长算至柱侧面。 2. 主梁与次梁连接时，次梁长算至主梁侧面	1. 模板及支架（撑）制作、安装、拆除、堆放、运输及清理模内杂物、刷隔离剂等 2. 混凝土制作、运输、浇筑、振捣、养护
010503002	矩形梁				
010503003	异形梁				
010503004	圈梁				
010503005	过梁				
010503006	弧形、拱形梁				

说明：

（1）截面为 T、十、工字形的梁，以及变截面梁可执行异形梁清单项目。

（2）工程量计算时，不扣除基础中钢筋、铁件等所占体积，但应扣除劲性骨架的型钢所占体积。

现浇混凝土梁项目的适用范围：

（1）基础梁项目适用于独立基础间架设的，承受上部墙传来荷载的梁；

（2）圈梁项目适用于为了加强结构整体性，构造上要求设置的封闭型的水平梁；

（3）过梁项目适用于建筑物门窗洞口上所设置的梁；

（4）矩形梁，异形梁，弧形、拱形梁项目，适用于除了以上三种梁外的截面为矩形、异形及形状为弧形、拱形的梁。

4.5.3.2　清单工程量计算

现浇混凝土梁的清单计算规则是按设计图示尺寸以体积计算的，伸入墙内的梁头、梁垫并入梁体积内。其计算公式为：

$$V_{梁}＝梁断面积×梁长 \tag{4-31}$$

其中，伸入墙内的现浇梁垫并入现浇梁体积内计算如图 4-47 所示。

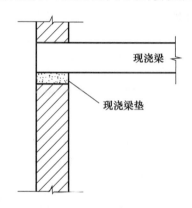

图 4-47　现浇梁垫示意图

当圈梁兼做过梁时，如图 4-48 所示。

圈梁：$V_{圈梁}＝圈梁长度×SQL－VGL$

过梁：$V_{过梁}＝（门窗洞口宽＋0.5\text{m}）×SGL$

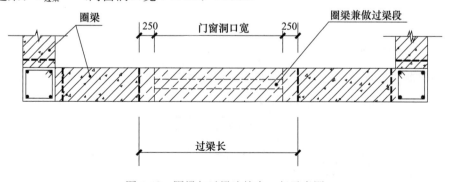

图 4-48　圈梁与过梁连接在一起示意图

1. 梁长的确定

(1) 梁与柱连接时，梁长算至柱内侧面；次梁与主梁连接时，次梁长算至主梁内侧面（图 4-49、图 4-50）；梁端与混凝土墙相接时，梁长算至混凝土墙内侧面；梁端与砖墙交接时伸入砖墙的部分（包括梁头）并入梁内。

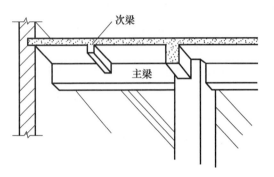

图 4-49　主梁、次梁示意图

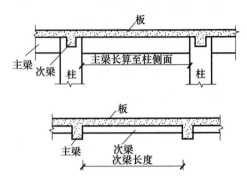

图 4-50　主梁、次梁计算长度示意图

(2) 对于圈梁的长度，外墙上圈梁长取外墙中心线长；内墙上圈梁长取内墙净长，且当圈梁与主次梁或柱交接时，圈梁长度算至主梁、次梁或柱的侧面；当圈梁与构造柱相交时，其相交部分的体积计入构造柱内。

梁长的取值见表 4-33。

表 4-33　梁长的取值

名称	梁长取值
梁与柱连接	算至柱侧面
主梁与次梁连接	次梁算至主梁侧面 （截面小的梁长算至截面大的梁侧面）
圈梁	外墙圈梁长取外墙中心线长（当圈梁截面宽同外墙宽时），内墙圈梁长取内墙净长线

2. 梁高的取值

一种情况指从梁底至现浇板底的高度；另一种情况按实际高度（基础梁、预制板下的梁）取值。

4.5.4　现浇混凝土墙

现浇混凝土墙项目包括直形墙、弧形墙、短肢剪力墙以及挡土墙梁四个清单项目。现浇混凝土墙清单项目设置简图如图 4-51 所示。

图 4-51　现浇混凝土墙清单项目设置简图

4.5.4.1　工程量清单项目及计量规则

现浇混凝土墙工程量清单项目设置、项目特征描述的内容、计量单位及工程量计算规则，应按 GB 50854—2013 附录中表 E.4 的规定执行，见表 4-34。

表 4-34　现浇混凝土墙（编码：010504）

项目编码	项目名称	项目特征	计量单位	工程量计算规则	工程内容
010504001	直形墙	1. 混凝土种类 2. 混凝土强度等级	m³	按设计图示尺寸以体积计算。 扣除门窗洞口及单个面积大于 0.3m² 的孔洞所占体积，墙垛及凸出墙面部分并入墙体体积内计算	1. 模板及支架（撑）制作、安装、拆除、堆放、运输及清理模内杂物、刷隔离剂等 2. 混凝土制作、运输、浇筑、振捣、养护
010504002	弧形墙				
010504003	短肢剪力墙				
010504004	挡土墙				

注：短肢剪力墙是指截面厚度不大于 300mm、各肢截面高度与厚度之比的最大值大于 4 但不大于 8 的剪力墙；各肢截面高度与厚度之比的最大值不大于 4 的剪力墙按柱项目编码列项。

4.5.4.2　清单工程量计算

按设计图示尺寸以体积计算。

$$V=设计图示尺寸体积=墙长×墙高×墙厚－应扣除体积＋应并入体积 \qquad (4\text{-}32)$$

其中，扣除门窗洞口及单个面积 0.3m² 以上的孔洞所占体积；并入墙垛及凸出墙面部分。

4.5.5　现浇混凝土板

现浇混凝土板项目包括有梁板，无梁板，平板，拱板，薄壳板，栏板，天沟（檐沟）、挑檐板，雨篷、悬挑板、阳台板，空心板以及其他板共十个清单项目。

现浇混凝土板清单项目设置简图如图 4-52 所示。

扫码学习任务 4.5.5 和任务 4.5.6

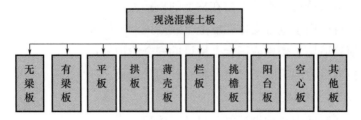

图 4-52　现浇混凝土板清单项目设置简图

4.5.5.1　工程量清单项目及计量规则

现浇混凝土板工程量清单项目设置、项目特征描述的内容、计量单位及工程量计算规则，应按 GB 50854—2013 附录中表 E.5 的规定执行，见表 4-35。

表 4-35 现浇混凝土板（编码：010505）

项目编码	项目名称	项目特征	计量单位	工程量计算规则	工程内容
010505001	有梁板			按设计图示尺寸以体积计算。不扣除单个面积不大于 0.3m² 的孔洞所占体积。	
010505002	无梁板			压型钢板混凝土楼板扣除构件内压型钢板所占体积。	
010505003	平板			有梁板（包括主、次梁与板）按梁、板体积之和计算，无梁板按板和柱帽体积之和计算，各类板伸入墙内的板头并入板体积内，薄壳板的肋、基梁并入薄壳体积内计算	
010505004	拱板				1. 模板及支架（撑）制作、安装、拆除、堆放、运输及清理模内杂物、刷隔离剂等
010505005	薄壳板				
010505006	栏板	1. 混凝土种类 2. 混凝土强度等级	m³		
010505007	天沟（檐沟）、挑檐板			按设计图示尺寸以体积计算	2. 混凝土制作、运输、浇筑、振捣、养护
010505008	雨篷、悬挑板、阳台板			按设计图示尺寸以墙外部分体积计算。包括伸出墙外的牛腿和雨篷反挑檐的体积	
010505009	空心板			按设计图示尺寸以体积计算。空心板（GBF 高强薄壁蜂巢芯板等）应扣除空心部分体积	
010505010	其他板			按设计图示尺寸以体积计算	

注：现浇挑檐、天沟板、雨篷、阳台与板（包括屋面板、楼板）连接时，以外墙外边线为分界线；与圈梁（包括其他梁）连接时，以梁外边线为分界线。外边线以外为挑檐、天沟、雨篷或阳台。

现浇混凝土板项目的适用范围：

（1）有梁板项目适用于密肋板、井字梁板；

（2）无梁板项目适用于直接支撑在柱上的板；

（3）平板项目适用于直接支撑在墙上（或圈梁上）的板；

（4）栏板项目适用于楼梯或阳台上所设的安全防护板；

（5）其他板项目适用于除了以上各种板外的其他板。

4.5.5.2 清单工程量计算

清单工程量计算规则是按设计图示尺寸以体积计算。

1. 有梁板

有梁板混凝土工程量：梁、板体积之和。

2. 无梁板

无梁板混凝土工程量：板、柱帽体积和（含板头）。

3. 平板、栏板

平板、栏板混凝土工程量：板的图示体积（含板头、墙内部分体积）。

$$实际尺寸平板混凝土工程量＝板长度×板宽度×板厚度 \qquad (4\text{-}33)$$

（板长度和板宽度指的是实际尺寸）

4. 薄壳板

薄壳板混凝土工程量，按板、肋和基梁体积之和计算。

5. 天沟、挑檐板

按设计图示尺寸以体积计算。

当天沟、挑檐板与板（屋面板）连接时，以外墙外边线为界（含反檐）；

与圈梁（包括其他梁）连接时，以梁外边线为界，外边线以外为天沟、挑檐。

6. 雨篷和阳台板

按设计图示尺寸以墙外部分体积计算（包括伸出墙外的牛腿和雨篷反挑檐的体积）。

雨篷、阳台与板（楼板、屋面板）连接时，以外墙外边线为界，与圈梁（包括其他梁）连接时，以梁外边线为界，外边线以外为雨篷、阳台。

7. 空心板

空心板混凝土工程量：按设计图示尺寸以体积计算（扣除空心部分体积）。

8. 其他板

按设计图示尺寸以体积计算。

现浇混凝土板计算分界线示意图如图 4-53、图 4-54 所示。

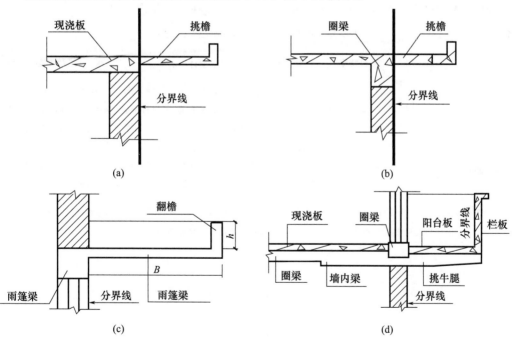

图 4-53 现浇混凝土板计算分界线示意图

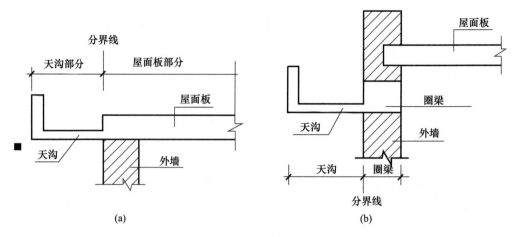

图 4-54　屋面板、圈梁与天沟相连时的分界线示意图

注意：混凝土板采用浇筑复合高强薄型空心管时，其工程量应扣除管所占体积，复合高强薄型空心管应包括在混凝土板项目内。采用轻质材料浇筑在有梁板内，轻质材料应包括在内。压型钢板混凝土楼板扣除构件内压型钢板所占体积。

4.5.6　现浇混凝土楼梯

现浇混凝土楼梯项目包括直形楼梯和弧形楼梯两个清单项目。

4.5.6.1　工程量清单项目及计量规则

现浇混凝土楼梯工程量清单项目设置、项目特征描述的内容、计量单位及工程量计算规则，应按 GB 50854—2013 附录中表 E.6 的规定执行，见表 4-36。

表 4-36　现浇混凝土楼梯（编码：010506）

项目编码	项目名称	项目特征	计量单位	工程量计算规则	工程内容
010506001	直形楼梯	1. 混凝土强度种类	1. m²	1. 以平方米计量，按设计图示尺寸以水平投影面积计算。不扣除宽度不大于 500mm 的楼梯井，伸入墙内部分不计算	1. 模板及支架（撑）制作、安装、拆除、堆放、运输及清理模内杂物、刷隔离剂等
010506002	弧形楼梯	2. 混凝土强度等级	2. m³	2. 以立方米计量，按设计图示尺寸以体积计算	2. 混凝土制作、运输、浇筑、振捣、养护

注：整体楼梯（包括直形楼梯、弧形楼梯）水平投影面积包括休息平台、平台梁、斜梁和楼梯的连接梁。
当整体楼梯与现浇楼板无梯梁连接时，以楼梯的最后一个踏步边缘加 300mm 为界。

4.5.6.2　清单工程量计算

$$S=设计图示尺寸水平投影面积$$

或：

$$V=设计图示尺寸体积$$

楼梯与楼层板的分界如图 4-55 所示。

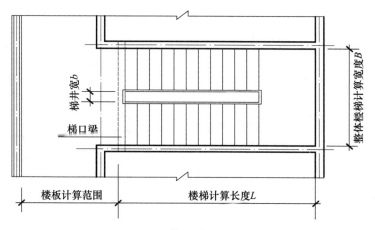

图 4-55　整体楼梯平面示意图

如图 4-56 所示，当 $C < 500\text{mm}$ 时，$S = B \cdot L$；当 $C \geqslant 500\text{mm}$ 时，$S = B \cdot L - V_{楼梯井}$

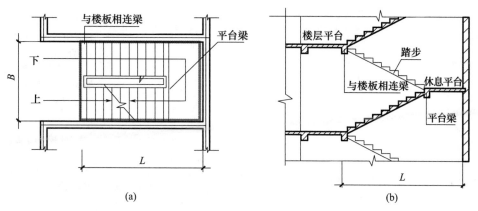

图 4-56　整体楼梯平面图及剖面图

4.5.7　现浇混凝土其他构件

现浇混凝土其他构件项目包括散水、坡道，室外地坪，电缆沟、地沟，台阶，扶手、压顶，化粪池、检查井及其他构件七个清单项目。

4.5.7.1　工程量清单项目及计量规则

现浇混凝土其他构件工程量清单项目设置、项目特征描述的内容、计量单位及工程量计算规则，应按 GB 50854—2013 附录中表 E.7 的规定执行，见表 4-37。

现浇混凝土其他构件的适用范围：

（1）散水、坡道项目适用于结构层为混凝土的散水、坡道；

（2）电缆沟、地沟项目适用于沟壁为混凝土的地沟项目；

（3）扶手是指依附之用的扶握构件，较窄；

（4）压顶是指加强稳定封顶的构件，较宽；

（5）其他构件项目适用于小型池槽、垫块、门框等。

表 4-37 现浇混凝土其他构件（编码：010507）

项目编码	项目名称	项目特征	计量单位	工程量计算规则	工程内容
010507001	散水、坡道	1. 垫层材料种类、厚度 2. 面层厚度 3. 混凝土种类 4. 混凝土强度等级 5. 变形缝填塞材料种类	m²	按设计图示尺寸以水平投影面积计算。不扣除单个不大于0.3m²的孔洞所占面积	1. 地基夯实 2. 铺设垫层 3. 模板及支撑制作、安装、拆除、堆放、运输及清理模内杂物、刷隔离剂等 4. 混凝土制作、运输、浇筑、振捣、养护 5. 变形缝填塞
010507002	室外地坪	1. 地坪厚度 2. 混凝土强度等级			
010507003	电缆沟、地沟	1. 土壤类别 2. 沟截面净空尺寸 3. 垫层材料种类、厚度 4. 混凝土种类 5. 混凝土强度等级 6. 防护材料种类	m	按设计图示以中心线长度计算	1. 挖填、运土石方 2. 铺设垫层 3. 模板及支撑制作、安装、拆除、堆放、运输及清理模内杂物、刷隔离剂等 4. 混凝土制作、运输、浇筑、振捣、养护 5. 刷防护材料
010507004	台阶	1. 踏步高、宽 2. 混凝土种类 3. 混凝土强度等级	1. m² 2. m³	1. 以平方米计量，按设计图示尺寸以水平投影面积计算。 2. 以立方米计量，按设计图示尺寸以体积计算	1. 模板及支撑制作、安装、拆除、堆放、运输及清理模内杂物、刷隔离剂等 2. 混凝土制作、运输、浇筑、振捣、养护
010507005	扶手、压顶	1. 断面尺寸 2. 混凝土种类 3. 混凝土强度等级	1. m 2. m³	1. 以米计量，按设计图示的中心线延长米计算。 2. 以立方米计量，按设计图示尺寸以体积计算	1. 模板及支架（撑）制作、安装、拆除、堆放、运输及清理模内杂物、刷隔离剂等 2. 混凝土制作、运输、浇筑、振捣、养护
010507006	化粪池、检查井	1. 混凝土强度等级 2. 防水、抗渗要求	1. m³ 2. 座	1. 按设计图示尺寸以体积计算。 2. 以座计量，按设计图示尺寸数量计算	
010507007	其他构件	1. 构件的类型 2. 构件规格 3. 部位 4. 混凝土种类 5. 混凝土强度等级	m³		

注：1. 现浇混凝土小型池槽、垫块、门框等，应按本表其他构件项目编码列项。
　　2. 架空式混凝土台阶，按现浇楼梯计算。

4.5.7.2　清单工程量计算

1. 散水、坡道、地坪

$$S=设计图示尺寸水平投影面积$$

2. 电缆沟、地沟

$$L=设计图示尺寸中心线长度$$

3. 台阶

$$S=设计图示尺寸水平投影面积$$

或：

$$V=设计图示尺寸体积$$

注意：台阶与平台相连时，可向平台方向外延300mm，如图4-57所示。

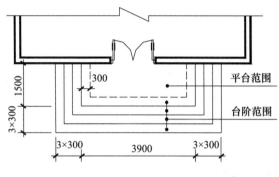

图4-57　台阶平面示意图

4. 扶手、压顶

$$L=设计图示尺寸中心线长度$$

或：

$$V=设计图示尺寸体积$$

5. 其他构件

$$V=设计图示尺寸体积$$

4.5.8　现浇混凝土后浇带

现浇混凝土后浇带项目仅有一个清单项目。后浇带是一种刚性变形缝，适用于不允许留设柔性变形缝的部位。后浇带的浇筑应待两侧结构主体混凝土干缩变形稳定后进行，一般宽为700~1000mm。

4.5.8.1　工程量清单项目及计量规则

现浇混凝土其他构件工程量清单项目设置、项目特征描述的内容、计量单位及工程量计算规则，应按GB 50854—2013附录中表E.8的规定执行，见表4-38。

后浇带项目适用于基础（满堂式）、梁、墙、板的后浇带。

4.5.8.2　清单工程量计算

$$V=设计图示后浇带部分尺寸体积$$

注意：

（1）后浇带是指混凝土浇筑时按设计预留的一定宽度，这部分先不浇，待主体结构达到设计要求或结构沉降稳定后再用高一级强度等级的膨胀混凝土补浇。因形状是带状的，故称为后浇带。

（2）后浇带清单项目应注意按工程实际板、墙、基础等分别列项计算。

表 4-38　现浇混凝土其他构件（编码：010508）

项目编码	项目名称	项目特征	计量单位	工程量计算规则	工程内容
010508001	后浇带	1. 混凝土种类 2. 混凝土强度等级	m³	按设计图示尺寸以体积计算	1. 模板及支架（撑）制作、安装、拆除、堆放、运输及清理模内杂物、刷隔离剂等 2. 混凝土制作、运输、浇筑、振捣、养护及混凝土交接面、钢筋等的清理

4.5.9　预制混凝土构件

在 GB 50854—2013 中，预制混凝土构件包括 E.9 预制混凝土柱，E.10 预制混凝土梁，E.11 预制混凝土屋架，E.12 预制混凝土板，E.13 预制混凝土楼梯和 E.14 其他预制构件六个部分，下面简要地介绍其清单项目划分及工程量计算规则。

扫码学习任务 4.5.9

【思政小贴纸：环保意识】

装配式混凝土建筑是指以工厂化生产的钢筋混凝土预制构件为主，通过现场装配的方式设计建造的混凝土结构类房屋建筑。钢筋混凝土预制构件只需一个模具就能批量生产，更加节省资源，还能减少建筑垃圾的产生，只需将预制件运到现场安装就行，既节省施工时间，对周围环境也是一种福音。

4.5.9.1　清单项目划分及工程量计算规则

预制混凝土构件工程量清单项目设置、项目特征描述的内容、计量单位及工程量计算规则，应按 GB 50854—2013 附录中表 E.9～表 E.14 的规定执行，见表 4-39～表 4-44。

表 4-39　预制混凝土柱（编码：010509）

项目编码	项目名称	项目特征	计量单位	工程量计算规则	工程内容
010509001	矩形柱	1. 图代号 2. 单件体积 3. 安装高度 4. 混凝土强度等级 5. 砂浆（细石混凝土）强度等级、配合比	1. m³ 2. 根	1. 以立方米计量，按设计图示尺寸以体积计算 2. 以根计量，按设计图示尺寸以数量计算	1. 模板制作、安装、拆除、堆放、运输及清理模内杂物、刷隔离剂等 2. 混凝土制作、运输、浇筑、振捣、养护 3. 构件运输、安装 4. 砂浆制作、运输 5. 接头灌缝、养护
010509002	异形柱				

注：以根计量，必须描述单件体积。

表 4-40 预制混凝土梁（编码：010510）

项目编码	项目名称	项目特征	计量单位	工程量计算规则	工程内容
010510001	矩形梁	1. 图代号 2. 单件体积 3. 安装高度 4. 混凝土强度等级 5. 砂浆（细石混凝土）强度等级、配合比	1. m³ 2. 根	1. 以立方米计量，按设计图示尺寸以体积计算 2. 以根计量，按设计图示尺寸以数量计算	1. 模板制作、安装、拆除、堆放、运输及清理模内杂物、刷隔离剂等 2. 混凝土制作、运输、浇筑、振捣、养护 3. 构件运输、安装 4. 砂浆制作、运输 5. 接头灌缝、养护
010510002	异形梁				
010510003	过梁				
010510004	拱形梁				
010510005	鱼腹式吊车梁				
010510006	其他梁				

注：以根计量，必须描述单件体积。

表 4-41 预制混凝土屋架（编码：010511）

项目编码	项目名称	项目特征	计量单位	工程量计算规则	工程内容
010511001	折线型	1. 图代号 2. 单件体积 3. 安装高度 4. 混凝土强度等级 5. 砂浆（细石混凝土）强度等级、配合比	1. m³ 2. 榀	1. 以立方米计量，按设计图示尺寸以体积计算 2. 以榀计量，按设计图示尺寸以数量计算	1. 模板制作、安装、拆除、堆放、运输及清理模内杂物、刷隔离剂等 2. 混凝土制作、运输、浇筑、振捣、养护 3. 构件运输、安装 4. 砂浆制作、运输 5. 接头灌缝、养护
010511002	组合				
010511003	薄腹				
010511004	门式刚架				
010511005	天窗架				

注：1. 以榀计量，必须描述单件体积。

2. 三角形屋架按本表中折线型屋架项目编码列项。

表 4-42 预制混凝土板（编码：010512）

项目编码	项目名称	项目特征	计量单位	工程量计算规则	工程内容
010512001	平板	1. 图代号 2. 单件体积 3. 安装高度 4. 混凝土强度等级 5. 砂浆（细石混凝土）强度等级、配合比	1. m³ 2. 块	1. 以立方米计量，按设计图示尺寸以体积计算。不扣除单个面积不大于300mm×300mm的孔洞所占体积，扣除空心板空洞体积 2. 以块计量，按设计图示尺寸以数量计算	1. 模板制作、安装、拆除、堆放、运输及清理模内杂物、刷隔离剂等 2. 混凝土制作、运输、浇筑、振捣、养护 3. 构件运输、安装 4. 砂浆制作、运输 5. 接头灌缝、养护
010512002	空心板				
010512003	槽形板				
010512004	网架板				
010512005	折线板				
010512006	带肋板				
010512007	大型板				

项目编码	项目名称	项目特征	计量单位	工程量计算规则	工程内容
010512008	沟盖板、井盖板、井圈	1. 单件体积 2. 安装高度 3. 混凝土强度等级 4. 砂浆强度等级、配合比	1. m³ 2. 块（套）	1. 以立方米计量，按设计图示尺寸以体积计算 2. 以块计量，按设计图示尺寸以数量计算	1. 模板制作、安装、拆除、堆放、运输及清理模内杂物、刷隔离剂等 2. 混凝土制作、运输、浇筑、振捣、养护 3. 构件运输、安装 4. 砂浆制作、运输 5. 接头灌缝、养护

注：1. 以块、套计量，必须描述单件体积。

2. 不带肋的预制遮阳板、雨篷板、挑檐板、拦板等，应按本表平板项目编码列项。

3. 预制F形板、双T形板、单肋板和带反挑檐的雨篷板、挑檐板、遮阳板等，应按本表带肋板项目编码列项。

4. 预制大型墙板、大型楼板、大型屋面板等，按本表中大型板项目编码列项。

表4-43 预制混凝土楼梯（编码：010513）

项目编码	项目名称	项目特征	计量单位	工程量计算规则	工程内容
010513001	楼梯	1. 楼梯类型 2. 单件体积 3. 混凝土强度等级 4. 砂浆（细石混凝土）强度等级	1. m³ 2. 段	1. 以立方米计量，按设计图示尺寸以体积计算。扣除空心踏步空洞体积 2. 以段计量，按设计图示尺寸以数量计算	1. 模板制作、安装、拆除、堆放、运输及清理模内杂物、刷隔离剂等 2. 混凝土制作、运输、浇筑、振捣、养护 3. 构件运输、安装 4. 砂浆制作、运输 5. 接头灌缝、养护

注：以段计量，必须描述单件体积。

表4-44 其他预制构件（编码：010514）

项目编码	项目名称	项目特征	计量单位	工程量计算规则	工程内容
010514001	垃圾道、通风道、烟道	1. 单件体积 2. 混凝土强度等级 3. 砂浆强度等级	1. m³ 2. m² 3. 根（块、套）	1. 以立方米计量，按设计图示尺寸以体积计算。不扣除单个面积不大于300mm×300mm的孔洞所占体积，扣除烟道、垃圾道、通风道的孔洞所占体积 2. 以平方米计量，按设计图示尺寸以面积计算。不扣除单个面积不大于300mm×300mm的孔洞所占面积 3. 以根计量，按设计图示尺寸以数量计算	1. 模板制作、安装、拆除、堆放、运输及清理模内杂物、刷隔离剂等 2. 混凝土制作、运输、浇筑、振捣、养护 3. 构件运输、安装 4. 砂浆制作、运输 5. 接头灌缝、养护
010514002	其他构件	1. 单件体积 2. 构件的类型 3. 混凝土强度等级 4. 砂浆强度等级			

注：1. 以块、根计量，必须描述单件体积。

2. 预制钢筋混凝土小型池槽、压顶、扶手、垫块、隔热板、花格等，按本表中其他构件项目编码列项。

4.5.9.2　清单工程量计算

$$V＝设计图示尺寸体积$$

或：

$$N＝根（块、榀、段、套）数$$

4.5.10　案例分析

【例 4-10】某房屋基础平面及剖面图如图 4-58 所示，内、外墙基础交接示意图如图 4-33 所示，请计算混凝土基础清单工程量，并编制其工程量清单。已知混凝土基础采用现场搅拌 C25（碎石 40）混凝土浇筑（不考虑模板费用）。

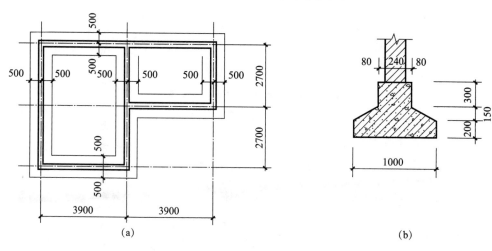

图 4-58　某房屋基础平面及剖面图

【解】

1. 计算清单工程量

$$基础工程量＝基础断面积×基础长度$$

外墙下基础工程量＝[（0.08×2＋0.24）×0.3＋（0.08×2＋0.24＋1）÷2×0.15＋

1×0.2]×（3.9×2＋2.7×2）×2

＝（0.12＋0.105＋0.2）×26.4＝11.22（m³）

内、外墙基础交接示意图如图 4-59 所示。

内墙下基础：

梁间净长＝2.7－（0.12＋0.08）×2＝2.3（m）

斜坡中心线长＝2.7－（0.2＋0.3÷2）×2＝2.0（m）

基底净长＝2.7－0.5×2＝1.7（m）

内墙下基础工程量＝∑内墙下基础各部分×相应计算长度

＝（0.08×2＋0.24）×0.3×2.3＋（0.08×2＋0.24＋1）÷

2×0.15×2＋1×0.2×1.7

＝0.28＋0.21＋0.34＝0.83（m³）

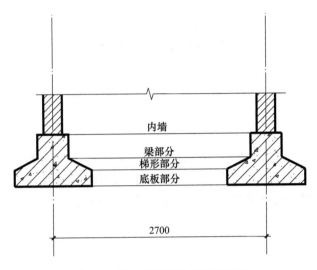

图 4-59 内、外墙基础交接示意图

基础工程量＝外墙下基础工程量＋内墙下基础工程量

$$=11.22+0.83=12.05 （\text{m}^3）$$

2. 编制工程量清单（表 4-45）

表 4-45 分部分项工程工程量清单

项目编码	项目名称	项目特征	计量单位	工程量
010501002001	带形基础	1. 基础形式：现浇混凝土带形基础 2. 混凝土强度等级：C25	m³	12.05

【例 4-11】 如图 4-60 所示，计算 36 个 C25 钢筋混凝土杯形基础混凝土的清单工程量，并编制其工程量清单。

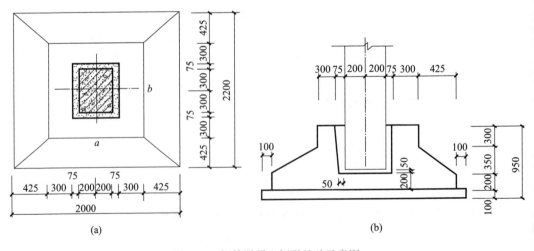

图 4-60 钢筋混凝土杯形基础示意图

【解】

1. 计算清单工程量

杯形基础工程量：$V = \{2 \times 2.2 \times 0.2 + 1.15 \times 1.35 \times 0.3 + 0.35 \div 6 \times [2 \times 2.2 + (2 + 1.15) \times (2.2 + 1.35) + (1.15 \times 1.35)] - 0.65 \div 6 \times [0.55 \times 0.75 + (0.55 + 0.4) \times (0.75 + 0.60) + 0.4 \times 0.6]\} \times 36$

$= (1.346 + 0.35 \div 6 \times 17.135 - 0.65 \div 6 \times 1.935) \times 36$

$= 2.136 \times 36 = 76.90 \ (\text{m}^3)$

2. 编制工程量清单（表 4-46）

表 4-46　分部分项工程工程量清单

项目编码	项目名称	项目特征	计量单位	工程量
010501003001	独立基础	1. 基础形式：现浇混凝土独立基础 2. 混凝土强度等级：C25	m³	76.90

【例 4-12】 某基础工程柱下为独立基础，如图 4-61 所示，共 10 个。已知室外地坪标高 −0.25m，土壤类别为二类土，混凝土现场搅拌，基础垫层 C10，独立基础及独立柱 C30，基础混凝土保护层厚 35mm。根据设计图示内容及计量规范的规定，计算 ±0.000 以下混凝土垫层、混凝土独立基础工程量清单。

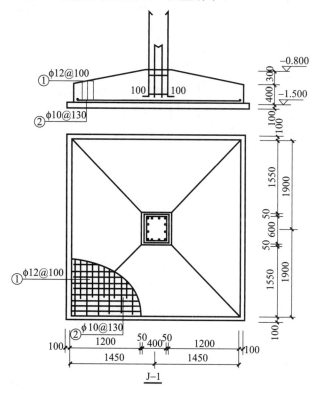

图 4-61　某独立基础示意图

【解】

1. 计算清单工程量

(1) C10 混凝土垫层。

$V = 3.1 \times 4.0 \times 0.1 \times 10 = 12.4$（m³）

(2) C30 混凝土独立基础。

$V = 2.9 \times 3.8 \times 0.4 \times 10 + 0.3 \div 3 \times [(2.9 \times 3.8 + 0.5 \times 0.7 + (2.9 \times 3.8 \times 0.5 \times 0.7)^{0.5}] \times 10 = 57.42$（m³）

2. 编制工程量清单（表 4-47）

表 4-47　分部分项工程工程量清单

序号	项目编码	项目名称	项目特征	计量单位	工程量
1	010501001001	混凝土垫层	C10 混凝土	m³	49.52
2	010501003001	独立基础	C30 混凝土，保护层厚 35mm	m³	42.84

【例 4-13】 图 4-62 所示为构造柱，A 形 4 根，B 形 8 根，C 形 12 根，D 形 24 根，总高 26m，混凝土强度等级为 C25，计算现浇混凝土构造柱的清单工程量，并编制其工程量清单。

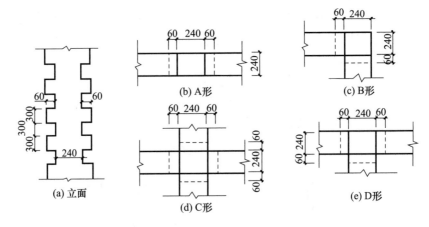

图 4-62　构造柱示意图

【解】

1. 计算清单工程量

A 形（一字形）构造柱工程量：$V = (0.24 \times 0.24 + 0.24 \times 0.03 \times 2) \times 26 \times 4$
$= 0.072 \times 26 \times 4 = 7.488$（m³）

B 形（L 形）构造柱工程量：$V = (0.24 \times 0.24 + 0.24 \times 0.03 \times 2) \times 26 \times 8$
$= 0.072 \times 26 \times 8 = 14.976$（m³）

C 形（十字形）构造柱工程量：$V = (0.24 \times 0.24 + 0.24 \times 0.03 \times 4) \times 26 \times 12$
$= 0.0864 \times 26 \times 12 = 26.957$（m³）

D 形（T 形）构造柱工程量：$V = (0.24 \times 0.24 + 0.24 \times 0.03 \times 3) \times 26 \times 24$

$$=0.0792 \times 26 \times 24=49.421 （m^3）$$

构造柱工程量总计：$7.488+14.976+26.957+49.421=98.84$（m³）

归纳：当构造柱设计断面为 240mm×240mm 时，断面面积计算见表 4-48。

表 4-48　构造柱计算断面面积表

构造柱形式	设计柱断面形式	计算断面面积（m²）
一字形		0.072
L形	240mm×240mm	0.072
十字形		0.0864
T形		0.0792

2. 编制工程量清单（表 4-49）

表 4-49　分部分项工程工程量清单

项目编码	项目名称	项目特征	计量单位	工程量
010502002001	构造柱	1. 混凝土种类：现浇 2. 混凝土强度等级：C25	m³	98.84

【例 4-14】某 C30 混凝土矩形现浇柱如图 4-63 所示，共七层，断面尺寸有三种，分别为 500mm×500mm、450mm×400mm、300mm×300mm。试编制该柱的工程量清单。

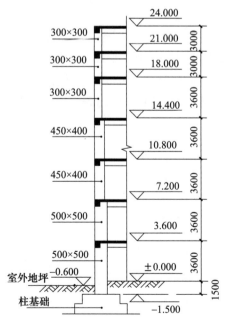

图 4-63　现浇混凝土柱

【解】

1. 计算清单工程量

清单项目可以分为以下三类：

(1) 断面周长为 2.4m 以内，层高 3.6m 以上 [3.6+0.6=4.2 (m)]；

(2) 断面周长 2.4m 以内，层高 3.6m 以内；

(3) 断面周长 1.6m 以内，层高 3.6m 以内。

相应的清单工程量计算如下：

(1) 断面周长为 2.4m 以内，层高 3.6m 以上：

$V=0.5×0.5×(1.5+3.6)=1.28$（m^3）

(2) 断面周长 2.4m 以内，层高 3.6m 以内：

$V=0.5×0.5×3.6+0.45×0.4×(3.6+3.6)=2.120$（$m^3$）

(3) 断面周长 1.6m 以内，层高 3.6m 以内：

$V=0.3×0.3×(3+3+3.6)=0.86$（m^3）

2. 编制工程量清单（表 4-50）

表 4-50 分部分项工程工程量清单

序号	项目编码	项目名称	项目特征	计量单位	工程量
1	010502001001	矩形柱	C30 钢筋混凝土柱，断面周长为 2.4m 以内，层高 3.6m 以上	m^3	1.28
2	010502001002	矩形柱	C30 钢筋混凝土柱，断面周长 2.4m 以内，层高 3.6m 以内	m^3	2.120
3	010502001003	矩形柱	C30 钢筋混凝土柱，断面周长 1.6m 以内，层高 3.6m 以内	m^3	0.86

【例 4-15】 某工程现浇框架结构，其二层结构平面图如图 4-64 所示，已知设计室内地坪标高为 ±0.00m，柱基顶面标高为 −0.90m，楼面结构标高为 6.5m，柱、梁、板均采用 C20 现浇商品泵送混凝土，板厚为 120mm。试计算其清单工程量，编制工程量清单。

【解】

1. 计算清单工程量

(1) C20 商品泵送混凝土柱。

$V_{KZ}=(6.5+0.9)×0.4×0.6×12=21.31$（$m^3$）

(2) C20 商品泵送混凝土梁。

$V_{KL1}=(12.24-0.6×3)×0.3×0.7×4=10.44×0.3×0.7×4=8.77$（$m^3$）

$V_{KL2}=(14.24-0.4×4)×0.3×0.85×2=12.64×0.3×0.85×2=6.45$（$m^3$）

$V_{KL3}=(14.24-0.4×4)×0.3×0.6=12.64×0.3×0.6=2.28$（$m^3$）

$V_{LL1}=(6-0.18-0.15)×0.25×0.5×2=5.67×0.25×0.5×2=1.42$（$m^3$）

$V_{LL2}=(6-0.18-0.15-0.25)×0.2×0.4×2=5.42×0.2×0.4×2=0.87$（$m^3$）

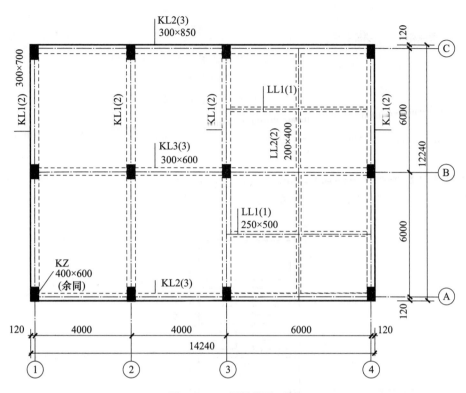

图 4-64   二层结构平面图

$V_{梁} = 19.78m^3$

（3）C20 商品泵送混凝土板。

$$V_{①-③} = (8-0.18-0.15-0.3) \times (12-0.18\times2-0.3) \times 0.12$$
$$= 7.37 \times 11.34 \times 0.12 = 10.029 \text{（m}^3\text{）}$$

$$V_{③-④} = (6-0.18-0.3\times0.15) \times (12-0.18\times2-0.3-0.25\times2) \times 0.12$$
$$= 5.78 \times 10.84 \times 0.12 = 7.52 \text{（m}^3\text{）}$$

$V_{板} = 17.55m^3$

2. 编制工程量清单（表 4-51）

表 4-51   分部分项工程工程量清单

序号	项目编码	项目名称	项目特征	计量单位	工程量
1	010502001001	矩形柱	C20 商品泵送混凝土框架柱，断面周长为 1.8m 以上，层高 6.5m	m³	21.31
2	010503002001	矩形梁	KL1，C20 商品泵送混凝土框架梁断面尺寸 300mm×700mm，层高 6.5m	m³	8.77
3	010503002002	矩形梁	KL1，C20 商品泵送混凝土框架梁断面尺寸 300mm×850mm，层高 6.5m	m³	6.45
4	010503002003	矩形梁	KL1，C20 商品泵送混凝土框架梁断面尺寸 300mm×600mm，层高 6.5m	m³	2.28

序号	项目编码	项目名称	项目特征	计量单位	工程量
5	010503002004	矩形梁	LL1，C20 商品泵送混凝土连系梁断面尺寸 250mm×500mm，层高 6.5m	m³	1.42
6	010503002005	矩形梁	LL2，C20 商品泵送混凝土连系梁断面尺寸 200mm×400mm，层高 6.5m	m³	0.87
7	010505002001	无梁板	C20 商品泵送混凝土板，板厚 120mm	m³	17.55

【例 4-16】某现浇整体式 C20 钢筋混凝土楼梯平面如图 4-65 所示，试计算一层楼梯混凝土的工程量，并编制工程量清单。

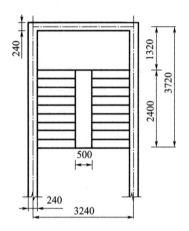

图 4-65　某现浇整体式钢筋混凝土楼梯平面布置图

【解】

1. 计算清单工程量

$S=$（3.72+0.3-0.12）×（3.24-0.24）-0.5×2.4＝10.50（m²）

2. 编制工程量清单（表 4-52）

表 4-52　分部分项工程工程量清单

项目编码	项目名称	项目特征	计量单位	工程量
010506001001	直形楼梯	C20 钢筋混凝土直形楼梯	m²	10.50

【例 4-17】某房屋平面示意图如图 4-66 所示，台阶示意图如图 4-67 所示，散水、台阶的混凝土的强度等级为 C25，计算散水和台阶的清单工程量，并编制其工程量清单。

【解】

1. 列项

按"GB 50854—2013"的有关规定，本例可列散水、台阶两个清单项目。

2. 计算清单工程量

（1）散水工程量：$S=$(12+0.24+0.45×2+4.8+0.24+0.45×2)×2×0.9-
　　　　　　　　(3+0.3×4)×0.9

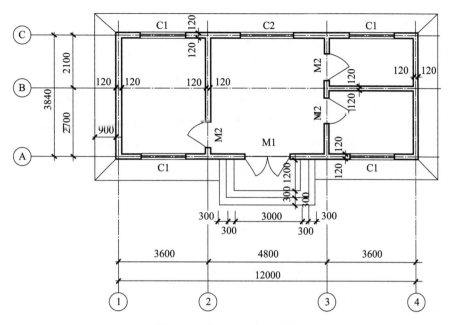

图 4-66 某房屋平面示意图

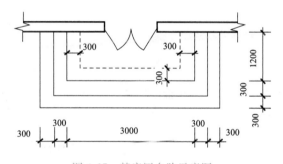

图 4-67 某房屋台阶示意图

$$=38.16\times0.9-4.2\times0.9=30.56\ (\mathrm{m}^2)$$

（2）台阶工程量：$S=(3.0+0.3\times4)\times(1.2+0.3\times2)-(3.0-0.3\times2)\times$

$$(1.2-0.3)$$

$$=7.56-2.16=5.40\ (\mathrm{m}^2)$$

3. 编制工程量清单（表 4-53）

表 4-53 分部分项工程工程量清单

序号	项目编码	项目名称	项目特征	计量单位	工程量
1	010507001001	散水	混凝土强度等级：C25	m²	30.56
2	010507004001	台阶	1. 踏步宽：300mm 2. 混凝土强度等级：C25	m²	5.40

任务 4.6 金属结构工程

金属结构工程（编码：0106）包括钢网架、钢屋架、钢托架、钢桁架、钢柱、钢梁、钢屋面板、墙板、钢构件。金属构件制作、安装、运输的工程量，均按图示钢材尺寸以吨计算，所需的螺栓、电焊条、铆钉等的质量已包括在基价材料消耗量内，不另增加。不扣除孔眼、切肢、切边的质量。在计算不规则或多边形钢板质量时，均以其最大对角线乘最大宽度的矩形面积计算。

多边形钢板质量＝最大对角线长度×最大宽度×面密度（kg/m²）

如图 4-68 所示，即 $S=A \cdot B$。

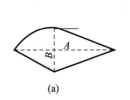 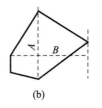

(a) (b) (c)

图 4-68 多边形钢板计算示意图

4.6.1 钢网架（编码：010601）

钢网架工程量按设计图示尺寸以质量计算，单位为"t"。不扣除孔眼的质量，焊条、铆钉等不另增加质量。

4.6.2 钢屋架、钢托架、钢桁架、钢架桥（编码：010602）

1. 钢屋架

以榀计量，按设计图标数量计算；或以吨计量，按设计图示尺寸以质量计算。

不扣除孔眼的质量，焊条、铆条、螺栓等不另增加质量，不规则或多边形钢板以其外接矩形面积乘以厚度乘以单位理论质量计算。

2. 钢托架、钢桁架、钢架桥

按设计图示尺寸以质量计算，单位为"t"。

不扣除孔眼、切边、切肢的质量，焊条、铆钉、螺栓等不另增加质量，不规则或多边形钢板以其外接矩形面积乘以厚度乘以单位理论质量计算。

4.6.3 钢柱（编码：010603）

1. 实腹柱、空腹柱

按设计图示尺寸以质量计算，单位为"t"。

不扣除孔眼、切边、切肢的质量，焊条、铆钉、螺栓等不另增加质量，不规则或多边形钢板以其外接矩形面积乘以厚度乘以单位理论质量计算。依附在钢柱上的牛腿及悬臂梁等并入钢柱工程量内。

实腹柱类型有十字、T、L、H 形等，空腹钢柱类型指箱形、格构等。

【例 4-18】某工业厂房共计有 12 根 GZ-1 钢柱，采用 235B 钢材，截面为 H300mm×240mm×6mm×8mm，柱高 12m，柱脚如图 4-69，试计算此钢柱的工程量。

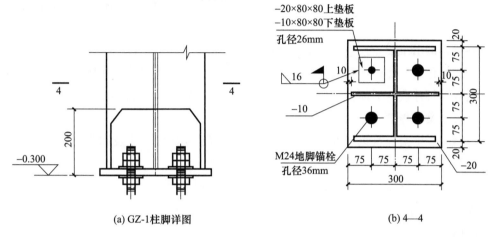

(a) GZ-1柱脚详图   (b) 4—4

图 4-69   某工业厂房钢柱柱脚

【解】

1. 计算清单工程量

查五金手册 H300mm×240mm×6mm×8mm 理论质量为 43.52kg/m；20mm 钢板理论质量为 157 kg/m²，10mm 钢板理论质量为 78.6kg/m²。

单根柱体工程量：$T=12×43.52=522.24$（kg）

单根柱底板工程量：$T=0.3×0.34×157=16.014$（kg）

单根柱上垫板工程量：$T=0.08×0.08×157×4=4.019$（kg）

单根柱下垫板工程量：$T=0.08×0.08×78.6×4=2.012$（kg）

单根柱翼缘板工程量：$T=（0.2-0.02）×（0.3-0.01×2-0.006）×78.6=3.877$（kg）

柱工程量 $T=（522.24+16.014+4.019+2.012+3.877）÷1000×12=6.578$（t）

2. 编制工程量清单

钢柱工程量清单，具体内容见表 4-54。

表 4-54   分部分项工程工程量清单

项目编码	项目名称	项目特征	计量单位	工程量
010603001001	实腹钢柱	1. H300mm×240mm×6mm×8mm，235B 钢材 2. M24 地脚锚栓	t	6.578

2. 钢管柱

按设计图标示尺寸以质量计算，单位为"t"。

不扣除孔眼、切边、切肢的质量，焊条、铆钉、螺栓等不另增加质量，不规则或多边形钢板以其外接矩形面积乘以厚度乘以单位理论质量计算。钢管柱上的节点板、加强环、内衬管、牛腿等并入钢管柱工程量内。

4.6.4 钢梁（编码：010604）

钢梁、钢吊车梁，按设计图示尺寸以质量计算，单位为"t"。

不扣除孔眼、切边、切肢的质量，焊条、铆钉、螺栓等不另增加质量，不规则或多边形钢板以其外接矩形面积乘以单位理论质量计算，制动梁、制动板、制动桁架、车档并入钢吊车梁工程量内。

型钢混凝土梁浇筑钢筋混凝土，其混凝土和钢筋应按混凝土及钢筋混凝土工程中相关项目编码列项。

【例4-19】 某工业厂房共计有 6 根 GL-1 钢梁，采用 235B 钢材，截面为方管口 200mm×5.0mm，单根梁高 5.824m，试计算此钢梁的工程量。

【解】

1. 计算清单工程量

查五金手册方管口 200mm×5.0mm 理论质量为 30.62kg/m。

单根梁体工程量：$T = 5.824 \times 30.62 = 178.331$（kg）

梁工程量：$T = 178.331 \div 1000 \times 6 = 1.070$（t）

2. 编制工程量清单

钢柱工程量清单，具体内容见表4-55。

表4-55 分部分项工程工程量清单

项目编码	项目名称	项目特征	计量单位	工程量
010604001001	钢梁	1. 方管口 200mm×5.0mm，235B 钢材 2. M20 高强螺栓	t	1.070

4.6.5 钢板楼板、墙板（编码：010605）

1. 压型钢板楼板

按设计图示尺寸以铺设水平投影面积计算，单位为"m²"。

不扣除单个面积不大于 0.3m² 的柱、垛及孔洞所占面积。

2. 压型钢板墙板

按设计图示尺寸以铺挂面积计算，单位为"m²"。

不扣除单个面积不大于 0.3m² 的梁、孔洞所占面积，包角、包边、窗台泛水等不另加面积。

4.6.6 钢构件（编码：010606）

钢构件包括钢支撑及钢拉条、钢檩条、钢平台、钢走道、钢梯、钢护栏、钢漏斗、钢天沟、零星钢构件、联合平台、钢烟囱、高强度螺栓、栓钉、小型构件、手工除锈、机械除锈等项目。

（1）钢支撑、钢拉条、钢檩条、钢天窗架、钢挡风架、钢墙架、钢平台、钢走道、钢梯、钢栏杆、钢支架、零星钢构件，按设计图示尺寸以质量计算，单位为"t"。

不扣除孔眼、切边、切肢的质量，焊条、铆钉、螺栓等不另增加质量，不规则或多边形钢板以其外接矩形面积乘以厚度乘以单位理论质量计算。

钢墙架项目包括墙架柱、墙架梁和连接杆件。加工铁件等小型构件，应按钢构件项目编码列项。

（2）钢漏斗、钢天沟，按设计图示尺寸以质量计算，单位为"t"。

不扣除孔眼、切边、切肢的质量，焊条、铆钉、螺栓等不另增加质量，依附漏斗的型钢并入漏斗或天沟工程量内。

（3）根据《2018 版安徽房屋建筑及装饰装修工程清单计价办法》，高强度螺栓、栓钉按设计图示数量以套计算。手工除锈、机械除锈按设计图示尺寸以质量计算。

任务 4.7　屋面及防水工程

扫码学习任务 4.7

在 GB 50854—2013 中，屋面及防水工程位于附录 J，包括四个分部工程，分别是 J.1 瓦、型材及其他屋面，J.2 屋面防水及其他，J.3 墙面防水、防潮，J.4 楼（地）面防水、防潮。

屋面及防水工程清单项目设置简图如图 4-70 所示。

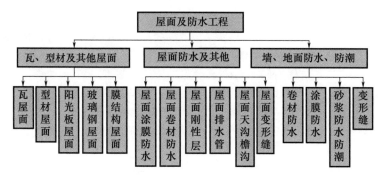

图 4-70　屋面及防水工程清单项目设置简图

4.7.1 瓦、型材及其他屋面

4.7.1.1 清单项目划分及工程量计算规则

瓦、型材及其他屋面工程量清单项目设置、项目特征描述的内容、计量单位及工程

量计算规则，应按 GB 50854—2013 中表 J.1 的规定执行，见表 4-56。

表 4-56 瓦、型材及其他屋面（编码：010901）

项目编码	项目名称	项目特征	计量单位	工程量计算规则	工程内容
010901001	瓦屋面	1. 瓦品种、规格 2. 粘结层砂浆的配合比		按设计图示尺寸以斜面积计算 不扣除房上烟囱、风帽底座、风道、小气窗、斜沟等所占面积。小气窗的出檐部分不增加面积	1. 砂浆制作、运输、摊铺、养护 2. 安瓦、做瓦脊
010901002	型材屋面	1. 型材品种、规格 2. 金属檩条材料品种、规格 3. 接缝、嵌缝材料种类			1. 檩条制作、运输、安装 2. 屋面型材安装 3. 接缝、嵌缝
010901003	阳光板屋面	1. 阳光板品种、规格 2. 骨架材料品种、规格 3. 接缝、嵌缝材料种类 4. 油漆品种、刷漆遍数	m²	按设计图示尺寸以斜面积计算。 不扣除屋面面积不大于 0.3m² 孔洞所占面积	1. 骨架制作、运输、安装、刷防护材料、油漆 2. 阳光板安装 3. 接缝、嵌缝
010901004	玻璃钢屋面	1. 玻璃钢品种、规格 2. 骨架材料品种、规格 3. 玻璃钢固定方式 4. 接缝、嵌缝材料种类 5. 油漆品种、刷漆遍数			1. 骨架制作、运输、安装、刷防护材料、油漆 2. 玻璃钢制作、安装 3. 接缝、嵌缝
010901005	膜结构屋面	1. 膜布品种、规格 2. 支柱（网架）钢材品种、规格 3. 钢丝绳品种、规格 4. 锚固基座做法 5. 油漆品种、刷漆遍数		按设计图示尺寸以需要覆盖的水平投影面积计算	1. 膜布热压胶接 2. 支柱（网架）制作、安装 3. 膜布安装 4. 穿钢丝绳、锚头锚固 5. 锚固基座、挖土、回填 6. 刷防护材料，油漆

注：1. 瓦屋面若是在木基层上铺瓦，项目特征不必描述粘结层砂浆的配合比，瓦屋面铺防水层，按 GB 50854—2013 中 J.2 屋面防水及其他中相关项目编码列项。

2. 型材屋面、阳光板屋面、玻璃钢屋面的柱、梁、屋架，按 GB 50854—2013 中附录 F 金属结构工程、附录 G 木结构工程中相关项目编码列项。

1. 瓦屋面

（1）瓦屋面做防水层时，可按屋面及防水工程和其他相关工程中的相关项目单独编码列项。

（2）瓦屋面的木檩条、木椽子、顺水条、挂瓦条、木屋面板按木结构工程中相关项目编码列项。

（3）瓦屋面的木檩条、木椽子、木屋面板需刷防火涂料时，按油漆、涂料、裱糊工程中相关项目编码列项。

2. 型材屋面

（1）型材屋面的钢檩条或木檩条以及骨架、螺栓、挂钩等应包括在型材屋面项目内，即为完成型材屋面实体所需的一切人工、材料、机械费用都应包括在型材屋面项目内。

（2）型材屋面的木檩条、木椽子、顺水条、挂瓦条、木屋面板按木结构工程中相关项目编码列项。

（3）型材屋面中的柱、梁、屋架按金属结构工程、木结构工程中相关项目编码列项。

3. 阳光板屋面、玻璃钢屋面

（1）阳光板屋面、玻璃钢屋面项目中除包含屋面板外，还包含骨架等施工工序，计价时应注意包含。

（2）阳光板屋面、玻璃钢屋面中的柱、梁、屋架按金属结构工程、木结构工程中相关项目编码列项。

4. 膜结构

膜结构也称索膜结构，是一种以膜布与支撑（柱、网架等）和拉结结构（拉杆、钢丝绳等）组成的屋盖、篷顶结构。膜结构屋面项目适用于膜布屋面。

（1）索膜结构中支撑和拉结构件应包括在膜结构屋面项目内。

（2）支撑柱的钢筋混凝土柱基、锚固的钢筋混凝土基础以及地脚螺栓、挖土、回填等费用包含在本项目中。

（3）瓦屋面、型材屋面、膜结构屋面的钢檩条、钢支撑（柱、网架等）和拉结结构需刷防护材料时，可按相关项目单独编码列项，也可包括在瓦屋面、型材屋面、膜结构屋面项目内。

4.7.1.2　清单工程量计算

$$S = 设计图示尺寸斜面积$$
$$= 屋面图示尺寸的水平投影面积 S_{水平} \times 坡度延尺系数 C \qquad (4\text{-}34)$$

1. 延尺系数 C

延尺系数 C 指两坡屋面的坡度系数，实际上是三角形的斜边与直角底边的比值，即：

$$C = 斜长/直角底边 = 1/\cos\alpha \qquad (4\text{-}35)$$
$$斜长 = (A^2 + B^2)^{1/2} \qquad (4\text{-}36)$$

坡屋面示意图如图 4-71 所示。

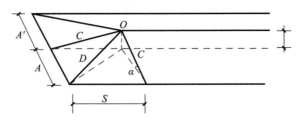

图 4-71　坡屋面示意图

注：1. 两坡排水屋面的面积为屋面水平投影面积乘以延尺系数 C；

2. 四坡排水屋面斜脊长度＝$A×D$（当 $S＝A$ 时）；

3. 两坡排水屋面的沿山墙泛水长度＝$A×C$；

4. 坡屋面高度＝B。

2. 隅延尺系数 D

隅延尺系数 D 指四坡屋面斜脊长度系数，实际上是四坡排水屋面斜脊长度与直角底边的比值，即：

$$D＝四坡排水屋面斜脊长度/直角底边＝1/\cos\alpha \tag{4-37}$$

$$四坡排水屋面斜脊长度＝(A^2＋斜长^2)^{1/2}＝A×D \tag{4-38}$$

延尺系数 C、隅延尺系数 D 见表 4-57。

表 4-57　屋面坡度系数表

坡度			延尺系数 C	隅延尺系数 D
B/A ($A=1$)	高跨比 $B/2A$	角度（α）	($A=1$)	($A=1$)
1	1/2	45°	1.4142	1.7321
0.75		36°52′	1.2500	1.6008
0.7		35°	1.2207	1.5779
0.666	1/3	33°40′	1.2015	1.5620
0.65		33°01′	1.1926	1.5564
0.60		30°58′	1.1662	1.5362
0.577		30°	1.1547	1.5270
0.55		28°49′	1.1413	1.5170
0.5	1/4	26°34′	1.1180	1.5000
0.45		24°14′	1.0966	1.4839
0.4	1/5	21°48′	1.0770	1.4697
0.35		19°17′	1.0594	1.4569
0.30		16°42′	1.0440	1.4457
0.25		14°02′	1.0308	1.4362
0.20	1/10	11°19′	1.0198	1.4283
0.15		8°32′	1.0112	1.4221
0.125		7°8′	1.0078	1.4191

续表

坡度			延尺系数 C	隔延尺系数 D
B/A $(A=1)$	高跨比 $B/2A$	角度 (α)	$(A=1)$	$(A=1)$
0.100	1/20	5°42′	1.0050	1.4177
0.083		4°45′	1.0035	1.4166
0.066	1/30	3°40′	1.0022	1.4157

4.7.2　屋面防水及其他

【思政小贴纸：质量意识】

房顶防水施工一直是建筑装饰工程中十分重要的一环，加强质量意识，科学组织施工，能够保证建筑物在风雨天气时不会出现漏水等质量问题。房顶防水施工应注意以下内容：

（1）选择合适材料。在进行屋面防水前，需要选择适合该地区气候和环境特点的防水材料，如高分子防水材料、沥青防水材料、涂层防水材料等。

（2）清理屋面。在进行屋面防水前，需要清理屋面上的杂物和尘土，确保屋面表面干净平整，便于材料的铺贴和固定。

（3）细节处处理。屋面上的细节处，如管道孔、天窗处等，需进行特殊处理，防止漏水。

（4）施工完工验收。在完成屋面防水施工后，需要对施工质量进行验收，主要包括材料的使用情况和施工质量的合格性。

4.7.2.1　清单项目划分及工程量计算规则

屋面防水及其他工程量清单项目设置、项目特征描述的内容、计量单位及工程量计算规则，应按 GB 50854—2013 中表 J.2 的规定执行，见表 4-58。

表 4-58　屋面防水及其他（编码：010902）

项目编码	项目名称	项目特征	计量单位	工程量计算规则	工程内容
010902001	屋面卷材防水	1. 卷材品种、规格、厚度 2. 防水层数 3. 防水层做法	m^2	按设计图示尺寸以面积计算 1. 斜屋顶（不包括平屋顶找坡）按斜面积计算，平屋顶按水平投影面积计算 2. 不扣除房上烟囱、风帽底座、风道、屋面小气窗和斜沟所占面积 3. 屋面的女儿墙、伸缩缝和天窗等处的弯起部分，并入屋面工程量内	1. 基层处理 2. 刷底油 3. 铺油毡卷材、接缝
010902002	屋面涂膜防水	1. 防水膜品种 2. 涂膜厚度、遍数 3. 增强材料种类			1. 基层处理 2. 刷基层处理剂 3. 铺布、喷涂防水层

项目编码	项目名称	项目特征	计量单位	工程量计算规则	工程内容
010902003	屋面刚性层	1. 刚性层厚度 2. 混凝土种类 3. 混凝土强度等级 4. 嵌缝材料种类 5. 钢筋规格、型号	m²	按设计图示尺寸以面积计算。不扣除房上烟囱、风帽底座、风道等所占面积	1. 基层处理 2. 混凝土制作、运输、铺筑、养护 3. 钢筋制安
010902004	屋面排水管	1. 排水管品种、规格 2. 雨水斗、山墙出水口品种、规格 3. 接缝、嵌缝材料种类 4. 油漆品种、刷漆遍数	m	按设计图示尺寸以长度计算。如设计未标注尺寸，以檐口至设计室外散水上表面垂直距离计算	1. 排水管及配件安装、固定 2. 雨水斗、山墙出水口、雨水箅子安装 3. 接缝、嵌缝 4. 刷漆
010902005	屋面排（透）气管	1. 排（透）气管品种、规格 2. 接缝、嵌缝材料种类 3. 油漆品种、刷漆遍数		按设计图示尺寸以长度计算	1. 排（透）气管及配件安装、固定 2. 铁件制作、安装 3. 接缝、嵌缝 4. 刷漆
010902006	屋面（廊、阳台）泄（吐）水管	1. 吐水管品种、规格 2. 接缝、嵌缝材料种类 3. 吐水管长度 4. 油漆品种、刷漆遍数	根（个）	按设计图示数量计算	1. 水管及配件安装、固定 2. 接缝、嵌缝 3. 刷漆
010902007	屋面天沟、沿沟	1. 材料品种、规格 2. 接缝、嵌缝材料种类	m²	按设计图示尺寸以展开面积计算	1. 天沟材料铺设 2. 天沟配件安装 3. 接缝、嵌缝 4. 刷防护材料
010902008	屋面变形缝	1. 嵌缝材料种类 2. 止水带材料种类 3. 盖缝材料 4. 防护材料种类	m	按设计图示以长度计算	1. 清缝 2. 填塞防水材料 3. 止水带安装 4. 盖缝制作、安装 5. 刷防护材料

注：1. 屋面刚性层无钢筋，其钢筋项目特征不必描述。

2. 屋面找平层按 GB 50854—2013 附录 L 楼地面装饰工程平面砂浆找平层项目编码列项。

3. 屋面防水搭接及附加层用量不另行计算，在综合单价中考虑。

4. 屋面保温找坡层按 GB 50854—2013 附录 K 保温、隔热、防腐工程保温隔热屋面项目编码列项。

1. 项目适用范围

（1）屋面卷材防水项目适用于利用胶结材料粘贴卷材进行防水的屋面，如高聚物改性沥青防水卷材屋面。

（2）屋面刚性层项目适用于细石混凝土、补偿收缩混凝土、块体混凝土、预应力混凝土和钢纤维混凝土等刚性防水屋面。

（3）屋面排水管项目适用于各种排水管材（PVC 管、玻璃钢管、铸铁管等）项目。

2. 说明

（1）基层处理（清理修补、刷基层处理剂）；檐沟、天沟、水落口、泛水收头、变形缝等处的卷材附加层；浅色、反射涂料保护层、绿豆砂保护层、细砂、云母及蛭石保护层等费用应包括在屋面卷材防水项目内。

（2）屋面保温、找坡层（如 1∶6 水泥炉渣）按保温、隔热、防腐工程中相关项目编码列项。

4.7.2.2　清单工程量计算

（1）屋面卷材、涂膜、刚性防水层。

$$S＝设计图示尺寸面积＝屋面水平投影面积×坡度延尺系数＋弯起面积 \quad (4\text{-}39)$$

①不扣除房上烟囱、风帽底座、风道、屋面小气窗、斜沟所占面积。

②卷材、涂膜防水层与女儿墙、伸缩缝、天窗等相交时，其弯起部分面积按图示尺寸并入防水层工程量中。无设计上弯尺寸时，可按计价定额规定计算弯起面积；一般女儿墙、伸缩缝处上弯 250mm，天窗处上弯 500mm。

（2）屋面找平层：设计图示尺寸面积。

（3）屋面排水管、排气管：设计图示尺寸长度。

注：屋面排水管长度如设计未标注尺寸，以檐口至设计室外散水上表面垂直距离计算。

（4）屋面、阳台、走廊泄水管：设计图示数量。

（5）屋面天沟、檐沟：设计图示尺寸展开面积。

（6）屋面变形缝：设计图示尺寸长度。

4.7.3　墙面防水、防潮

4.7.3.1　清单项目划分及工程量计算规则

墙面防水、防潮工程量清单项目设置、项目特征描述的内容、计量单位及工程量计算规则，应按 GB 50854—2013 中表 J.3 的规定执行，见表 4-59。

表 4-59　墙面防水、防潮（编码：010903）

项目编码	项目名称	项目特征	计量单位	工程量计算规则	工程内容
010903001	墙面卷材防水	1. 卷材品种、规格、厚度 2. 防水层数 3. 防水层做法	m²	按设计图示尺寸以面积计算	1. 基层处理 2. 刷粘结剂 3. 铺防水卷材 4. 接缝、嵌缝

项目编码	项目名称	项目特征	计量单位	工程量计算规则	工程内容
010903002	墙面涂膜防水	1. 防水膜品种 2. 涂膜厚度、遍数 3. 增强材料种类	m²	按设计图示尺寸以面积计算	1. 基层处理 2. 刷基层处理剂 3. 铺布、喷涂防水层
010903003	墙面砂浆防水（防潮）	1. 防水层做法 2. 砂浆厚度、配合比 3. 钢丝网规格			1. 基层处理 2. 挂钢丝网片 3. 设置分格缝 4. 砂浆制作、运输、摊铺、养护
010903004	墙面变形缝	1. 嵌缝材料种类 2. 止水带材料种类 3. 盖缝材料 4. 防护材料种类	m	按设计图示以长度计算	1. 清缝 2. 填塞防水材料 3. 止水带安装 4. 盖缝制作、安装 5. 刷防护材料

注：1. 墙面防水搭接及附加层用量不另行计算，在综合单价中考虑。

2. 墙面变形缝，若做双面，工程量乘以系数2。

3. 墙面找平层按 GB 50854—2013 中附录 M 墙、柱面装饰与隔断、幕墙工程立面砂浆找平层项目编码列项。

4.7.3.2 清单工程量计算

1. 墙面卷材防水、涂膜防水

墙面卷材防水、涂膜防水项目适用于基础、墙面等部位的防水。

计算式如下：

（1）墙基防水。

$$墙基防水层工程量＝防水层长×防水层宽 \tag{4-40}$$

式中，外墙基防水层长度取外墙中心线长，内墙基防水层长度取内墙净长。

（2）墙身防水。

$$墙身防水层工程量＝防水层长×防水层高 \tag{4-41}$$

式中，外墙面防水层长度取外墙外边线长，内墙面防水层长度取内墙面净长。

注意：墙面防水搭接及附加层用量不另行计算，在综合单价中考虑。

说明：

（1）刷基础处理剂、刷胶粘剂、胶粘卷材防水、特殊处理部位的嵌缝材料、附加卷材垫衬的费用应包含在墙面卷材防水、涂膜防水项目内。

（2）永久性保护层（如砖墙、混凝土地坪等）应按相关项目编码列项。

（3）墙基、墙身的防水应分别编码列项。

（4）墙面找平层按墙、柱面装饰与隔断、幕墙工程中相关项目编码列项。

2. 墙面砂浆防水（防潮）

墙面砂浆防水（防潮）项目适用于地下、基础、墙面等部位的防水防潮。

注意：防水、防潮层的外加剂费用应包含在该项目中。

工程量计算同墙面卷材防水项目。

3. 墙面变形缝

墙面变形缝项目适用于墙体部位的抗震缝、温度缝、沉降缝的处理。

工程量计算：按设计图示以长度计算。若做双面，工程量乘以系数 2。

4.7.4　楼（地）面防水、防潮

4.7.4.1　清单项目划分及工程量计算规则

楼（地）面防水、防潮工程量清单项目设置、项目特征描述的内容、计量单位及工程量计算规则，应按 GB 50854—2013 中表 J.4 的规定执行，见表 4-60。

表 4-60　楼（地）面防水、防潮（编码：010904）

项目编码	项目名称	项目特征	计量单位	工程量计算规则	工程内容
010904001	楼（地）面卷材防水	1. 卷材品种、规格、厚度 2. 防水层数 3. 防水层做法	m²	按设计图示尺寸以面积计算。 1. 楼（地）面防水：按主墙间净空面积计算，扣除凸出地面的构筑物、设备基础等所占面积，不扣除间壁墙及单个面积不大于 0.3m² 柱、垛、烟囱和孔洞所占面积。 2. 楼（地）面防水反边高度不大于 300mm 算作地面防水，反边高度大于 300mm 算按墙面防水计算	1. 基层处理 2. 刷粘结剂 3. 铺防水卷材 4. 接缝、嵌缝
010904002	楼（地）面涂膜防水	1. 防水膜品种 2. 涂膜厚度、遍数 3. 增强材料种类 4. 反边高度			1. 基层处理 2. 刷基层处理剂 3. 铺布、喷涂防水层
010904003	楼（地）面砂浆防水（防潮）	1. 防水层做法 2. 砂浆厚度、配合比 3. 反边高度			1. 基层处理 2. 砂浆制作、运输、摊铺、养护
010904004	楼（地）面变形缝	1. 嵌缝材料种类 2. 止水带材料种类 3. 盖缝材料 4. 防护材料种类	m	按设计图示以长度计算	1. 清缝 2. 填塞防水材料 3. 止水带安装 4. 盖缝制作、安装 5. 刷防护材料

注：1. 楼（地）面防水找平层按 GB 50854—2013 中附录 L 楼地面装饰工程平面砂浆找平层项目编码列项。

2. 楼（地）面防水搭接及附加层用量不另行计算，在综合单价中考虑。

4.7.4.2　清单工程量计算

1. 楼（地）面卷材防水、涂膜防水、砂浆防水（防潮）

按设计图示尺寸以面积计算，计算式如下：

地面防水层工程量＝主墙间净空面积－凸出地面的构筑物、设备基础等所占面积＋

防水反边面积（高度不大于 300mm） (4-42)

不扣除间壁墙及单个不大于 $0.3m^2$ 的柱、垛、烟囱和孔洞所占面积。

2. 楼（地）面变形缝

楼（地）面变形缝适用于基础、楼面、地面等部位的抗震缝、温度缝、沉降缝的处理。

其工程量计算同屋面变形缝项目。

注意：

（1）刷基础处理剂、刷胶粘剂、胶粘卷材防水、特殊处理部位的嵌缝材料、附加卷材垫衬的费用应包含在楼（地）面卷材防水、涂膜防水项目内。

（2）楼（地）面防水搭接及附加层用量不另行计算，在综合单价中考虑。

（3）楼（地）面防水找平层、垫层按相关项目编码列项。

（4）楼（地）面防水反边高度不大于 300mm 算作地面防水，反边高度大于 300mm 按墙面防水计算。

4.7.5 案例分析

【例 4-20】某瓦屋面工程如图 4-72 所示，四坡水（坡度角度为 $21°48'$），试计算该瓦屋面工程项目的清单工程量。

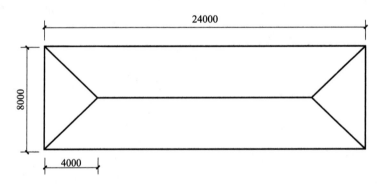

图 4-72 某瓦屋面

【解】

1. 计算清单工程量

四面坡水屋面工程量＝8×24×1.0770＝206.78（m^2）

2. 编制工程量清单（表 4-61）

表 4-61 分部分项工程工程量清单

项目编码	项目名称	项目特征	计量单位	工程量
010901001001	瓦屋面	瓦品种、规格：黏土瓦屋面	m^2	206.78

【例 4-21】某工程 SBS（苯乙烯-丁二烯-苯乙烯）改性沥青卷材防水屋面平面、剖面图如图 4-73 所示，其自结构层由下向上的做法为：钢筋混凝土板用 1∶12 水泥珍珠岩找

坡，坡度 2‰，最薄处 60mm；保温隔热层上用 1∶3 水泥砂浆找平（反边高度 300 mm）；在找平层上刷冷底子油，加热烤铺，贴 3mm 厚 SBS 改性沥青防水卷材一道（反边高 300 mm）；在防水卷材上抹 1∶2.5 水泥砂浆找平层（反边高 300 mm）。

不考虑嵌缝，砂浆使用中砂为拌和料，女儿墙不计算，未列项目不补充。试计算该屋面卷材防水工程项目的清单工程量。

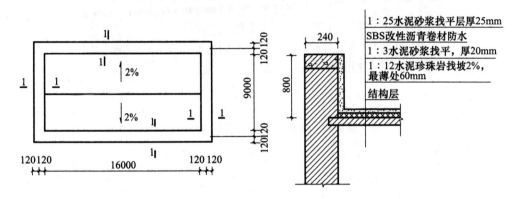

图 4-73 某工程卷材防水屋面平面、剖面图

【解】

1. 计算清单工程量

$S = 16 \times 9 + (16 + 9) \times 2 \times 0.3 = 159$（m³）

2. 编制工程量清单（表 4-62）

表 4-62 分部分项工程工程量清单

项目编码	项目名称	项目特征	计量单位	工程量
010902001001	屋面卷材防水	3mm 厚 SBS 改性沥青防水卷材一道	m²	159

 任务 4.8 保温、隔热、防腐工程

扫码学习任务 4.8

在 GB 50854—2013 中，保温、隔热、防腐工程位于附录 K，包括三个分部工程，分别是 K.1 保温、隔热，K.2 防腐面层，K.3 其他防腐。

保温、隔热、防腐工程清单项目设置简图如图 4-74 所示。

4.8.1 保温、隔热

4.8.1.1 清单项目划分及工程量计算规则

保温、隔热工程量清单项目设置、项目特征描述的内容、计量单位及工程量计算规则，应按 GB 50854—2013 中表 K.1 的规定执行，见表 4-63。

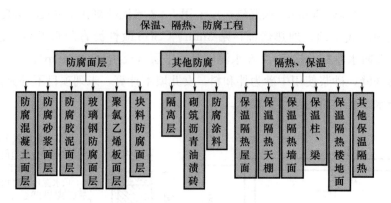

图 4-74　保温、隔热、防腐工程清单项目设置简图

表 4-63　保温、隔热（编码：011001）

项目编码	项目名称	项目特征	计量单位	工程量计算规则	工程内容
011001001	保温隔热屋面	1. 保温隔热材料品种、规格、厚度 2. 隔气层材料品种、厚度 3. 粘结材料种类、做法 4. 防护材料种类、做法		按设计图示尺寸以面积计算。 　扣除面积大于 0.3m² 孔洞及占位面积	1. 基层清理 2. 刷粘结材料 3. 铺粘保温层 4. 铺、刷（喷）防护材料
011001002	保温隔热天棚	1. 保温隔热面层材料品种、规格、性能 2. 保温隔热材料品种、规格及厚度 3. 粘结材料种类及做法 4. 防护材料种类及做法		按设计图示尺寸以面积计算。扣除面积大于 0.3m² 上柱、垛、孔洞所占面积	
011001003	保温隔热墙面	1. 保温隔热部位 2. 保温隔热方式 3. 踢脚线、勒脚线保温做法	m²	按设计图示尺寸以面积计算。 　扣除门窗洞口以及面积大于 0.3 m² 梁、孔洞所占面积；门窗洞口侧壁需做保温时，并入保温墙体工程量内	1. 基层清理 2. 刷界面剂 3. 安装龙骨 4. 填贴保温材料 5. 保温板安装 6. 粘贴面层 7. 铺设增强格网、抹抗裂、防水砂浆面层 8. 嵌缝 9. 铺、刷（喷）防护材料
011001004	保温柱、梁	4. 龙骨材料品种、规格 5. 保温隔热面层材料品种、规格、性能 6. 保温隔热材料品种、规格及厚度 7. 增强网及抗裂防水砂浆种类 8. 粘结材料种类及做法 9. 防护材料种类及做法		按设计图示尺寸以面积计算。 　1. 柱按设计图示柱断面保温层中心线展开长度乘保温层高度以面积计算，扣除面积大于 0.3m² 梁所占面积。 　2. 梁按设计图示梁断面保温层中心线展开长度乘保温层长度以面积计算	

项目编码	项目名称	项目特征	计量单位	工程量计算规则	工程内容
011001005	保温隔热楼地面	1. 保温隔热部位 2. 保温隔热材料品种、规格、厚度 3. 隔气层材料品种、厚度 4. 粘结材料种类、做法 5. 防护材料种类、做法	m²	按设计图示尺寸以面积计算。扣除面积大于 0.3m² 柱、垛、孔洞所占面积	1. 基层清理 2. 刷粘结材料 3. 铺粘保温层 4. 铺、刷（喷）防护材料
011001006	其他保温隔热	1. 保温隔热部位 2. 保温隔热方式 3. 隔气层材料品种、厚度 4. 保温隔热面层材料品种、规格、性能 5. 保温隔热材料品种、规格及厚度 6. 粘结材料种类及做法 7. 增强网及抗裂防水砂浆种类 8. 防护材料种类及做法		按设计图示尺寸以展开面积计算。扣除面积大于 0.3m² 孔洞及占位面积	1. 基层清理 2. 刷界面剂 3. 安装龙骨 4. 填贴保温材料 5. 保温板安装 6. 粘贴面层 7. 铺设增强格网、抹抗裂防水砂浆面层 8. 嵌缝 9. 铺、刷（喷）防护材料

注：1. 保温隔热装饰面层，按 GB 50854—2013 中附录 L、附录 M、附录 N、附录 P、附录 Q 中相关项目编码列项；仅做找平层按 GB 50854—2013 中附录 L 中平面砂浆找平层或附录 M 墙、柱面装饰与隔断、幕墙工程立面砂浆找平层项目编码列项。

2. 柱帽保温隔热应并入天棚保温隔热工程量内。

3. 池槽保温隔热应按其他保温隔热项目编码列项。

4. 保温隔热方式指内保温、外保温、夹心保温。

5. 保温柱、梁适用于不与墙、天棚相连的独立柱、梁。

4.8.1.2　清单工程量计算

1. 保温、隔热屋面

保温、隔热屋面项目适用于各种保温隔热材料屋面。

工程量计算：设计图示尺寸面积。

扣除面积大于 0.3m² 的孔洞及占位面积。

注意：

（1）屋面保温隔热层上的防水层应按屋面的防水项目单独编码列项。

（2）预制隔热板屋面的隔热板与砖墩分别按混凝土及钢筋混凝土工程和砌筑工程相关项目编码列项。

（3）屋面保温隔热的找坡、找平层应包括在保温隔热项目的报价内（应在项目特征中描述其找坡、找平材料品种、厚度），如果屋面防水层项目包括找坡、找平，则屋面保温隔热不再计算，以免重复。

2. 保温隔热天棚

保温隔热天棚项目适用于各种材料的下贴式或吊顶上搁置式的保温隔热天棚。

工程量计算：按设计图示尺寸以面积计算。扣除面积大于 0.3m² 的上柱、垛、孔洞所占面积；与天棚相连的梁按展开面积计算并入天棚工程量内；柱帽保温隔热应并入天棚保温隔热工程量内。

注意：

（1）下贴式如需底层抹灰时，应在项目特征中描述抹灰材料种类、厚度，其费用包括在保温隔热天棚项目内。

（2）保温隔热材料需加药物防虫剂时，业主应在清单中进行描述。

（3）保温面层外的装饰面层按天棚工程相关项目编码列项。

3. 保温隔热墙、柱、梁

保温隔热墙面项目适用于工业与民用建筑物外墙、内墙保温隔热工程。

保温柱、梁项目适用于不与墙、天棚相连的各种材料的柱、梁保温。其项目特征及工程内容同保温隔热墙面。

墙体保温构造层示意图如图 4-75 所示。

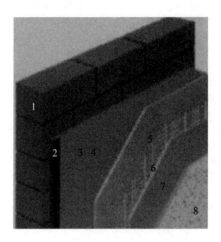

图 4-75　墙体保温构造层示意图

1—墙体；2—聚苯板粘结层；3—聚苯乙烯泡沫板（XPS、EPS）保温层；4—保温板紧固件；
5—满抹灰（抗裂砂浆）保护层；6—耐碱玻纤网布；7—黏性底涂性腻子；8—外墙涂料

工程量计算：

（1）保温隔热墙面项目的工程量计算：按设计图示尺寸以面积计算。

扣除门窗洞口及面积大于 $0.3m^2$ 的梁、孔洞所占面积；

门窗洞口侧壁以及与墙相连的柱需做保温，并入保温墙体工程量内。

（2）保温柱、梁项目的工程量计算：按设计图示尺寸以面积计算。

其中，柱按设计图示柱断面保温层中心线展开长度乘以保温层高度以面积计算，扣除面积大于 $0.3m^2$ 的梁所占面积；梁按设计图示梁断面保温层中心线展开长度乘以保温层长度以面积计算。

注意：

（1）外墙外保温和内保温的面层应包括在保温隔热墙面项目报价内，其装饰层应按墙、柱面装饰与隔断、幕墙工程有关项目编码列项。

（2）内保温的内墙保温踢脚线应按楼地面装饰相关项目编码列项。

（3）外保温、内保温、内墙保温的基层抹灰或刮腻子应按墙、柱面装饰与隔断、幕墙工程相关项目编码列项。

（4）保温隔热墙面的嵌缝按墙面变形缝项目编码列项。

（5）增强网及抗裂防水砂浆包括在保温隔热墙面项目内。

4. 保温隔热楼地面

保温隔热楼地面项目适用于各种材料（沥青贴软木、聚苯乙烯泡沫塑料板等）的楼地面隔热保温。

工程量计算：按设计图示尺寸以面积计算。

扣除门窗洞口及面积大于 0.3m² 的柱、垛、孔洞等所占面积。

不增加门洞、空圈、暖气包槽、壁龛的开口部分。

注意：池槽保温隔热应按其他保温隔热项目编码列项。

4.8.2   防腐面层

4.8.2.1   工程量清单项目

防腐面层工程量清单项目设置、项目特征描述的内容、计量单位及工程量计算规则，应按 GB 50854—2013 中表 K.2 防腐面层（编码：011002）规定执行。

设置了防腐混凝土面层（011002001），防腐砂浆面层（011002002），防腐胶泥面层（011002003），玻璃钢防腐面层（011002004），聚氯乙烯板面层（011002005），块料防腐面层（011002006），池、槽块料防腐面层（011002007）等 7 个工程量清单项目。

4.8.2.2   清单工程量计算

1. 防腐混凝土（砂浆、胶泥）面层项目适用范围

项目适用于平面或立面的水玻璃混凝土（砂浆、胶泥）、沥青混凝土（砂浆、胶泥）、树脂混凝土（砂浆、胶泥）以及聚合物水泥砂浆等防腐工程。

注意：

（1）因防腐材料不同，价格差异就会很大，因而清单项目中必须列出混凝土、砂浆、胶泥的材料种类，如水玻璃混凝土、沥青混凝土等。

（2）防腐工程中需酸化处理、养护的费用应包含在该项目中。

2. 工程量计算

按设计图示尺寸以面积计算。

平面防腐时，应扣除凸出地面的构筑物、设备基础等以及面积大于 0.3m² 的孔洞、柱、垛等所占面积，门洞、空圈、暖气包槽、壁龛的开口部分不增加面积。

立面防腐时，扣除门、窗、洞口以及面积大于 0.3m² 的孔洞、梁所占面积，门、窗、洞口侧壁、垛凸出部分按展开面积并入墙面积内。

4.8.3   案例分析

【例 4-22】某工程建筑示意图如图 4-76 所示，该工程外墙保温做法：（1）基层表面清理；（2）刷界面砂浆 5mm；（3）刷 30mm 厚胶粉聚苯颗粒；（4）门窗边做保温宽度为 120mm。试计算该工程外墙外保温的清单工程量。

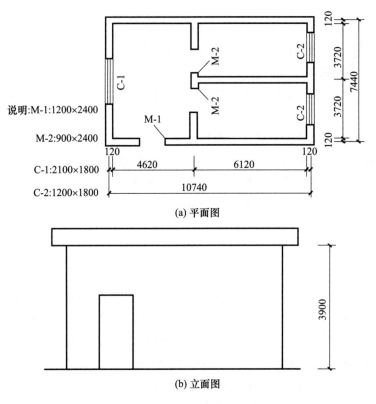

图 4-76 某工程外墙外保温示意图

【解】

1. 计算清单工程量

墙面：$S_1 = [(10.74+0.24)+(7.44+0.24)] \times 2 \times 3.90 - (1.2 \times 2.4 + 2.1 \times 1.8 + 1.2 \times 1.8 \times 2) = 134.57$（$m^2$）

门窗侧面：$S_2 = [(2.1+1.8) \times 2 + (1.2+1.8) \times 4 + (2.4 \times 2 + 1.2)] \times 0.12 = 3.10$（$m^2$）

合计：$S = S_1 + S_2 = 134.57 + 3.10 = 137.67$（$m^2$）

2. 编制工程量清单（表 4-64）

表 4-64 分部分项工程工程量清单

项目编码	项目名称	项目特征	计量单位	工程量
011001003001	保温墙面	1. 基层表面清理 2. 刷界面砂浆 5mm 3. 刷 30mm 厚胶粉聚苯颗粒 4. 门窗边做保温宽度为 120mm	m^2	137.67

【例 4-23】某库房地面做 1：0.533：0.533：3.121 不发火沥青砂浆防腐面层，踢脚

线抹 1∶0.3∶1.5∶4 铁屑砂浆，厚度均为 20mm，踢脚线高度 200mm，如图 4-77 所示。墙厚均为 240mm，门洞地面做防腐面层，侧边不做踢脚线。试计算该库房工程防腐面层清单工程量。

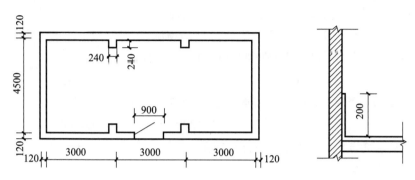

图 4-77 某库房平面示意图、踢脚线高度示意图

【解】

1. 计算清单工程量

$S = (9.00 - 0.24) \times (4.50 - 0.24) = 37.32 （m^2）$

2. 编制工程量清单（表 4-65）

表 4-65 分部分项工程工程量清单

项目编码	项目名称	项目特征	计量单位	工程量
011002002001	防腐砂浆面层	1∶0.533∶0.533∶3.121 不发火沥青砂浆	m^2	37.32

一、单项选择题

1. 计算工程量时，当墙身与基础使用不同的材料时，基础与墙身的分界线是（　　）。

A. 设计室内地坪标高

B. 设计室外地坪标高

C. 材料的分界线

D. 根据材料分界线位于室内地坪的位置而定

2. 基础梁清单项目特征必须描述的是（　　）。

A. 梁截面尺寸　　　　　　　　　B. 梁长度

C. 混凝土强度等级　　　　　　　D. 模板类型

3. 砖基础计量规定按图示尺寸以体积计算，不应扣除（　　）所占体积。

A. 混凝土地梁　　　　　　　　　B. 构造柱

C. 嵌入基础内的管道　　　　　　D. 单个面积 0.3m² 以上孔洞

4. 独立柱面块料镶贴工程量以（　　　）计算。

A. 柱面结构外表面积　　　　　　　　B. 柱面镶贴外表面积

C. 柱面抹灰外表面积　　　　　　　　D. 设计图示尺寸面积

5. 在计算砖墙工程量时，应扣除（　　　）的面积。

A. 圈梁与过梁　　B. 门窗框外围　　C. 门窗洞口　　D. 凸出外墙的柱

6. 瓦屋面、型材屋面按设计图示尺寸以（　　　）计算。

A. 斜面积　　　　B. 面积　　　　　C. 立方米　　　D. 米

7. 块料楼梯与楼梯面相连时，无梯口梁者算至最上一层踏步边沿加（　　　）mm。

A. 100　　　　　B. 200　　　　　C. 300　　　　D. 500

8.《房屋建筑与装饰工程工程量计算规范》（GB 50854—2013）规定，混凝土梁与柱相连时，梁长算至（　　　）。

A. 柱的侧面　　B. 轴线　　　C. 柱中心线　　D. 柱外边缘线

9. 外墙墙身高度，对于坡屋面且室内外均有天棚者，算到屋架下底面另加（　　　）mm。

A. 100　　　　　B. 200　　　　　C. 300　　　　D. 250

10. 某管道沟槽回填土，已知挖方 $1000m^3$，管直径 400mm，管长 200m，则回填土方工程量为（　　　）m^3。

A. 1000　　　　B. 975　　　　　C. 1025　　　　D. 无法确定

二、多项选择题

1. 根据《建设工程工程量清单计价规范》（GB 50500—2013），混凝土独立基础工程量计算正确的有（　　　　　）。

A. 现浇混凝土独立基础按设计图示尺寸以面积计算

B. 现浇混凝土独立基础按设计图示尺寸以体积计算

C. 现浇混凝土墙按设计图示尺寸以面积计算

D. 现浇混凝土拱板按设计图示尺寸以体积计算

E. 现浇混凝土独立基础等于各层体积相加

2. 现浇整体楼梯的工程量按照设计图示尺寸以水平投影面积计算，包括（　　　　　）。

A. 休息平台　　　　　　　　　　B. 平台梁

C. 楼梯斜梁　　　　　　　　　　D. 梯板和踏步

E. 楼梯的连接梁

3. 计算砖墙砌体工程量时，应扣除（　　　　　）。

A. 埋入的钢筋、铁件　　　　　　B. 圈梁、过梁

C. 木砖、垫木　　　　　　　　　D. 面积在 $0.3m^2$ 以下的孔洞

E. 门窗洞口

4. 计算砖墙砌体工程量时，应扣除（　　　　　）。

A. 埋入的钢筋、铁件　　　　　　B. 圈梁、过梁

C. 木砖、垫木　　　　　　　　　D. 面积在 $0.3m^2$ 以下的孔洞

E. 门窗洞口

项目 5　装饰工程工程量清单计量

(1) 掌握装饰工程清单工程量列项要求；

(2) 掌握装饰工程的清单工程量计算规则；

(3) 熟悉装饰工程分部分项工程工程量清单编制方法。

(1) 能熟练列出装饰工程工程量计算项目；

(2) 能熟练运用装饰工程清单工程量计算规则；

(3) 能够结合项目特征编制装饰工程分部分项工程工程量清单和措施项目清单。

任务 5.1　楼地面装饰工程

扫码学习任务 5.1

楼地面装饰工程位于附录 L，包括 8 个子分部工程，分别是 L.1 整体面层及找平层，L.2 块料面层，L.3 橡塑面层，L.4 其他材料面层，L.5 踢脚线，L.6 楼梯面层，L.7 台阶装饰，L.8 零星装饰项目。

楼地面工程清单项目设置简图如图 5-1 所示。

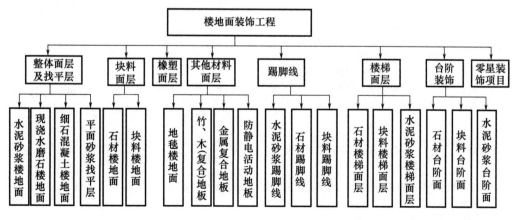

图 5-1　楼地面装饰工程清单项目设置简图

5.1.1 整体面层及找平层

5.1.1.1 清单项目划分及工程量计算规则

整体面层及找平层工程量清单项目设置、项目特征描述的内容、计量单位及工程量计算规则，应按 GB 50854—2013 中表 L.1 的规定执行，见表 5-1。

表 5-1 整体面层及找平层（编码：011101）

项目编码	项目名称	项目特征	计量单位	工程量计算规则	工程内容
011101001	水泥砂浆楼地面	1. 找平层厚度、砂浆配合比 2. 素水泥浆遍数 3. 面层厚度、砂浆配合比 4. 面层做法要求	m²	按设计图示尺寸以面积计算。扣除凸出地面构筑物、设备基础、室内铁道、地沟等所占面积，不扣除间壁墙及不大于 0.3m² 的柱、垛、附墙烟囱及孔洞所占面积。门洞、空圈、暖气包槽、壁龛的开口部分不增加面积	1. 基层清理 2. 抹找平层 3. 抹面层 4. 材料运输
011101002	现浇水磨石楼地面	1. 找平层厚度、砂浆配合比 2. 面层厚度、水泥石子浆配合比 3. 嵌条材料种类、规格 4. 石子种类、规格、颜色 5. 颜料种类、颜色 6. 图案要求 7. 磨光、酸洗、打蜡要求			1. 基层清理 2. 抹找平层 3. 面层铺设 4. 嵌缝条安装 5. 磨光、酸洗打蜡 6. 材料运输
011101003	细石混凝土楼地面	1. 找平层厚度、砂浆配合比 2. 面层厚度、混凝土强度等级			1. 基层清理 2. 抹找平层 3. 面层铺设 4. 材料运输
011101004	菱苦土楼地面	1. 找平层厚度、砂浆配合比 2. 面层厚度 3. 打蜡要求			1. 清理基层 2. 抹找平层 3. 面层铺设 4. 打蜡 5. 材料运输
011101005	自流坪楼地面	1. 找平层厚度、砂浆配合比 2. 界面剂材料种类 3. 中层漆材料种类、厚度 4. 面漆材料种类、厚度 5. 面层材料种类			1. 基层处理 2. 抹找平层 3. 涂界面剂 4. 涂刷中层漆 5. 打磨、吸尘 6. 镘自流平面漆（浆） 7. 拌合自流平浆料 8. 铺面层
011101006	平面砂浆找平层	找平层厚度、砂浆配合比		按设计图示尺寸以面积计算	1. 清理基层 2. 抹找平层 3. 材料运输

注：1. 水泥砂浆面层处理是拉毛还是提浆压光，应在面层做法要求中描述。
　　2. 平面砂浆找平层只适用于仅做找平层的平面抹灰。
　　3. 间壁墙指墙厚不大于 120mm 的墙。
　　4. 楼地面混凝土垫层按 GB 50854—2013 中附录 E.1 垫层项目编码列项，除混凝土外的其他材料垫层按附录 D.4 垫层项目编码列项。

整体面层项目适用于楼面、地面所做的整体面层工程。

注意：从工程内容中可以看出，整体面层项目中包含面层、找平层，但未包含垫层、防水层。计价时，垫层应按砌筑工程或混凝土及钢筋混凝土中相关项目编码列项，防水层应按屋面及防水工程中相关项目编码列项（块料面层同）。

5.1.1.2　清单工程量计算

1. 整体面层工程量

按设计图示尺寸以面积计算。扣除凸出地面构筑物、设备基础、室内铁道、地沟等所占面积；不扣除间壁墙及不大于 0.3m^2 的柱、垛、附墙烟囱及孔洞所占面积；不增加门洞、空圈、暖气包槽、壁龛的开口部分不增加面积。

2. 平面砂浆找平层工程量

按设计图示尺寸以面积计算。

【例 5-1】图 5-2 所示为某建筑平面图，地面构造做法为：20mm 厚 1:2 水泥砂浆抹面压实抹光；刷素水泥浆结合层一道；60mm 厚 C20 细石混凝土找坡层最薄处 30mm 厚；聚氨酯涂膜防水层 1.5～1.8mm，防水层周边卷起 150mm；40mm 厚 C20 细石混凝土随打随抹平；150mm 厚 3:7 灰土垫层；素土夯实；计算水泥砂浆地面清单工程量，并编制其工程量清单。

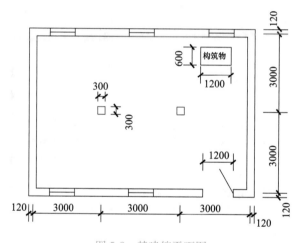

图 5-2　某建筑平面图

【解】

1. 计算清单工程量

水泥砂浆地面工程量：$S = (3 \times 3 - 0.12 \times 2) \times (3 \times 2 - 0.12 \times 2) - 1.2 \times 0.6$
$$= 49.74 \ (\text{m}^2)$$

2. 编制工程量清单

编制水泥砂浆地面工程量清单，具体内容见表 5-2。

表 5-2 分部分项工程工程量清单

项目编码	项目名称	项目特征	计量单位	工程量
011101001001	水泥砂浆楼地面	1. 厚 1:2 水泥砂浆抹面压实抹光（面层） 2. 刷素水泥浆结合层一道（结合层） 3. 60mm 厚 C20 细石混凝土找坡层最薄处 30mm 厚	m²	49.74

5.1.2 块料面层、橡塑面层、其他材料面层

5.1.2.1 清单项目划分及工程量计算规则

块料面层、橡塑面层、其他材料面层工程量清单项目设置、项目特征描述的内容、计量单位及工程量计算规则，应按 GB 50854—2013 中表 L.2～表 L.4 的规定执行，见表 5-3～表 5-5。

表 5-3 块料面层（编码：011102）

项目编码	项目名称	项目特征	计量单位	工程量计算规则	工程内容
011102001	石材楼地面	1. 找平层厚度、砂浆配合比 2. 结合层厚度、砂浆配合比 3. 面层材料品种、规格、颜色 4. 嵌缝材料种类 5. 防护层材料种类 6. 酸洗、打蜡要求	m²	按设计图示尺寸以面积计算。门洞、空圈、暖气包槽、壁龛的开口部分并入相应的工程量内	1. 基层清理 2. 抹找平层 3. 面层铺设、磨边 4. 嵌缝 5. 刷防护材料 6. 酸洗、打蜡 7. 材料运输
011102002	碎石材楼地面				
011102003	块料楼地面				

注：1. 在描述碎石材项目的面层材料特征时可不用描述规格、品牌、颜色。
2. 石材、块料与粘结材料的结合面刷防渗材料的种类在防护层材料种类中描述。
3. 本表工程内容中的磨边指施工现场磨边（后面章节工程内容中涉及的磨边含义同）。

（1）块料面层项目适用楼面、地面所做的块料面层工程。

（2）防护材料，是指耐酸、耐碱、耐臭氧、耐老化、防火、防油渗等的材料。

（3）酸洗、打蜡要求，指水磨石、菱苦土、陶瓷块料等均可用酸洗（草酸）清洗油渍及污渍，然后打蜡（蜡脂、松香水、鱼油、煤油等按设计要求配合）和磨光。

表 5-4 橡塑面层（编码：011103）

项目编码	项目名称	项目特征	计量单位	工程量计算规则	工程内容
011103001	橡胶板楼地面	1. 粘结层厚度、材料种类 2. 面层材料品种、规格、颜色 3. 压线条种类	m²	按设计图示尺寸以面积计算。门洞、空圈、暖气包槽、壁龛的开口部分并入相应的工程量内	1. 基层清理 2. 面层铺贴 3. 压缝条装钉 4. 材料运输
011103002	橡胶板卷材楼地面				
011103003	塑料板楼地面				
011103004	塑料卷材楼地面				

注：本表项目中如涉及找平层，可按 GB 50854—2013 中表 L.1 找平层项目编码列项。

（1）橡塑面层项目适用于用粘结剂（如 CX401 胶等）粘贴橡塑楼面、地面面层工程。

（2）压线条，是指地毯、橡胶板、橡胶卷材铺设的压线条，如铝合金、不锈钢、铜压线条等。

从工程内容中可以看出，橡塑面层项目中未包含找平层。计价时，找平层应按楼地面装饰工程中相关项目编码列项。

表 5-5 其他材料面层（编码：011104）

项目编码	项目名称	项目特征	计量单位	工程量计算规则	工程内容
011104001	地毯楼地面	1. 面层材料品种、规格、颜色 2. 防护材料种类 3. 粘结材料种类 4. 压线条种类	m²	按设计图示尺寸以面积计算。门洞、空圈、暖气包槽、壁龛的开口部分并入相应的工程量内	1. 基层清理 2. 铺贴面层 3. 刷防护材料 4. 装钉压条 5. 材料运输
011104002	竹、木（复合）地板	1. 龙骨材料种类、规格、铺设间距 2. 基层材料种类、规格 3. 面层材料品种、规格、颜色 4. 防护材料种类			1. 基层清理 2. 龙骨铺设 3. 基层铺设 4. 面层铺贴 5. 刷防护材料 6. 材料运输
011104003	金属复合地板				
011104004	防静电活动地板	1. 支架高度、材料种类 2. 面层材料品种、规格、颜色 3. 防护材料种类			1. 清理基层 2. 固定支架安装 3. 活动面层安装 4. 刷防护材料 5. 材料运输

5.1.2.2 清单工程量计算

工程量计算：按设计图示尺寸以面积计算。

门洞、空圈、暖气包槽、壁龛的开口部分并入相应的工程量内。

【例 5-2】某建筑平面图如图 5-2 所示，地面构造做法为：8mm 厚 800mm×800mm 地砖，干白水泥擦缝；20mm 厚 1:2 干硬性水泥砂浆结合层，表面撒水泥粉；1.5mm 厚聚氨酯涂膜防水层，防水层周边卷起 150mm；30mm 厚 C20 细石混凝土找坡层抹平；60mm 厚 C15 混凝土垫层；素土夯实。计算地砖地面清单工程量，并编制其工程量清单。

【解】

1. 计算清单工程量

地砖地面工程量：$S=（3×3-0.12×2）×（3×2-0.12×2）-1.2×0.6-0.3×0.3×2+0.24×1.2=49.85（m^2）$

2. 编制工程量清单

编制地砖地面工程量清单，具体内容见表 5-6。

表 5-6　分部分项工程工程量清单

项目编码	项目名称	项目特征	计量单位	工程量
011102003001	块料楼地面	1. 面层：8mm 厚 800mm×800mm 地砖 2. 结合层：20mm 厚 1：2 干硬性水泥砂浆结合层 3. 找平层：30mm 厚 C20 细石混凝土找坡层 4. 勾缝材料：干白水泥擦缝	m²	49.85

5.1.3　踢脚线

5.1.3.1　清单项目划分及工程量计算规则

踢脚线工程量清单项目设置、项目特征描述的内容、计量单位及工程量计算规则，应按"GB 50854—2013"中表 L.5 的规定执行，见表 5-7。

表 5-7　踢脚线（编码：011105）

项目编码	项目名称	项目特征	计量单位	工程量计算规则	工程内容
011105001	水泥砂浆踢脚线	1. 踢脚线高度 2. 底层厚度、砂浆配合比 3. 面层厚度、砂浆配合比	1. m² 2. m	1. 以平方米计量，按设计图示长度乘高度以面积计算 2. 以米计量，按延长米计算	1. 基层清理 2. 底层和面层抹灰 3. 材料运输
011105002	石材踢脚线	1. 踢脚线高度 2. 粘贴层厚度、材料种类 3. 面层材料品种、规格、颜色 4. 防护材料种类			1. 基层清理 2. 底层抹灰 3. 面层铺贴、磨边 4. 擦缝 5. 磨光、酸洗、打蜡 6. 刷防护材料 7. 材料运输
011105003	块料踢脚线				
011105004	塑料板踢脚线	1. 踢脚线高度 2. 粘结层厚度、材料种类 3. 面层材料品种、规格、颜色			1. 基层清理 2. 基层铺贴 3. 面层铺贴 4. 材料运输
011105005	木质踢脚线	1. 踢脚线高度 2. 基层材料种类、规格 3. 面层材料品种、规格、颜色			
011105006	金属踢脚线				
011105007	防静电踢脚线				

注：石材、块料与粘结材料的结合面刷防渗材料的种类应在防护材料种类中描述。

5.1.3.2　清单工程量计算

以平方米计量，按设计图示长度乘以高度的面积计算；以米计量，按延长米计算。扣除门洞、空圈等开口部分长度或所占面积。

增加门洞、空圈等开口部分侧壁长度或面积，以及凸出楼地面构件的踢脚线长度或面积。

【例 5-3】某建筑平面图如图 5-2 所示，室内为水泥砂浆地面，踢脚线做法：高度为 150mm，1∶2 水泥砂浆踢脚线，厚度为 20mm。计算水泥砂浆踢脚线清单工程量，并编制其工程量清单。

【解】

1. 计算清单工程量

$L=$（3×3−0.12×2）×2+（3×2−0.12×2）×2−1.2（门宽）+［0.24−0.08（门框边）］×1/2×2（门侧边）+0.3×4×2（柱侧边）=30.40（m）

$S=$ 30.40×0.15=4.56（m^2）

注意事项：门的立樘位置有 3 种情况，分别为墙内侧立樘、墙中间立樘、墙外侧立樘，不同位置立樘对房间内的工程量产生不同影响，本案例中门的立樘位置为墙中间。

2. 编制工程量清单

编制水泥砂浆踢脚线工程量清单，具体内容见表 5-8。

表 5-8　分部分项工程工程量清单

项目编码	项目名称	项目特征	计量单位	工程量
011105001001	水泥砂浆踢脚线	1. 20mm 厚 1∶2 水泥砂浆 2. 踢脚线高 150mm	m^2	4.56

5.1.4　楼梯面层

5.1.4.1　清单项目划分及工程量计算规则

楼梯面层工程量清单项目设置、项目特征描述的内容、计量单位及工程量计算规则，应按 GB 50854—2013 中表 L.6 的规定执行，见表 5-9。

表 5-9　楼梯面层（编码：011106）

项目编码	项目名称	项目特征	计量单位	工程量计算规则	工程内容
011106001	石材楼梯面层	1. 找平层厚度、砂浆配合比 2. 粘结层厚度、材料种类 3. 面层材料品种、规格、颜色 4. 防滑条材料种类、规格 5. 勾缝材料种类 6. 防护层材料种类 7. 酸洗、打蜡要求	m^2	按设计图示尺寸以楼梯（包括踏步、休息平台及不大于 500mm 的楼梯井）水平投影面积计算。楼梯与楼地面相连时，算至梯口梁内侧边沿；无梯口梁者，算至最上一层踏步边沿加 300mm	1. 基层清理 2. 抹找平层 3. 面层铺贴、磨边 4. 贴嵌防滑条 5. 勾缝 6. 刷防护材料 7. 酸洗、打蜡 8. 材料运输
011106002	块料楼梯面层				
011106003	拼碎块料面层				
011106004	水泥砂浆楼梯面层	1. 找平层厚度、砂浆配合比 2. 面层厚度、砂浆配合比 3. 防滑条材料种类、规格			1. 基层清理 2. 抹找平层 3. 抹面层 4. 抹防滑条 5. 材料运输

续表

项目编码	项目名称	项目特征	计量单位	工程量计算规则	工程内容
011106005	现浇水磨石楼梯面层	1. 找平层厚度、砂浆配合比 2. 面层厚度、水泥石子浆配合比 3. 防滑条材料种类、规格 4. 石子种类、规格、颜色 5. 颜料种类、颜色 6. 磨光、酸洗、打蜡要求			1. 基层清理 2. 抹找平层 3. 抹面层 4. 贴嵌防滑条 5. 磨光、酸洗、打蜡 6. 材料运输
011106006	地毯楼梯面层	1. 基层种类 2. 面层材料品种、规格、颜色 3. 防护材料种类 4. 粘结材料种类 5. 固定配件材料种类、规格	m²	按设计图示尺寸以楼梯（包括踏步、休息平台及不大于500mm 的楼梯井）水平投影面积计算。楼梯与楼地面相连时，算至梯口梁内侧边沿；无梯口梁者，算至最上一层踏步边沿加 300mm	1. 基层清理 2. 铺贴面层 3. 固定配件安装 4. 刷防护材料 5. 材料运输
011106007	木板楼梯面层	1. 基层材料种类、规格 2. 面层材料品种、规格、颜色 3. 粘结材料种类 4. 防护材料种类			1. 基层清理 2. 基层铺贴 3. 面层铺贴 4. 刷防护材料 5. 材料运输
011106008	橡胶板楼梯面层	1. 粘结层厚度、材料种类 2. 面层材料品种、规格、颜色 3. 压线条种类			1. 基层清理 2. 面层铺贴 3. 压缝条装钉 4. 材料运输
011106009	塑料板楼梯面层				

注：1. 在描述碎石材项目的面层材料特征时可不用描述规格、品牌、颜色。

2. 石材、块料与粘结材料的结合面刷防渗材料的种类可在防护材料种类中描述。

注意：楼梯牵边和侧面镶贴块料面层，不大于 0.5m² 的少量分散的楼地面块料面层应按楼地面装饰工程中零星装饰项目编码列项。楼梯底面抹灰按天棚工程相应项目执行。

5.1.4.2 清单工程量计算

按设计图示尺寸以楼梯（包括踏步、休息平台及不大于 500mm 的楼梯井）水平投影面积计算。

楼梯示意图如图 5-3 所示。

（1）楼梯与楼地面相连时，算至梯口梁内侧边沿；

（2）无梯口梁者，算至最上一层踏步边沿加 300mm。

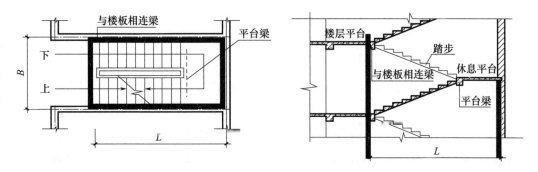

图 5-3　楼梯示意图

【例 5-4】某楼梯贴花岗岩面层如图 5-4 所示。其工程做法为：20mm 厚芝麻白磨光花岗岩铺面；撒素水泥面（洒适量水）；30mm 厚 1：4 干硬性水泥砂浆结合层；刷素水泥浆一道。计算楼梯面层的清单工程量，并编制其工程量清单。

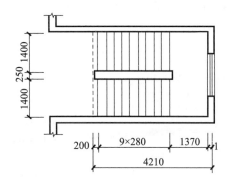

图 5-4　某楼梯平面示意图

【解】

1. 计算清单工程量

楼梯井宽度为 250mm，小于 500mm，所以楼梯贴花岗岩面层的工程量为：

$$S=[(1.4\times2+0.25)\times(0.2+9\times0.28+1.37)]=12.47（m^2）$$

2. 编制工程量清单

编制楼梯面层工程量清单，具体内容见表 5-10。

表 5-10　分部分项工程工程量清单

项目编码	项目名称	项目特征	计量单位	工程量
011106001001	花岗岩楼梯面层	1. 芝麻白磨光花岗岩（600mm×600mm 铺面，20mm 厚） 2. 撒素水泥面（洒适量水） 3. 1：4 干硬性水泥砂浆结合层，30mm 厚 4. 刷素水泥浆一遍	m²	12.47

说明：现在的石材和块料楼梯面层材料为工厂加工好的半成品（其磨边和防滑槽开槽工作已完成），如为现场加工，其石材磨边和开槽工程量可按相关规定另计。

5.1.5 台阶装饰

5.1.5.1 清单项目划分及工程量计算规则

台阶装饰工程量清单项目设置、项目特征描述的内容、计量单位及工程量计算规则，应按 GB 50854—2013 中表 L.7 的规定执行，见表 5-11。

表 5-11　台阶装饰（编码：011107）

项目编码	项目名称	项目特征	计量单位	工程量计算规则	工程内容
011107001	石材台阶面	1. 找平层厚度、砂浆配合比 2. 粘结层材料种类 3. 面层材料品种、规格、颜色 4. 勾缝材料种类 5. 防滑条材料种类、规格 6. 防护材料种类	m²	按设计图示尺寸以台阶（包括最上层踏步边沿加 300mm）水平投影面积计算	1. 基层清理 2. 抹找平层 3. 面层铺贴 4. 贴嵌防滑条 5. 勾缝 6. 刷防护材料 7. 材料运输
011107002	块料台阶面				
011107003	拼碎块料台阶面				
011107004	水泥砂浆台阶面	1. 找平层厚度、砂浆配合比 2. 面层厚度、砂浆配合比 3. 防滑条材料种类			1. 清理基层 2. 抹找平层 3. 抹面层 4. 抹防滑条 5. 材料运输
011107005	现浇水磨石台阶面	1. 找平层厚度、砂浆配合比 2. 面层厚度、水泥石子浆配合比 3. 防滑条材料种类、规格 4. 石子种类、规格、颜色 5. 颜料种类、颜色 6. 磨光、酸洗、打蜡要求			1. 清理基层 2. 抹找平层 3. 抹面层 4. 贴嵌防滑条 5. 打磨、酸洗、打蜡 6. 材料运输
011107006	剁假石台阶面	1. 找平层厚度、砂浆配合比 2. 面层厚度、砂浆配合比 3. 剁假石要求			1. 清理基层 2. 抹找平层 3. 抹面层 4. 剁假石 5. 材料运输

注：1. 在描述碎石材项目的面层材料特征时可不用描述规格、颜色。
　　2. 石材、块料与粘结材料的结合面刷防渗材料的种类可在防护材料种类中描述。

注意：台阶牵边和侧面镶贴块料面层，不大于 0.5m² 的少量分散的楼地面块料面层应按楼地面装饰工程中零星装饰项目编码列项。

5.1.5.2 清单工程量计算

台阶工程量计算：按设计图示尺寸以台阶（包括最上一层踏步边沿加 300mm）水平投影面积计算。

（1）台阶面层与平台面层是同一种材料时，平台面层与台阶面层不可重复计算。当台阶计算最上一层踏步加 300mm 时，平台面层中必须扣除该面积。如果平台与台阶以平台外沿为分界线，则在台阶报价时，最上一步台阶的踢面应考虑在台阶的报价内。

（2）台阶侧面装饰不包括在台阶面层项目内，应按零星装饰项目编码列项。

【例 5-5】台阶贴花岗岩面层示意图如图 5-5 所示，其工程做法为：30mm 厚芝麻白机刨花岗岩（600mm×600mm）铺面，稀水泥浆擦缝；撒素水泥面（洒适量水）；30mm 厚 1：4 干硬性水泥砂浆结合层，向外坡 1%；刷素水泥浆结合层一道；60mm 厚 C15 混凝土；150mm 厚 3：7 灰土垫层；素土夯实。

计算花岗岩台阶的清单工程量，并编制其工程量清单。

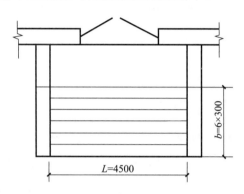

图 5-5　台阶贴花岗岩面层示意图

【解】

1. 计算清单工程量

$S=[4.5\times(0.3\times6+0.3)]=9.45$（m²）

2. 编制工程量清单

编制花岗岩台阶面层工程量清单，具体内容见表 5-12。

表 5-12　分部分项工程工程量清单

项目编码	项目名称	项目特征	计量单位	工程量
011107001001	花岗岩台阶	1. 30mm 厚芝麻白机刨花岗岩铺面 2. 稀水泥擦缝 3. 撒素水泥面（洒适量水） 4. 30mm 厚 1：4 干硬性水泥砂浆结合层，向外坡 1% 5. 刷素水泥浆结合层上道 6. 60mm 厚 C15 混凝土	m²	9.45

台阶（010507004001）、3：7 灰土垫层（010404001001）略。

5.1.6　零星装饰项目

5.1.6.1　清单项目划分及工程量计算规则

零星装饰项目工程量清单项目设置、项目特征描述的内容、计量单位及工程量计算规则，应按 GB 50854—2013 中表 L.8 的规定执行，见表 5-13。

表 5-13 零星装饰项目（编码：011108）

项目编码	项目名称	项目特征	计量单位	工程量计算规则	工程内容
011108001	石材零星项目	1. 工程部位 2. 找平层厚度、砂浆配合比 3. 贴结合层厚度、材料种类 4. 面层材料品种、规格、颜色 5. 勾缝材料种类 6. 防护材料种类 7. 酸洗、打蜡要求	m²	按设计图示尺寸以面积计算	1. 清理基层 2. 抹找平层 3. 面层铺贴、磨边 4. 勾缝 5. 刷防护材料 6. 酸洗、打蜡 7. 材料运输
011108002	碎拼石材零星项目				
011108003	块料零星项目				
011108004	水泥砂浆零星项目	1. 工程部位 2. 找平层厚度、砂浆配合比 3. 面层厚度、砂浆厚度			1. 清理基层 2. 抹找平层 3. 抹面层 4. 材料运输

注：1. 楼梯、台阶牵边和侧面镶贴块料面层，不大于 0.5m² 的少量分散的楼地面镶贴块料面层，应按本表执行。
2. 石材、块料与粘结材料的结合面刷防渗材料的种类可在防护材料种类中描述。

零星装饰项目适用于小面积（0.5m² 以内）少量分散的楼地面装饰项目。

5.1.6.2 清单工程量计算

各零星装饰项目均按设计图示尺寸以面积计算。

5.1.6.3 本节归纳

（1）楼地面工程的列项及工程量计算与楼地面的构造做法息息相关，列项时应详细了解各个不同用途的房间的楼面、地面的构造层次、装饰做法及材料选择，以便准确列项。

（2）特别应注意在同一房间内，地面（或楼面）出现不同做法时（如地面的构造层次不同或面层材料的种类、规格不同时），一定要分别列项。

（3）楼地面的项目特征描述一定要完整、准确，并与工程实际做法相结合。

（4）注意楼梯面层与楼面面层的划分界限，台阶面层与平台面层的划分界限。

（5）楼梯踢脚线应单独列项。

任务 5.2 墙、柱面装饰与隔断、幕墙工程

在 GB 50854—2013 中，墙、柱面装饰与隔断、幕墙工程位于附录 M，包括十个分部工程，分别是 M.1 墙面抹灰，M.2 柱（梁）面抹灰，M.3 零星抹灰，M.4 墙面块料面层，M.5 柱（梁）面镶贴块料，M.6 镶贴零星块料，M.7 墙饰面，M.8 柱（梁）饰面，M.9 幕墙工程，M.10 隔断。

5.2.1　墙面抹灰、柱（梁）面抹灰、零星抹灰

墙、柱面装饰工程清单项目设置简图，如图 5-6 所示。

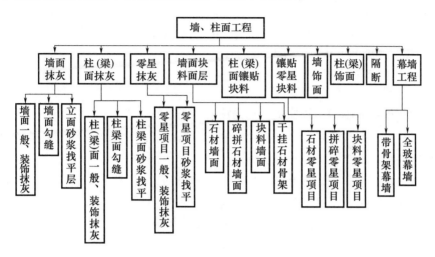

图 5-6　墙、柱面装饰工程清单项目设置简图

5.2.1.1　清单项目划分及工程量计算规则

墙面抹灰、柱（梁）面抹灰、零星抹灰工程量清单项目设置、项目特征描述的内容、计量单位及工程量计算规则，应按 GB 50854—2013 中表 M.1～表 M.3 的规定执行，见表 5-14～表 5-16。

表 5-14　墙面抹灰（编码：011201）

项目编码	项目名称	项目特征	计量单位	工程量计算规则	工程内容
011201001	墙面一般抹灰	1. 墙体类型 2. 底层厚度、砂浆配合比 3. 面层厚度、砂浆配合比	m²	按设计图示尺寸以面积计算。扣除墙裙、门窗洞口及单个大于 0.3m² 的孔洞面积，不扣除踢脚线、挂镜线和墙与构件交接处的面积，门窗洞口和孔洞的侧壁及顶面不增加面积。附墙柱、梁、垛、烟囱侧壁并入相应的墙面面积内。 1. 外墙抹灰面积按外墙垂直投影面积计算。 2. 外墙裙抹灰面积按其长度乘以高度计算。 3. 内墙抹灰面积按主墙间的净长乘以高度计算。 （1）无墙裙的，高度按室内楼地面至天棚底面计算。 （2）有墙裙的，高度按墙裙顶至天棚底面计算。 （3）有吊顶天棚抹灰，高度至天棚底。 4. 内墙裙抹灰面按内墙净长乘以高度计算	1. 基层清理 2. 砂浆制作、运输 3. 底层抹灰 4. 抹面层 5. 抹装饰面 6. 勾分格缝
011201002	墙面装饰抹灰	4. 装饰面材料种类 5. 分格缝宽度、材料种类			
011201003	墙面勾缝	1. 勾缝类型 2. 勾缝材料种类			1. 基层清理 2. 砂浆制作、运输 3. 勾缝
011201004	立面砂浆找平层	1. 基层类型 2. 找平层砂浆厚度、配合比			1. 基层清理 2. 砂浆制作、运输 3. 抹灰找平

项目编码	项目名称	项目特征	计量单位	工程量计算规则	工程内容

注：1. 立面砂浆找平项目适用于仅做找平层的立面抹灰。

2. 墙面抹石灰砂浆、水泥砂浆、混合砂浆、聚合物水泥砂浆、麻刀石灰浆、石膏灰浆的按本表中墙面一般抹灰列项，墙面水刷石、斩假石、干粘石、假面砖的按本表中墙面装饰抹灰列项。

3. 飘窗凸出外墙面增加的抹灰并入外墙工程量内。

4. 有吊顶天棚的内墙面抹灰，抹至吊顶以上部分在综合单价中考虑。

墙面抹灰项目适用于一般抹灰、装饰抹灰、墙面勾缝工程。

一般抹灰包括石灰砂浆、水泥混合砂浆、水泥砂浆、聚合物水砂浆、膨胀珍珠岩水泥砂浆和麻刀灰、纸筋石灰、石膏灰等。

装饰抹灰包括水刷石、水磨石、斩假石（剁斧石）、干粘石、假面砖、拉条灰、拉毛灰、甩毛灰、扒拉石、喷毛灰、喷涂、喷砂、滚涂、弹涂等。

立面砂浆找平层项目适用于仅做找平层的立面抹灰。

表 5-15　柱（梁）面抹灰（编码：011202）

项目编码	项目名称	项目特征	计量单位	工程量计算规则	工程内容
011202001	柱、梁面一般抹灰	1. 柱（梁）体类型 2. 底层厚度、砂浆配合比 3. 面层厚度、砂浆配合比 4. 装饰面材料种类 5. 分格缝宽度、材料种类	m²	1. 柱面抹灰：按设计图示柱断面周长乘以高度的面积计算 2. 梁面抹灰：按设计图示梁断面周长乘以长度的面积计算	1. 基层清理 2. 砂浆制作、运输 3. 底层抹灰 4. 抹面层 5. 勾分格缝
011202002	柱、梁面装饰抹灰				
011202003	柱、梁面砂浆找平	1. 柱（梁）体类型 2. 找平的砂浆厚度、配合比			1. 基层清理 2. 砂浆制作、运输 3. 抹灰找平
011202004	柱面勾缝	1. 勾缝类型 2. 勾缝材料种类		按设计图示柱断面周长乘以高度的面积计算	1. 基层清理 2. 砂浆制作、运输 3. 勾缝

注：1. 砂浆找平项目适用于仅做找平层的柱（梁）面抹灰。

2. 柱、梁面抹石灰砂浆、水泥砂浆、混合砂浆、聚合物水泥砂浆、麻刀石灰浆、石膏灰浆的按本表中柱、梁面一般抹灰编码列项；柱、梁面抹水刷石、斩假石、干粘石、假面砖的按本表中柱、梁面装饰抹灰编码列项。

柱、梁面砂浆找平项目适用于仅做找平层的柱、梁面抹灰。

表 5-16 零星抹灰（编码：011203）

项目编码	项目名称	项目特征	计量单位	工程量计算规则	工程内容
011203001	零星项目一般抹灰	1. 基层类型、部位 2. 底层厚度、砂浆配合比 3. 面层厚度、砂浆配合比 4. 装饰面材料种类 5. 分格缝宽度、材料种类	m²	按设计图示尺寸以面积计算	1. 基层清理 2. 砂浆制作、运输 3. 底层抹灰 4. 抹面层 5. 抹装饰面 6. 勾分格缝
011203002	零星项目装饰抹灰				
011203003	零星项目砂浆找平	1. 基层类型、部位 2. 找平的砂浆厚度、配合比			1. 基层清理 2. 砂浆制作、运输 3. 抹灰找平

注：1. 零星项目抹石灰砂浆、水泥砂浆、混合砂浆、聚合物水泥砂浆、麻刀石灰浆、石膏灰浆的按本表中零星项目一般抹灰编码列项，零星项目抹水刷石、斩假石、干粘石、假面砖的按本表中零星项目装饰抹灰编码列项。

2. 墙、柱（梁）面不大于 0.5m² 的少量分散的抹灰按本表中零星抹灰项目编码列项。

5.2.1.2 清单工程量计算

1. 墙面抹灰

按设计图示尺寸以面积计算。

$$S_{外墙} = 外墙（墙裙）垂直投影面积 = 外墙外边线长度 \times 抹灰高度 \qquad (5\text{-}1)$$

$$S_{内墙、裙} = 内墙净长 \times 墙高（净高、墙裙高） \qquad (5\text{-}2)$$

扣除墙裙（指墙面抹灰）、门窗洞口及单个大于 0.3m² 的孔洞面积；不扣除踢脚线、挂镜线和墙与构件交接处（指墙与梁的交接处所占面积，不包括墙与楼板的交接）的面积；门窗洞口和孔洞的侧壁及顶面不增加面积；附墙柱、梁、垛、烟囱侧壁并入相应的墙面面积内。

2. 柱、梁面抹灰

$$S_{柱} = 设计柱断面周长 \times 柱高（抹灰高度） \qquad (5\text{-}3)$$

柱断面周长指结构断面周长。

$$S_{梁} = 设计梁断面周长 \times 梁长（抹灰长度） \qquad (5\text{-}4)$$

梁断面周长指结构断面周长。

3. 零星项目抹灰

按设计图示尺寸展开面积计算。

【例 5-6】 建筑平面图如图 5-2 所示，窗洞口尺寸均为 1500mm×1800mm，门洞口尺寸为 120mm×2400mm，室内地面至天棚底面净高为 3.2m，内墙采用水泥砂浆抹灰（无墙裙），具体工程做法为：喷乳胶漆两遍，2mm 厚防水腻子两遍；5mm 厚 1：0.3：2.5 水泥石膏砂浆抹面压实抹光；13mm 厚 1：1：6 水泥石膏砂浆打底扫毛；砖墙。

计算内墙面抹灰工程的清单工程量，并编制其工程量清单。

【解】

1. 计算清单工程量

$S = [(9-0.24+6-0.24) \times 2 \times 3.2 - 1.5 \times 1.8 \times 5 - 1.2 \times 2.4]$

$= 76.55 \ (m^2)$

2. 编制工程量清单

编制墙面抹灰工程工程量清单，具体内容见表5-17。

表5-17 分部分项工程工程量清单

项目编码	项目名称	项目特征	计量单位	工程量
011201001001	墙面一般抹灰	1. 墙体类型：砖墙 2. 面层：5mm厚水泥石膏砂浆1：0.3：2.5抹面压实抹光 3. 底层：13mm厚水泥石膏砂浆1：1：6打底扫毛	m²	76.55

【例5-7】 某工程有现浇钢筋混凝土矩形柱8根，柱结构断面尺寸为500mm×500mm，柱高为2.8m，柱面采用水泥砂浆抹灰（无墙裙）。具体工程做法为：喷乳胶漆两遍；5mm厚1：0.3：2.5水泥石膏砂浆抹面压实抹光；13mm厚1：1：6水泥石膏砂浆打底扫毛；刷素水泥浆一道（内掺水重3%～5%的107胶）；混凝土基层。计算柱面抹灰工程的清单工程量，并编制其工程量清单。

【解】

1. 计算清单工程量

$S = 0.5 \times 4 \times 2.8 \times 8 = 44.80 \ (m^2)$

2. 编制工程量清单

编制柱面抹灰工程工程量清单，具体内容见表5-18。

表5-18 分部分项工程工程量清单

项目编码	项目名称	项目特征	计量单位	工程量
011202001001	柱面一般抹灰	1. 柱体类型：混凝土柱 2. 面层：5mm厚1：0.3：2.5水泥石膏砂浆抹面压实抹光 3. 底层：13mm厚1：1：6水泥石膏砂浆打底扫毛 4. 结合层：刷素水泥浆一道（内掺水重3%～5%的107胶）	m²	44.80

5.2.2 墙面块料面层、柱（梁）面镶贴块料、镶贴零星块料

5.2.2.1 清单项目划分及工程量计算规则

墙面块料面层、柱（梁）面镶贴块料、镶贴零星块料工程量清单项目设置、项目特征描述的内容、计量单位及工程量计算规则，应按GB 50854—2013中表M.4～表M.6的规定执行，见表5-19～表5-21。

表 5-19　墙面块料面层（编码：011204）

项目编码	项目名称	项目特征	计量单位	工程量计算规则	工程内容
011204001	石材墙面	1. 墙体类型 2. 安装方式	m²	按镶贴表面积计算	1. 基层清理 2. 砂浆制作、运输 3. 粘结层铺贴 4. 面层安装 5. 嵌缝 6. 刷防护材料 7. 磨光、酸洗、打蜡
011204002	拼碎石材墙面	3. 面层材料品种、规格、颜色 4. 缝宽、嵌缝材料种类 5. 防护材料种类 6. 磨光、酸洗、打蜡要求			
011204003	块料墙面				
011204004	干挂石材钢骨架	1. 骨架种类、规格 2. 防锈漆品种、遍数	t	按设计图示尺寸以质量计算	1. 骨架制作、运输、安装 2. 刷漆

注：1. 在描述碎块项目的面层材料特征时可不用描述规格、颜色。

2. 石材、块料与粘结材料的结合面刷防渗材料的种类可在防护材料种类中描述。

3. 安装方式可描述为砂浆或粘结剂粘贴、挂贴、干挂等，不论哪种安装方式，都要详细描述与组价相关的内容。

挂贴方式是对大规格的石材（大理石、花岗石、青石等）使用先挂后灌浆的方式固定于墙、柱面。

干挂方式是指直接干挂法，是通过不锈钢膨胀螺栓、不锈钢挂件、不锈钢连接件、不锈钢钢针等，将外墙饰面板连接在外墙墙面；间接干挂法，是通过固定在墙、柱、梁上的龙骨，再通过各种挂件固定外墙饰面板。

表 5-20　柱（梁）面镶贴块料（编码：011205）

项目编码	项目名称	项目特征	计量单位	工程量计算规则	工程内容
011205001	石材柱面	1. 柱截面类型、尺寸 2. 安装方式	m²	按镶贴表面积计算	1. 基层清理 2. 砂浆制作、运输 3. 粘结层铺贴 4. 面层安装 5. 嵌缝 6. 刷防护材料 7. 磨光、酸洗、打蜡
011205002	块料柱面	3. 面层材料品种、规格、颜色 4. 缝宽、嵌缝材料种类 5. 防护材料种类 6. 磨光、酸洗、打蜡要求			
011205003	拼碎块柱面				
011205004	石材梁面	1. 安装方式 2. 面层材料品种、规格、颜色 3. 缝宽、嵌缝材料种类 4. 防护材料种类 5. 磨光、酸洗、打蜡要求			
011205005	块料梁面				

注：1. 在描述碎块项目的面层材料特征时可不用描述规格、颜色。

2. 石材、块料与粘结材料的结合面刷防渗材料的种类可在防护材料种类中描述。

3. 柱梁面干挂石材的钢骨架可按表 M.4 相应项目编码列项。

表 5-21　镶贴零星块料（编码：011206）

项目编码	项目名称	项目特征	计量单位	工程量计算规则	工程内容
011206001	石材零星项目	1. 基层类型、部位 2. 安装方式 3. 面层材料品种、规格、颜色 4. 缝宽、嵌缝材料种类 5. 防护材料种类 6. 磨光、酸洗、打蜡要求	m²	按镶贴表面积计算	1. 基层清理 2. 砂浆制作、运输 3. 面层安装 4. 嵌缝 5. 刷防护材料 6. 磨光、酸洗、打蜡
011206002	块料零星项目				
011206003	拼碎块零星项目				

注：1. 在描述碎块项目的面层材料特征时可不用描述规格、颜色。

　　2. 石材、块料与粘结材料的结合面刷防渗材料的种类可在防护材料种类中描述。

　　3. 零星项目干挂石材的钢骨架可按表 M.4 相应项目编码列项。

　　4. 墙柱面不大于 0.5m² 的少量分散的镶贴块料面层应按本表中的零星项目执行。

5.2.2.2　清单工程量计算

（1）墙、柱面及零星项目：按设计块料镶贴表面积计算。

（2）干挂石材钢骨架：按设计图示质量计算。

5.2.3　墙饰面、柱（梁）饰面

5.2.3.1　工程量清单项目

墙饰面、柱（梁）饰面工程量清单项目设置、项目特征描述的内容、计量单位及工程量计算规则，应按 GB 50854—2013 中表 M.7 墙饰面（编码：011207）、表 M.8 柱（梁）饰面（编码：011208）的规定执行。

1. 墙饰面

墙饰面工程量清单设置了墙面装饰板（011207001）、墙面装饰浮雕（011207002）两个工程量清单项目。

墙面装饰板适用于金属饰面板、塑料饰面板、木质饰面板、软包带衬板饰面等装饰板墙面；墙面装饰浮雕项目适用于不属于仿古建筑工程的项目。

2. 柱（梁）饰面

柱（梁）饰面工程量清单设置了柱（梁）面装饰（011208001）、成品装饰柱（011208002）两个工程量清单项目。

5.2.3.2　清单工程量计算

1. 墙饰面工程量计算

按设计图示墙净长乘以净高的面积计算。扣除门窗洞口及单个大于 0.3m² 的孔洞所占面积。

2. 柱（梁）饰面工程量计算

（1）柱（梁）面装饰：按设计图示饰面外围尺寸（指饰面的表面尺寸）以面积计算，柱帽、柱墩并入相应柱饰面工程量内。

（2）成品装饰柱：按设计数量（根）或设计长度（米）计算。

【例 5-8】 某工程有独立柱 4 根，柱高为 6m，柱结构断面为 400mm×400mm，饰面厚度为 51mm。具体工程做法为：30mm×40mm 单向木龙骨，间距 400mm；18mm 厚细木工板基层；3mm 厚红胡桃面板；醇酸清漆五遍成活。计算柱饰面工程的清单工程量，并编制其工程量清单。

【解】

1. 计算清单工程量

饰面厚度＝30＋18＋3＝51（mm）

$S = [0.4+0.051（饰面厚度）×2]×4×6×4$

$\quad = 12.048×4 = 48.19（m^2）$

2. 编制工程量清单

编制柱饰面工程工程量清单，具体内容见表 5-22。

表 5-22　分部分项工程工程量清单

项目编码	项目名称	项目特征	计量单位	工程量
011208001001	柱饰面	1. 30mm×40mm 单向木龙骨，间距 400mm 2. 18mm 厚细木工板基层 3. 3mm 厚红胡桃面板 4. 醇酸清漆五遍成活	m²	48.19

5.2.4　幕墙工程

5.2.4.1　清单项目划分及工程量计算规则

幕墙工程工程量清单项目设置、项目特征描述的内容、计量单位及工程量计算规则，应按 GB 50854—2013 中表 M.9 的规定执行，见表 5-23。

表 5-23　幕墙工程（编码：011209）

项目编码	项目名称	项目特征	计量单位	工程量计算规则	工程内容
011209001	带骨架幕墙	1. 骨架材料种类、规格、中距 2. 面层材料品种、规格、颜色 3. 面层固定方式 4. 隔离带、框边封闭材料品种、规格 5. 嵌缝、塞口材料种类	m²	按设计图示框外围尺寸以面积计算。不扣除与幕墙同种材质的窗所占面积	1. 骨架制作、运输、安装 2. 面层安装 3. 隔离带、框边封闭 4. 嵌缝、塞口 5. 清洗
011209002	全玻（无框玻璃）幕墙	1. 玻璃品种、规格、颜色 2. 粘结塞口材料种类 3. 固定方式	m²	按设计图示尺寸以面积计算。带肋全玻幕墙按展开面积计算	1. 幕墙安装 2. 嵌缝、塞口 3. 清洗

注：幕墙钢骨架按 M.4 干挂石材钢骨架项目编码列项。

5.2.4.2 清单工程量计算

（1）带骨架幕墙：按设计图示框外围尺寸以面积计算。与幕墙同种材质的窗所占面积不扣除。

（2）全玻幕墙：按设计图示尺寸以面积计算。

（3）带肋全玻幕墙：按展开面积计算。

5.2.5 隔断

5.2.5.1 工程量清单项目

隔断工程量清单项目设置、项目特征描述的内容、计量单位及工程量计算规则，应按 GB 50854—2013 中表 M.10 隔断（编码：011210）的规定执行。

隔断工程量清单设置了木隔断（011210001）、金属隔断（011210002）、玻璃隔断（011210003）、塑料隔断（011210004）、成品隔断（011210005）、其他隔断（011210006）等 6 个工程量清单项目。

5.2.5.2 清单工程量计算

1. 木隔断

按设计图示框外围尺寸以面积计算。不扣除单个不大于 $0.3m^2$ 的孔洞所占面积；浴厕门的材质与隔断相同时，门的面积可并入隔断面积内。

2. 金属隔断

按设计图示框外围尺寸以面积计算。不扣除单个不大于 $0.3m^2$ 的孔洞所占面积；浴厕门的材质与隔断相同时，门的面积可并入隔断面积内。

3. 玻璃隔断、塑料隔断

按设计图示框外围尺寸以面积计算。不扣除单个不大于 $0.3m^2$ 的孔洞所占面积。

4. 成品隔断

（1）以平方米计量，按设计图示框外围尺寸以面积计算。

（2）以间计量，按设计间的数量以间计算。

5. 其他隔断

按设计图示框外围尺寸以面积计算。不扣除单个不大于 $0.3m^2$ 的孔洞所占面积。

5.2.6 注意事项归纳

（1）墙柱面抹灰工程项目特征的描述要特别注意抹灰的层数、每层的厚度及各层砂浆的强度等级，要在设计工程做法的基础上密切与工程实际相结合。

（2）零星项目的适用范围及计算规则，千万不要漏项。同时应注意清单计算规则与《全国统一建筑装饰装修工程消耗量定额》中相关项目计算规则的差别。

（3）注意柱抹灰工程量与柱饰面、镶贴块料面层工程量的区别。

（4）计算有墙裙的墙面抹灰和墙裙工程量时，扣减门窗洞口面积时要注意墙裙高度与门窗洞口的高度关系，分段扣减。

（5）区分垂直投影面积、设计图示尺寸面积、镶贴表面积。

任务 5.3 天棚工程

在 GB 50854—2013 中，天棚工程位于附录 N，包括四个分部工程，分别是 N.1 天棚抹灰，N.2 天棚吊顶，N.3 采光天棚，N.4 天棚其他装饰。

天棚工程清单项目设置简图如图 5-7 所示。

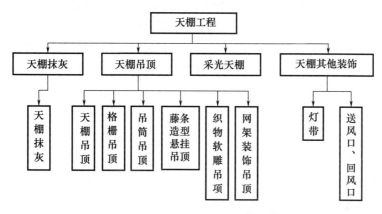

图 5-7 天棚工程清单项目设置简图

5.3.1 天棚抹灰

5.3.1.1 清单项目划分及工程量计算规则

天棚抹灰工程量清单项目设置、项目特征描述的内容、计量单位及工程量计算规则，应按 GB 50854—2013 中表 N.1 的规定执行，见表 5-24。

表 5-24 天棚抹灰（编码：011301）

项目编码	项目名称	项目特征	计量单位	工程量计算规则	工程内容
011301001	天棚抹灰	1. 基层类型 2. 抹灰厚度、材料种类 3. 砂浆配合比	m²	按设计图示尺寸以水平投影面积计算。不扣除间壁墙、垛、柱、附墙烟囱、检查口和管道所占的面积，带梁天棚的梁两侧抹灰面积并入天棚面积内，板式楼梯底面抹灰按斜面积计算，锯齿形楼梯底板抹灰按展开面积计算	1. 基层清理 2. 底层抹灰 3. 抹面层

天棚抹灰项目适用于在各种基层（混凝土现浇板、预制板、木板条等）上的抹灰工程。

注意：

（1）天棚抹灰一般指石灰砂浆、水泥砂浆、混合砂浆、石膏灰砂浆等天棚抹灰面。

（2）天棚抹灰应按部位、基层、做法不同分别列项计算。

5.3.1.2 清单工程量计算

按设计图示尺寸以水平投影面积计算。

不扣除间壁墙、垛、柱、附墙烟囱、检查口和管道所占的面积；并入带梁天棚的梁两侧抹灰面积；板式楼梯底面抹灰按斜面积计算，锯齿形楼梯底板抹灰可按展开面积计算。

【例 5-9】某房屋平面图如图 5-2 所示。已知天棚采用 7mm 厚 1：1：4 水泥石灰砂浆，5mm 厚 1：0.5：3 水泥石灰砂浆抹灰。板为现浇，板厚为 100mm，且柱上沿横向上有一根与天棚相连的单梁（断面为 300mm×600mm、梁顶标高与板顶标高一致）。请计算天棚抹灰工程的清单工程量，并编制其工程量清单。

【解】

1. 计算清单工程量

$S_{室内天棚}=3.36×5.76+6.96×5.76=59.44$（m²）

$S_{单梁侧面}=（6-0.24）×（0.6-0.1）×2=5.76$（m²）

清单工程量$=S_{室内天棚}+S_{单梁侧面}=59.44+5.76=65.20$（m²）

2. 编制工程量清单

编制天棚抹灰工程工程量清单，具体内容见表 5-25。

表 5-25 分部分项工程工程量清单

项目编码	项目名称	项目特征	计量单位	工程量
011301001001	天棚抹灰	1. 基层类型：现浇混凝土板 2. 抹灰砂浆：7mm 厚 1：1：4 水泥石灰砂浆 3.5mm 厚 1：0.5：3 水泥石灰砂浆抹灰	m²	65.20

5.3.2 天棚吊顶、采光天棚、天棚其他装饰

5.3.2.1 工程量清单项目

天棚吊顶、采光天棚、天棚其他装饰工程量清单项目设置、项目特征描述的内容、计量单位及工程量计算规则，应按 GB 50854—2013 中表 N.2 天棚吊顶（编码：011302），N.3 采光天棚（编码：011303），N.4 天棚其他装饰（编码：011304）的规定执行。

1. 天棚吊顶

天棚吊顶工程量清单设置了吊顶天棚（011302001）、格栅吊顶（011302002）、吊筒吊顶（011302003）、藤条造型悬挂吊顶（011302004）、织物软雕吊顶（011302005）、装饰网架吊顶（011302006）等 6 个工程量清单项目。

天棚吊顶项目适用于形式上非镂空式的天棚吊顶。

吊顶形式是指平面、跌级、锯齿形、阶梯形、吊挂式、藻井式以及矩形、弧形、拱

形等形式，如图 5-8 所示，应在清单项目中进行描述。

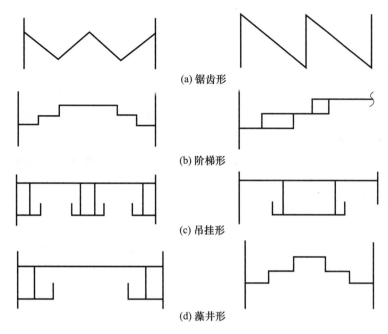

(a) 锯齿形

(b) 阶梯形

(c) 吊挂形

(d) 藻井形

图 5-8　吊顶形式示意图

平面是指吊顶面层在同一平面上的天棚。

跌级是指形状比较简单，不带灯槽、一个空间只有一个"凸"或"凹"形状的天棚。

基层材料是指底板或面层背后的加强材料。

面层材料的品种是指石膏板、埃特板、装饰吸声罩面板、塑料装饰罩面板、纤维水泥加压板、金属装饰板、木质饰板及玻璃饰面。

2. 采光天棚

采光天棚骨架应单独按金属结构工程相关项目编码列项。

5.3.2.2　清单工程量计算

1. 天棚吊顶

（1）吊顶天棚：按设计图示尺寸以水平投影面积计算。

不扣除间壁墙、检查口、附墙烟囱、柱垛和管道所占面积；扣除单个大于 0.3m² 的孔洞、独立柱及与天棚相连的窗帘盒所占的面积。

注意：天棚面中的灯槽及跌级、锯齿形、吊挂式、藻井式天棚面积不展开计算。

需要说明的是，天棚吊顶与天棚抹灰工程量计算规则有所不同：天棚抹灰不扣除柱和垛所占面积；天棚吊顶也不扣除柱垛所占面积，但应扣除独立柱所占面积。柱垛是指与墙体相连的柱凸出墙体部分。

（2）格栅吊顶、吊筒吊顶、藤条造型悬挂吊顶、织物软雕吊顶、装饰网架吊顶工程量计算：按设计图示尺寸以水平投影面积计算。

2. 采光天棚

按框外围展开面积计算。

3. 天棚其他装饰

（1）灯带（槽）工程量：按设计图示尺寸以框外围面积计算。

（2）送风口、回风口工程量：按设计图示数量计算。

5.3.2.3 本节归纳

（1）在计算天棚抹灰工程量时，不要只套用地面面积而忽略梁侧抹灰面积。

（2）楼梯底面抹灰应按斜面积计算。

（3）计算天棚吊顶工程量时应扣除独立柱、0.3m² 以上孔洞及与天棚相连的窗帘盒所占的面积。

【例 5-10】 某建筑物平面如图 5-2 所示，板为现浇混凝土板，板厚为 100mm，且柱上沿横向上有一根与天棚相连的单梁（断面为 300mm×600mm、梁顶标高与板顶标高一致）。设计采用纸面石膏板吊顶天棚，天棚高度为梁下 10cm，具体工程做法为：刮腻子喷乳胶漆两遍；纸面石膏板规格为 1200mm×800mm×6mm；U 形轻钢龙骨；钢筋吊杆。计算纸面石膏板天棚工程的清单工程量，并编制其工程量清单。

【解】

1. 计算清单工程量

$S =（3×3-0.12×2）×（3×2-0.12×2）-0.3×0.3×2 = 50.28（m^2）$

2. 编制工程量清单

编制天棚抹灰工程工程量清单，具体内容见表 5-26。

表 5-26　分部分项工程工程量清单

项目编码	项目名称	项目特征	计量单位	工程量
011302001001	天棚吊顶	1. 纸面石膏板规格 1200mm×800mm×6mm 2. U 形轻钢龙骨 3. 钢筋吊杆 4. 钢筋混凝土楼板	m²	50.28

相关说明：刮腻子喷乳胶漆两遍项目可按油漆、涂料、裱糊工程中相应项目计列。

任务 5.4　油漆、涂料、裱糊工程

在 GB 50854—2013 中，油漆、涂料、裱糊工程位于附录 P，包括八个分部工程，分别是 P.1 门油漆，P.2 窗油漆，P.3 木扶手及其他板条、线条油漆，P.4 木材面油漆，P.5 金属面油漆，P.6 抹灰面油漆，P.7 喷刷涂料，P.8 裱糊。

油漆、涂料、裱糊工程清单项目设置简图如图 5-9 所示。

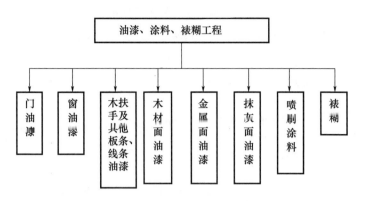

图 5-9　油漆、涂料、裱糊工程清单项目设置简图

5.4.1　油漆

油漆包括门油漆，窗油漆，木扶手及其他板条、线条油漆，木材面油漆，金属面油漆，抹灰面油漆等。

油漆工程量清单项目设置、项目特征描述的内容、计量单位及工程量计算规则，应按 GB 50854—2013 中表 P.1～表 P.6 的规定执行，见表 5-27～表 5-32。

表 5-27　门油漆（编码：011401）

项目编码	项目名称	项目特征	计量单位	工程量计算规则	工程内容
011401001	木门油漆	1. 门类型 2. 门代号及洞口尺寸 3. 腻子种类 4. 刮腻子遍数 5. 防护材料种类 6. 油漆品种、刷漆遍数	1. 樘 2. m²	1. 以樘计量，按设计图示数量计算 2. 以平方米计量，按设计图示洞口尺寸以面积计算	1. 基层清理 2. 刮腻子 3. 刷防护材料、油漆
011401002	金属门油漆				1. 除锈、基层清理 2. 刮腻子 3. 刷防护材料、油漆

注：1. 木门油漆应区分木大门、单层木门、双层（一玻一纱）木门、双层（单裁口）木门、全玻自由门、半玻自由门、装饰门及有框门或无框门等项目，分别编码列项。

2. 金属门油漆应区分平开门、推拉门、钢制防火门等项目，分别编码列项。

3. 以平方米计量，项目特征可不必描述洞口尺寸。

腻子种类分石膏油腻子（熟桐油、石膏粉、适量水）、胶腻子（大白、色粉、羧甲基纤维素）、漆片腻子（漆片、酒精、石膏粉、适量色粉）、油腻子（矾石粉、桐油、脂肪酸、松香）等。

刮腻子遍数指刮腻子遍数（道数）或满刮腻子或找补腻子等。

表 5-28　窗油漆（编码：011402）

项目编码	项目名称	项目特征	计量单位	工程量计算规则	工程内容
011402001	木窗油漆	1. 窗类型 2. 窗代号及洞口尺寸 3. 腻子种类	1. 樘 2. m²	1. 以樘计量，按设计图示数量计量 2. 以平方米计量，按设计图示洞口尺寸以面积计算	1. 基层清理 2. 刮腻子 3. 刷防护材料、油漆
011402002	金属窗油漆	4. 刮腻子遍数 5. 防护材料种类 6. 油漆品种、刷漆遍数			1. 除锈、基层清理 2. 刮腻子 3. 刷防护材料、油漆

注：1. 木窗油漆应区分单层木门、双层（一玻一纱）木窗、双层框扇（单裁口）木窗、双层框三层（二玻一纱）木窗、单层组合窗、双层组合窗、木百叶窗、木推拉窗等项目，分别编码列项。

　　2. 金属窗油漆应区分平开窗、推拉窗、固定窗、组合窗、金属隔栅窗分别列项。

　　3. 以平方米计量，项目特征可不必描述洞口尺寸。

表 5-29　木扶手及其他板条、线条油漆（编码：011403）

项目编码	项目名称	项目特征	计量单位	工程量计算规则	工程内容
011403001	木扶手油漆	1. 断面尺寸 2. 腻子种类 3. 刮腻子遍数 4. 防护材料种类 5. 油漆品种、刷漆遍数	m	按设计图示尺寸以长度计算	1. 基层清理 2. 刮腻子 3. 刷防护材料、油漆
011403002	窗帘盒油漆				
011403003	封檐板、顺水板油漆				
011403004	挂衣板、黑板框油漆				
011403005	挂镜线、窗帘棍、单独木线油漆				

注：木扶手应区分带托板与不带托板，并分别编码列项，若是以木栏杆代扶手，则木扶手不应单独列项，应包含在木栏杆油漆中。

表 5-30　木材面油漆（编码：011404）

项目编码	项目名称	项目特征	计量单位	工程量计算规则	工程内容
011404001	木护墙、木墙裙油漆	1. 腻子种类 2. 刮腻子遍数 3. 防护材料种类 4. 油漆品种、刷漆遍数	m²	按设计图示尺寸以面积计算	1. 基层清理 2. 刮腻子 3. 刷防护材料、油漆
011404002	窗台板、筒子板、盖板、门窗套、踢脚线油漆				
011404003	清水板条天棚、檐口油漆				
011404004	木方格吊顶天棚油漆				
011404005	吸音板墙面、天棚面油漆				
011404006	暖气罩油漆				
011404007	其他木材面				
011404008	木间壁、木隔断油漆			按设计图示尺寸以单面外围面积计算	
011404009	玻璃间壁露明墙筋油漆				
011404010	木栅栏、木栏杆（带扶手）油漆				

续表

项目编码	项目名称	项目特征	计量单位	工程量计算规则	工程内容
011404011	衣柜、壁柜油漆	1. 腻子种类 2. 刮腻子遍数 3. 防护材料种类 4. 油漆品种、刷漆遍数	m²	按设计图示尺寸以油漆部分展开面积计算	1. 基层清理 2. 刮腻子 3. 刷防护材料、油漆
011404012	梁柱饰面油漆				
011404013	零星木装修油漆				
011404014	木地板油漆				
011404015	木地板烫硬蜡面			按设计图示尺寸以面积计算。空洞、空圈、暖气包槽、壁龛的开口部分可并入相应的工程量内	1. 基层清理 2. 烫蜡

表 5-31　金属面油漆（编码：011405）

项目编码	项目名称	项目特征	计量单位	工程量计算规则	工程内容
011405001	金属面油漆	1. 构件名称 2. 腻子种类 3. 刮腻子要求 4. 防护材料种类 5. 油漆品种、刷漆遍数	1. t 2. m²	1. 以吨计量，按设计图示尺寸以质量计算 2. 以平方米计量，按设计展开面积计算	1. 基层清理 2. 刮腻子 3. 刷防护材料、油漆

表 5-32　抹灰面油漆（编码：011406）

项目编码	项目名称	项目特征	计量单位	工程量计算规则	工程内容
011406001	抹灰面油漆	1. 基层类型 2. 腻子种类 3. 刮腻子遍数 4. 防护材料种类 5. 油漆品种、刷漆遍数 6. 部位	m²	按设计图示尺寸以面积计算	1. 基层清理 2. 刮腻子 3. 刷防护材料、油漆
011406002	抹灰线条油漆	1. 线条宽度、道数 2. 腻子种类 3. 刮腻子遍数 4. 防护材料种类 5. 油漆品种、刷漆遍数	m	按设计图示尺寸以长度计算	
011406003	满刮腻子	1. 基层类型 2. 腻子种类 3. 刮腻子遍数	m²	按设计图示尺寸以面积计算	1. 基层清理 2. 刮腻子

5.4.2 喷刷涂料

5.4.2.1 工程量清单项目

喷刷涂料（编码：011407）工程量清单设置了墙面喷刷涂料（011407001）、天棚喷刷涂料（011407002）、空花格、栏杆刷涂料（011407003）、线条刷涂料（011407004）、金属构件刷防火涂料（011407005）、木材构件喷刷防火涂料（011407006）等 6 个工程量清单项目。

5.4.2.2 工程量清单计算

1. 墙面、天棚喷刷涂料

按设计图示尺寸以面积计算。

2. 空花格、栏杆刷涂料

按设计图示尺寸以单面外围面积计算。

3. 线条刷涂料

按设计图示尺寸以长度计算。

4. 金属构件刷防火涂料

（1）以吨计量，按设计图示尺寸以质量计算；

（2）以平方米计量，按设计展开面积计算。

5. 木构件刷防火涂料

以平方米计量，按设计图示尺寸以面积计算。

注意：

（1）工程量以面积计算的油漆、涂料项目，线脚、线条、压条等不展开。

（2）喷刷墙面涂料部位要注明内墙或外墙。

5.4.3 裱糊

5.4.3.1 工程量清单项目

裱糊（编码：011408）工程量清单设置了墙纸裱糊（011408001）、织锦缎裱糊（011408002）两个工程量清单项目。

5.4.3.2 工程量清单计算

裱糊清单工程量计算：按设计图示尺寸以面积计算。

【例 5-11】某房屋平面及屋面如图 5-10 所示。已知：建筑层高 3.6m，室内外高差 0.450m。屋面板为现浇，板厚为 100mm，且有一根与天棚相连的单梁（断面为 240mm× 600mm、梁顶标高与板顶标高均为 3.600m），暂不考虑踢脚线高度。本工程门窗表见表 5-33，油漆、涂料做法见表 5-34。计算油漆、涂料工程清单工程量，并编制其工程量清单。

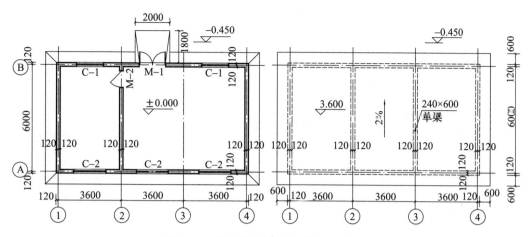

图 5-10 某房屋底层及屋顶平面示意图

表 5-33 门窗表

类型	设计编号	洞口尺寸（mm）	数量	备注
窗	C-1	1500×2100	2	90 系列铝合金推拉窗
	C-2	1800×2100	3	90 系列铝合金推拉窗
门	M-1	1500×3000	1	100 系列铝合金平开门
	M-2	900×2400	1	无玻胶合板门

表 5-34 油漆、涂料做法

部位	做法
木门油漆	内外分色，底油一遍，调合漆两遍
内墙、天棚	抹灰面外满刮白水泥腻子，刷乳胶漆两遍
挑檐底面	抹灰面外刮成品腻子，一底两面乳胶漆

【解】

1. 列项

按 GB 50854—2013 的有关规定，本例中油漆、涂料工程可列木门油漆、抹灰面油漆（内墙面）、抹灰面油漆（天棚面）、抹灰面油漆（挑檐底面）四个清单项目。

2. 清单工程量计算

（1）木门油漆。

$S = 0.9 \times 2.4 = 2.16$（$m^2$）

（2）抹灰面油漆（内墙面）。

$S_{内墙} = [(3.6 - 0.24 + 6 - 0.24) \times 2 + (7.2 - 0.24 + 6 - 0.24) \times 2] \times 3.5$
$= 152.88$（m^2）

$S_{扣门窗} = 1.5 \times 3 + 1.5 \times 2.1 \times 2 + 1.8 \times 2.1 \times 3 + 0.9 \times 2.4 \times 2 = 26.46$（$m^2$）

$S_{增加门窗侧壁} = (0.24 - 0.08) \times (1.5 + 3 \times 2) + (0.24 - 0.08) \div 2 \times [(1.5 + 2.1) \times$

$$2×2+（1.8+2.1）×2×3]＋（0.24－0.08）×（0.9+2.4×2）$$
$$＝5.14（m^2）$$

内墙面油漆清单工程量＝$S_{内墙}$－$S_{扣门窗}$＋$S_{增加门窗侧壁}$＝152.88－26.46+5.4
$$＝131.82（m^2）$$

（3）抹灰面油漆（天棚面）。

$S_{室内天棚}$＝3.36×5.76+6.96×5.76＝59.44（m^2）

$S_{单梁侧面}$＝（6－0.24）×0.5×2＝5.76（m^2）

天棚面油漆清单工程量＝$S_{室内天棚}$＋$S_{单梁侧面}$＝59.44+5.76＝65.20（m^2）

（4）抹灰面油漆（挑檐底面）。

$$S＝[（11.04+6.24）×2+0.6×4]×0.6＝22.18（m^2）$$

3. 编制工程量清单

编制油漆、涂料工程工程量清单，具体内容见表5-35。

表5-35 分部分项工程工程量清单

序号	项目编码	项目名称	项目特征	计量单位	工程量
1	011401001001	木门油漆	1. 门类型：普通木门 2. 底漆：底油一遍 3. 面漆：调合漆两遍，内外分色	m²	2.16
2	011406001001	抹灰面油漆 （内墙面）	1. 基层类型：墙体抹灰面 2. 满刮白水泥腻子 3. 面漆：乳胶漆两遍	m²	131.82
3	011406001002	抹灰面油漆 （天棚面）	1. 基层类型：天棚抹灰面 2. 满刮白水泥腻子 3. 面漆：乳胶漆两遍	m²	65.20
4	011406001003	抹灰面油漆	1. 基层类型：挑檐抹灰面 2. 满成品腻子 3. 油漆：一底两面乳胶漆	m²	22.18

课后习题

单项选择题

1. 门按其开启方式通常为（　　）。

A. 防火门、隔音门及保温门等

B. 内开门、外开门等

C. 平开门、弹簧门、折叠门及旋转门等

D. 单扇门、双扇门等

2. 木门窗的安装方式有（　　）。

①后塞口；②先立口；③先塞口；④后立口

A.①②　　　　　　B.②③　　　　　　C.②④　　　　　　D.①④

3. 根据《房屋建筑与装饰工程工程量计算规范》（GB 50854—2013），下列门窗工程量的计算正确的是（　　）。

A. 木门框按设计图示洞口尺寸以面积计算

B. 金属纱窗按设计图示洞口尺寸以面积计算

C. 石材窗台板按设计图示以水平投影面积计算

D. 木门的门锁安装按设计图示数量计算

4. 下列关于木门窗套清单工程量的说法错误的是（　　）。

A. 以樘计量，按设计图示数量计算

B. 以平方米计量，按设计图示洞口面积计算

C. 以米计量，按设计图示中心线以延长米计算

D. 以平方米计量，按设计图示尺寸以展开面积计算

5. 金属百叶窗的项目特征描述不包括（　　）。

A. 窗代号及洞口尺寸　　　　　　　B. 框、扇材质

C. 玻璃品种、厚度　　　　　　　　D. 窗纱材料品种、规格

项目 6　建筑与装饰工程工程量清单计价

(1) 掌握工程量清单计价基本概念、编制依据、编制方法；

(2) 熟悉招标控制价的编制依据和编制内容；

(3) 掌握综合单价计算程序和计算方法，熟悉工程量清单计价编制过程。

(1) 能熟练计算工程量清单综合单价；

(2) 能熟练编制招标控制价。

任务 6.1　工程量清单计价概述

6.1.1　工程量清单计价编制依据

以 2018 版安徽省建设工程计价依据为例来介绍工程量清单计价。

安徽省房屋建筑及装饰装修工程，现行工程量清单计价编制的依据为《2018 版安徽省建设工程工程量清单计价办法（建筑及装饰装修工程）》。

根据 2018 版安徽省建设工程计价依据《安徽省建设工程工程量清单计价办法（建筑及装饰装修工程）》的规定：

(1) 建设工程工程量清单计价活动应遵循公开、公正、客观和诚实信用的原则。

(2) 招标工程量清单、最高投标限价、投标报价、工程计量、合同价款调整、合同价款结算与支付、竣工结算与支付、工程造价鉴定等工程造价文件的编制与审核，应由具有专业资格的工程造价专业人员承担。

(3) 承担工程造价文件编制与审核的工程造价专业人员及其所在单位，应对工程造价文件的质量负责。

(4) 采用工程量清单计价方式招标的建设工程，招标人应当按规定编制并公布最高投标限价。公布的最高投标限价应当包括总价、各单位工程分部分项工程费、措施项目费、其他项目费、不可竞争费和税金。

(5) 投标报价低于工程成本或高于最高投标限价的，评标委员会应当否决投标人的投标。

（6）分部分项工程项目清单的编制与审核应符合下列要求：

①项目编码，应采用十二位阿拉伯数字表示，一至九位应按本办法"清单项目计价指引"中的项目编码设置。十至十二位应根据拟建工程的工程量清单项目名称和项目特征设置，自 001 起按顺序编制，同一招标工程的项目编码不得有重码。

②项目名称应按本办法"清单项目计价指引"中的规定结合拟建工程实际填写名称。

③分部分项工程工程量清单的项目特征应按本办法"清单项目计价指引"中规定的项目特征，结合拟建工程项目实际予以描述。

④计量单位应按本办法"清单项目计价指引"中相应项目的计量单位确定。

⑤工程数量应按本办法"清单项目计价指引"中相应项目工程量计算规则，结合拟建工程实际进行计算。工程数量的有效数字应遵守以下规定：以"t"为单位的，应保留小数点后三位数字，第四位四舍五入；以"m^3""m^2""m""kg"为单位的，应保留小数点后两位数字，第三位四舍五入；以"个""组""套""块""樘""项"等为单位的，应取整数。

（7）措施项目清单应结合拟建工程的实际情况和常规的施工方案进行列项，并依据省建设工程费用定额的规定进行编制。遇省建设工程费用定额缺项的措施项目，工程量清单编制人应根据拟建工程的实际情况进行补充，补充的措施项目，应填写在相应措施项目清单的最后。

（8）暂列金额、暂估价的累计金额不得超过最高投标限价的 10%。

（9）计日工的暂定数量应按拟建工程情况进行估算。

（10）总承包服务费应根据拟建工程情况和招标要求列出服务项目及其内容，并根据省建设工程费用定额的规定进行估算。

（11）编制招标工程量清单时，遇到本办法"清单项目计价指引"中清单项目缺项的，由编制人根据工程实际情况进行补充，并描述该项目的工作内容、项目特征、计量单位及相应的工程量计算规则等。

（12）补充的清单项目编码应以"ZB"开头，后续编码按本办法相应清单的项目编码规则进行编列。

（13）工程量清单计价文件，应采用本办法规定的统一格式。

6.1.2　工程量清单计价的基本过程

1. 工程造价计算程序

工程量清单计价造价计算程序见表 6-1。

表 6-1　工程量清单计价造价计算程序

序号	费用项目		计算方法
1	分部分项工程项目费		Σ［分部分项工程工程量×（人工费＋材料费＋机械费＋综合费）］
1.1	其中	定额人工费	Σ［分部分项工程工程量×定额人工消耗量×定额人工单价］
1.2		定额机械费	Σ［分部分项工程工程量×定额机械消耗量×定额机械单价］
1.3		综合费	（1.1＋1.2）×综合项目费费率

续表

序号	费用项目	计算方法
2	措施项目费	（1.1＋1.2）×措施项目费费率
3	不可竞争费	3.1＋3.2
3.1	安全文明施工费	（1.1＋1.2）×安全文明施工费定额费率
3.2	工程排污费	按工程实际情况计列
4	其他项目费	4.1＋4.2＋4.3＋4.4
4.1	暂列金额	按工程量清单中列出的金额填写
4.2	专业工程暂估价	按工程量清单中列出的金额填写
4.3	计日工	计日工单价×计日工数量
4.4	总承包服务费	按工程实际情况计列
5	税金	［1＋2＋3＋4］×税率
6	工程造价	1＋2＋3＋4＋5

2. 工程造价计算规定

（1）企业管理费、利润、措施项目费、不可竞争费均可以"定额人工费＋定额机械费"为基础计算。定额人工费是指分部分项工程项目费中的定额人工费之和，但不包括机上人工、计日工。定额机械费不包括大型机械进出场及安拆费。

（2）暂估价中的材料、设备单价应列入相应综合单价中计算。

（3）本费用定额中仅列出了各专业可能发生的措施项目，工程造价计算时，应根据工程实际情况计列措施项目费。

非夜间施工照明费是指，为保证工程施工正常进行，在地下（暗）室、地宫、设备及大口径管道内、假山石洞等特殊施工部位施工时，所采用的安拆、维护、通风照明用电、人工和机械降效等费用。

行车、行人干扰增加费是指，由于施工受行车、行人干扰的影响，现场增加维护交通、疏导人员以及人工、机械施工降效的费用。

反季节栽植措施费是指，园林绿化工程因反季节栽植，为保证成活率所采取的措施费。

（4）安全文明施工费和工程排污费属于不可竞争费，计算安全文明施工费时，应按本费用定额规定的费率计算，费率一律不得调整，工程排污费按工程所在地环保部门的规定计算，由建设单位支付。

（5）工程保险费、风险费应按规定在合同中约定。

（6）施工现场用水、电费，原则上承包方进入施工现场后单独装表，分户结算，如未单独装表，其水、电费应返还给建设方，具体返还比例双方可根据实际情况确定。

（7）适用一般计税方法计税的建设工程，税前工程造价的各项费用均不包含增值税可抵扣进项税额的价格计算。

（8）适用简易计税方法计税的建设工程，税前工程造价的各项费用均应包含增值税进项税额。

任务 6.2　工程量清单计价方法

6.2.1　工程量清单计价的基本方法

根据《建设工程工程量清单计价规范》（GB 50500—2013）的规定，使用国有资金投资的建设工程发承包，必须采用工程量清单计价。工程量清单应采用综合单价计价。

6.2.2　综合单价的概念

综合单价是指完成一个规定清单项目所需的人工费、材料和工程设备费、施工机具使用费和企业管理费、利润以及一定范围内的风险费用。

6.2.3　综合单价的确定

综合单价的具体计算方法可以分为总量法和含量法。

1. 总量法

总量法计算综合单价的一般步骤如下：

（1）依据提供的工程量清单、施工图纸和工程量计算规范等文件，按照工程所在地区发布的计价定额的规定，确定清单项目所综合的预算项目，并按预算定额工程量计算规则计算出相应定额项目的工程量。

（2）依据工程造价政策的规定或工程造价信息确定人工、材料、机械台班单价。

（3）在考虑风险因素确定管理费率和利润率的基础上，按规定程序计算出所组价预算定额的合价。见式（6-1）。

$$定额项目合价＝定额项目工程量×[\sum（定额人工消耗量×人工单价）＋$$
$$\sum（定额材料消耗量×材料单价）＋\sum（定额机械台班消耗量×$$
$$机械台班单价）]＋价差（人工＋材料＋机械）＋管理费和利润 \qquad (6\text{-}1)$$

（4）将清单项目若干项组价的定额项目合价相加除以工程量清单项目工程量，便可得到工程量清单项目综合单价，见式（6-2），未计价材料费（包括暂估单价的材料费）应计入综合单价。

$$工程量清单综合单价＝\frac{\sum（定额项目合价＋未计价材料费）}{工程量清单项目工程量} \qquad (6\text{-}2)$$

2. 含量法

含量法计算综合单价的一般步骤如下：

（1）依据提供的工程量清单、施工图纸和工程量计算规范等文件，按照工程所在地区发布的计价定额的规定，确定清单项目所综合的预算定额项目，并按预算定额工程量计算规则计算出相应定额项目的工程量。

（2）计算清单项目单位含量。计算每一计量单位的清单项目所分摊的预算定额项目的工程数量，即清单单位含量，用清单项目组价的定额项目工程量分别除以清单项目工程量计算，见式（6-3）。

$$定额项目的清单单位含量 = \frac{定额项目工程量}{清单项目工程量} \qquad (6\text{-}3)$$

（3）分部分项工程人工费、材料费、施工机具使用费的计算。同样，也可依据工程造价政策的规定或工程造价信息确定人工、材料、机械台班单价。在计算时以完成每一计量单位的清单项目所需的人工、材料、机具用量为基础计算，即

$$每一计量单位清单项目某种资源的使用量 = 该种资源的定额单位用量 \times$$
$$相应定额项目的清单单位含量 \qquad (6\text{-}4)$$

（4）再根据预先确定的各种生产要素的单位价格，计算出每一计量单位清单项目的分部分项工程的人工费、材料费与施工机具使用费。

$$人工费 = 完成单位清单项目所需人工的工日数量 \times 人工工日单价 \qquad (6\text{-}5)$$
$$材料费 = \sum（完成单位清单项目所需各种材料、半成品的数量 \times$$
$$各种材料、半成品单价）+ 工程设备费 \qquad (6\text{-}6)$$
$$施工机具使用费 = \sum（完成单位清单项目所需各种机械的台班数量 \times$$
$$各种机械的台班单价）+ \sum（完成单位清单项目所需$$
$$各种仪器仪表的台班数量 \times 各种仪器仪表的台班单价） \qquad (6\text{-}7)$$

招标工程量清单中其他项目清单中列示了材料暂估价时，应按材料暂估价计算材料费，并在分部分项工程工程量清单与计价表中体现出来。

（5）计算综合单价。企业管理费和利润可按照地区计价依据的规定，按计算基数（定额人工费＋定额机械费）和相关专业的费率计算。

将上述五项费用汇总，即可得到清单综合单价。根据计算出的综合单价，可编制分部分项工程工程量清单计价表。

【例 6-1】某教学楼建设项目，独立基础 10m³，商品混凝土 C35。根据 2018 版《安徽省建筑工程计价定额》，商品混凝土独立基础的定额编号为 J2-6，定额消耗量见表 6-2。

表 6-2　独立基础及桩承台计价定额

工作内容：混凝土浇捣、养护　　　　　　　　　　　　　　　　　　　　　　计量单位：m³

定额编号			J2-6
项目名称			独立基础及桩承台
基价（元）			394.36
其中	人工费（元）		21.42
	材料费（元）		372.94
	机械费（元）		—
名称	单位	单价（元）	消耗量
人工	综合工日	工日	140.00	0.153
材料	电	kW·h	0.68	0.416
	商品混凝土 C20（泵送）	m³	363.30	1.02
	水	m³	7.96	0.255
	塑料薄膜	m²	0.20	0.293

经市场调查：综合人工工日单价为 160 元/工日，商品混凝土 C35（泵送）单价为 577.41 元/m³。根据 2018 版安徽省计价依据，管理费和利润的计算基数为定额人工费

和定额机械费之和，费率分别为15%和11%。

请计算该独立基础的综合单价，并填写综合单价分析表及分部分项工程工程量清单计价表。

【解】

1. 计算独立基础的综合单价

（1）人工费。

0.153×100＝24.48（元）

（2）材料费。

电：0.416×0.68＝0.28（元）

商品混凝土C35（泵送）：1.02×577.41＝588.96（元）

水：0.255×7.96＝2.03（元）

塑料薄膜：0.293×0.20＝0.06（元）

材料费合计＝0.28＋588.96＋2.03＋0.06＝591.33（元）

（3）机械费：0元。

（4）管理费和利润。

（21.42＋0）×（15%＋11%）＝5.57（元）

2. 综合单价分析表（表6-3）

清单项目综合单价合价：621.38×10＝6210.80（元）

其中定额人工费：21.42×10＝214.20（元）

表6-3　分部分项工程工程量清单综合单价分析表

项目编码	010501003001	项目名称	独立基础	计量单位		m³	工程量		10.00
清单综合单价组成明细表									
定额编号	定额名称	定额单位	数量	单价				合价	
				人工费	材料费	机械费	管理费和利润	人工费　材料费　机械费　管理费和利润	
J2-6	独立基础	m³	1.00						
				24.48	591.33	0	5.57	24.48　591.33　0　5.57	
人工单价			小计					24.48　591.33　0　5.57	
160元/工日			未计价材料费					0	
清单项目综合单价								621.38	

	主要材料名称、规格、型号	单位	数量	单价（元）	合价（元）	暂估单价（元）	暂估合价（元）
材料费明细	电	kW·h	0.416	0.68	0.28		
	商品混凝土C35（泵送）	m³	1.02	577.41	588.96		
	水	m³	0.255	7.96	2.03		
	塑料薄膜	m²	0.293	0.20	0.06		
	其他材料费			—		—	
	材料费小计			—	591.33	—	

3. 分部分项工程工程量清单计价表（表6-4）

表6-4 分部分项工程工程量清单计价表

工程名称：某教学楼工程（土建）

项目编码	项目名称	项目特征	计量单位	工程量	金额（元）				
					综合单价	合价	其中		
							定额人工费	定额机械费	暂估价
E混凝土及钢筋混凝土工程									
010501003001	独立基础	1. 混凝土种类：商品混凝土 2. 混凝土强度等级：C35	m³	10.00	621.38	6213.80	214.20	0	—

6.2.4 注意事项

编制招标控制价在确定其综合单价时，应结合工程实际和项目特征描述，并考虑一定范围内的风险因素。在招标文件中应预留一定的风险费用，或明确说明风险所包括的范围及超出该范围的价格调整方法。对于招标文件中未做要求的可按以下原则确定：

（1）对于技术难度较大和管理复杂的项目，可考虑一定的风险费用，并纳入综合单价中。

（2）对于工程设备、材料价格的市场风险，应依据招标文件的规定、工程所在地或行业工程造价管理机构的有关规定，以及市场价格趋势考虑一定的风险费用，并纳入综合单价中。

（3）不可竞争费及税金等法律、法规、规章和政策变化等风险导致的风险费用不应纳入综合单价。

招标工程发布的分部分项工程工程量清单对应的综合单价，应按照招标人发布的分部分项工程工程量清单的项目名称、项目特征描述、计量单位，依据工程所在地区颁发的计价定额和人工、材料、机械台班价格信息等进行组价确定，并编制工程量清单综合单价分析表。

 **招标控制价编制**

6.3.1 招标控制价的一般规定

扫码学习任务6.3

（1）国有资金投资的工程建设项目应实行工程量清单招标，招标人必须编制招标控制价，并应当拒绝高于招标控制价的投标报价，即投标人的投标报价若超过公布的招标控制价，则其投标会作为废标处理。

（2）招标控制价应由具有编制能力的招标人或受其委托、具有相应能力的工程造价咨询人编制。工程造价咨询人不得同时接受招标人和投标人对同一工程的最高投标限价和投标报价的编制。

（3）招标控制价应当依据工程量清单、工程计价的有关规定和市场价格信息等进行编制。招标控制价应在招标文件中公布，对所编制的最高投标限价不得进行上浮或下调。招标人应当在招标时公布招标控制价的总价，以及各单位工程的分部分项费、措施项目费、其他项目费、规费和税金。

（4）招标控制价超过批准的概算时，招标人应将其报原概算审批部门审核。这是由于我国对国有资金项目的投资控制实行的是设计概算审批制度，国有资金投资的工程原则上不能超过批准的设计概算。

（5）投标人经复核认为招标人公布的最高投标限价未按照《建设工程工程量清单计价规范》（GB 50500—2013）的规定进行编制的，应在最高投标限价公布后 5 天内向招标投标监督机构和工程造价管理机构投诉。工程造价管理机构受理投诉后，应立即对最高投标限价进行复查，组织投诉人、被投诉人或其委托的最高投标限价编制人等单位人员对投诉问题逐一核对。工程造价管理机构应当在受理投诉的 10 天内完成复查，特殊情况下可适当延长，并做出书面结论通知投诉人、被投诉人及负责该工程招投标监督的招投标管理机构。当最高投标限价复查结论与原公布的最高投标限价误差大于±3％时，应责令招标人改正。当重新公布最高投标限价时，若重新公布之日起至原投标截止期不足 15 天的应延长投标截止期。

（6）招标人应将最高投标限价及有关资料报送工程所在地或有该工程管辖权的行业管理部门工程造价管理机构备查。

6.3.2　招标控制价编制依据

1. 招标控制价的编制依据

招标控制价的编制依据是指在编制招标控制价时需要进行工程计量、价格确认、工程计价的有关参数、率值的确定等工作时所需的基础性资料，主要包括：

（1）《建设工程工程量清单计价规范》（GB 50500—2013）及相关专业工程的工程量计算规范。

（2）国家或省级、行业建设主管部门发布的计价定额和计价办法。

（3）建设工程项目设计文件及图集、图纸会审纪要等相关资料。

（4）拟订的建设工程项目招标文件、招标工程量清单及其补充通知、答疑纪要。

（5）与建设项目相关的标准、规范及技术资料。

（6）施工现场情况、工程特点及常规施工方案。

（7）工程造价管理机构发布的人工、材料、机械设备等工程造价信息。工程造价信息没有发布的，可以参照市场价。

（8）其他的相关资料。

2. 编制最高投标限价时应注意的问题

（1）采用的材料价格应是工程造价管理机构通过工程造价信息发布的材料价格，工程造价信息未发布材料单价的材料，其材料价格应通过市场调查确定。采用的市场价格则应通过调查、分析确定，有可靠的信息来源。

（2）施工机械设备的选型直接关系到综合单价水平，应根据工程项目特点和施工条件，本着经济实用、先进高效的原则确定。

（3）应该正确、全面地使用行业和地方的计价定额与相关文件。

（4）不可竞争的措施项目和税金等费用的计算均属于强制性的条款，编制最高投标限价时应按有关规定计算。

（5）不同工程项目、不同施工单位会有不同的施工组织方法，所发生的措施费也会有所不同，因此，对于竞争性的措施费的确定，招标人应按常规的施工组织设计或施工方案合理确定措施项目与费用。

6.3.3 招标控制价编制内容

招标控制价的编制内容包括分部分项工程费、措施项目费、不可竞争费、其他项目费和税金。各个部分均有不同的计价要求。

1. 分部分项工程费的编制要求

分部分项工程费是指各专业工程的分部分项工程应予列出的各项费用，由人工费、材料费、机械费和综合费构成。

（1）分部分项工程费应根据招标文件中的分部分项工程项目清单及有关要求，按《建设工程工程量清单计价规范》（GB 50500—2013）有关规定确定综合单价计价，然后由各分部分项工程量乘以相应综合单价汇总得到分部分项工程费。

在编制最高投标限价中分部分项工程和措施项目的综合单价时，应按照招标人发布的分部分项工程工程量清单的项目名称、工程量、项目特征描述，依据工程所在地发布的计价定额和人工、材料、机械台班价格信息等进行组价确定。

（2）工程量可依据招标文件中提供的分部分项工程工程量清单确定。

（3）招标文件提供了暂估单价的材料，应按暂估的单价计入综合单价。

（4）为使招标控制价与投标报价所包含的内容一致，综合单价中应包括招标文件中要求投标人所承担的风险内容及其范围（幅度）产生的风险费用。

2. 措施项目费的编制要求

措施项目应按招标文件中提供的措施项目清单确定，措施项目分为以"量"计算和以"项"计算两种。对于可精确计量的措施项目，以"量"计算即按其工程量用与分部分项工程工程量清单单价相同的方式确定综合单价；对于不可精确计量的措施项目，则以"项"为单位，采用费率法按有关规定综合取定，采用费率法按 2018 版安徽省建设工程计价依据《安徽省建筑工程费用定额》计取。

以"项"计算的措施项目清单费的计算公式为：

$$措施项目清单费＝措施项目计费基数×费率 \tag{6-8}$$

主要由下列费用构成：

（1）夜间施工增加费，是指正常作业因夜间施工而产生的夜班补助费，夜间施工降效，夜间施工照明设施、交通标志、安全标牌、警示灯等移动和安拆的费用。

（2）二次搬运费，是指因施工场地条件限制而产生的材料、成品、半成品等一次运输不能到达堆放地点，必须进行二次或多次搬运所产生的费用。

（3）冬雨季施工增加费，是指在冬期或雨期施工需增加的临时设施搭拆，施工现场的防滑处理，雨雪清除，对砌体、混凝土等保温养护，人工及施工机械效率降低的费用。不包括设计要求混凝土内添加防冻剂的费用。

（4）已完工程及设备保护费，是指竣工验收前，对已完工程及设备采取的覆盖、包裹、封闭、隔离等必要保护措施所发生的费用。

（5）工程定位复测费，是指工程施工过程中进行全部施工测量放线和复测工作的费用。

（6）临时保护设施费，是指在工程施工过程中，对已建成的地上、地下设施和建筑物进行的遮盖、封闭、隔离等必要保护措施所发生的费用。

（7）赶工措施费，建设单位要求施工工期少于安徽省现行定额工期 20％时，施工企业为满足工期要求，采取相应措施而发生的费用。

（8）其他措施项目费，是指根据各专业特点、地区和工程特点所需要的措施费用。

建筑工程措施项目费费率见表 6-5。装饰装修工程措施项目费费率见表 6-6。

表 6-5　建筑工程措施项目费费率

项目编码	项目名称	计费基础	费率（％）
JC-01	夜间施工增加费	定额人工费＋定额机械费	0.5
JC-02	二次搬运费		1.0
JC-03	冬雨季施工增加费		0.8
JC-04	已完工程及设备保护费		0.1
JC-05	工程定位复测费		1.0
JC-06	非夜间施工照明费		0.4
JC-07	临时保护设施费		0.2
JC-08	赶工措施费		2.2

注：专业工程措施费费率乘以系数 0.6。

表 6-6　装饰装修工程措施项目费费率

项目编码	项目名称	计费基础	费率（％）
ZC-01	夜间施工增加费	定额人工费＋定额机械费	0.5
ZC-02	二次搬运费		1.2
ZC-03	冬雨季施工增加费		0.7
ZC-04	已完工程及设备保护费		0.5
ZC-05	工程定位复测费		0.8
ZC-06	非夜间施工照明费		0.4
ZC-07	临时保护设施费		0.1
ZC-08	赶工措施费		2.1

【例 6-2】某土建工程项目，建设地点为安徽省合肥市市区，定额人工费 150000 元，定额机械费 60000 元，请采用 2018 版安徽省建设工程计价依据计算措施项目费。

【解】

夜间施工增加费：(150000＋60000) ×0.5％＝1050（元）

二次搬运费：(150000＋60000) ×1.0％＝2100（元）

冬雨季施工增加费：(150000＋60000) ×0.8％＝1680（元）

已完工程及设备保护费：(150000＋60000) ×0.1％＝210（元）

工程定位复测费：(150000＋60000) ×1.0％＝2100（元）

非夜间施工照明费：(150000＋60000) ×0.4％＝840（元）

临时保护设施费：(150000＋60000) ×0.2％＝420（元）

赶工措施费：(150000＋60000) ×2.2％＝4620（元）

措施项目费共计：1050＋2100＋1680＋210＋2100＋840＋420＋4620＝13020（元）

3. 不可竞争费

不可竞争费是指不能采用竞争的方式支出的费用，由安全文明施工费和环境保护税构成，安全文明施工费中包含扬尘污染防治费和建筑工人实名制管理费。编制与审核建设工程造价时，其费用应按定额规定的费率计取。

(1) 安全文明施工费：由环境保护费、文明施工费、安全施工费和临时设施费构成。

①环境保护费，是指施工现场为达到环保部门的要求所需要的各项费用。

②文明施工费，是指施工现场文明施工所需要的各项费用。

③安全施工费，是指施工现场安全施工所需要的各项费用。

④临时设施费，是指施工企业为进行建设工程施工所必须搭设的生活或生产用的临时建筑物、构筑物和其他临时设施的费用，包括临时设施的搭设、维修、拆除、清理费或摊销费等。

(2) 环境保护税：是指建设工程产生应税污染物，按规定标准应缴纳的税。

(3) 其他应列入而未列的不可竞争费，按实际情况计取。

根据《关于调整安徽省建设工程不可竞争费构成及计费标准的通知》，建筑工程和装饰装修工程的不可竞争费费率见表 6-7 和表 6-8。

表 6-7　建筑工程不可竞争费的费率

项目编码	项目名称		计费基础	费率（%）
（一）	安全文明施工费			
JF-01	环境保护费	市区		3.28
		非市区		2.70
JF-02	文明施工费		定额人工费＋定额机械费	5.12
JF-03	安全施工费			4.13
JF-04	临时设施费			8.10
（二）	环境保护税			
JF-05	环境保护税			

表 6-8　装饰装修工程不可竞争费的费率

项目编码	项目名称		计费基础	费率（%）
（一）	安全文明施工费			
ZF-01	环境保护费	市区	定额人工费+定额机械费	2.60
		非市区		2.30
ZF-02	文明施工费			4.50
ZF-03	安全施工费			3.10
ZF-04	临时设施费			5.80
（二）	环境保护税			
ZF-05	环境保护税			

【例 6-3】某土建工程项目，建设地点为安徽省合肥市市区，定额人工费 150000 元，定额机械费 60000 元，请采用 2018 版安徽省建设工程计价依据计算不可竞争费。

【解】

环境保护费：（150000＋60000）×3.28%＝6888（元）

文明施工费：（150000＋60000）×5.12%＝10752（元）

安全施工费：（150000＋60000）×4.13%＝8673（元）

临时设施费：（150000＋60000）×8.1%＝17010（元）

不可竞争费共计：6888＋10752＋8673＋17010＝43323（元）

4. 其他项目费

（1）其他项目费的编制内容。

①暂列金额。是指建设单位在工程量清单或施工承包合同中暂定并包括在工程合同价款中的一笔款项，是用于施工合同签字时尚未确定或者不可预见的所需材料、工程设备、服务的采购，施工中可能发生的工程变更、合同约定调整因素出现时的工程价款调整以及发生的索赔、现场签证确认等的费用。

②暂估价。是指建设单位在工程量清单中提供的用于支付必然发生但暂时不能确定价格的专业工程的金额。

③计日工。是指在施工过程中，施工企业完成建设单位提出的施工图以外的零星项目或工作所需的费用。

④总承包服务费。是指总承包人为配合、协调建设单位进行的专业工程发包，对建设单位自行采购的材料、工程设备等进行保管以及施工现场管理、竣工资料汇总整理等服务所需的费用。

（2）其他项目费的编制要求。

①暂列金额。暂列金额可根据工程的复杂程度，设计深度及工程环境条件（包括地质、水文、气候条件等）进行估算，累计金额不得超过最高投标限价的 10%。

②暂估价。暂估价中的材料原价应按照工程造价管理机构发布的工程造价信息中的材料单价计算，工程造价信息未发布的材料单价，其单价可参考市场价格估算；暂估价

中的专业工程暂估价应分不同专业，按有关计价规定估算。

③计日工。在编制招标控制价时，计日工的数量，应按拟建工程的实际情况进行计算，对计日工中的人工单价和施工机械台班单价应按省级、行业建设主管部门或其授权的工程造价管理机构公布的单价计算；材料应按工程造价管理机构发布的工程造价信息中的材料单价计算，工程造价信息未发布单价的材料，其价格应按市场调查确定的单价计算。

④总承包服务费。总承包服务费应根据建设单位列出的内容和要求参照下列标准进行估算：

当建设单位仅要求总包人对其发包的专业工程进行施工现场协调和统一管理、对竣工资料进行统一汇总整理等服务时，可按发包专业工程估算造价的1%计算；

当建设单位要求总包人对其发包的专业工程既进行现场协调和统一管理，又要求提供相应配合服务时，可按发包专业的工程估算造价的3%计算；

建设单位自行供应材料、设备的，可按供应材料、设备估值的1%计算。

5. 税金

税金是指国家税法规定的应计建设工程造价的增值税。

6.3.4 招标控制价报表

（1）工程量清单计价文件应按规定的统一的格式和内容填写，不得随意删除或涂改，填写的单价或合价不能空缺。

（2）工程量清单计价文件应由下列内容组成：

①工程计价文件封面（图6-1）；

②工程计价文件扉页（图6-2）；

③工程计价总说明（表6-9）；

④单项工程、单位工程最高投标限价计价汇总表（表6-10、表6-11）；

⑤分部分项工程工程量清单计价表（表6-12）；

⑥措施项目清单与计价表（表6-13）；

⑦不可竞争项目清单与计价表（表6-14）；

⑧其他项目清单与计价表；

⑨税金计价表（表6-15）；

⑩发包人提供材料（工程设备）一览表（表6-16）。

A. 2　最高投标限价封面

_____工程

最高投标限价

招　标　人：_____

（单位盖章）

造价咨询人：_____

（单位盖章）

图 6-1　工程计价文件封面

B. 2 最高投标限价扉页

_____工程

最高投标限价

最高投标限价(小写)：_____

（大写）：_____

招 标 人：_____　　　造价咨询人：_____

（单位盖章）　　　　　　　　　　　　（单位资质专用章）

法定代表人　　　　　　　　　　　　　法定代表人

或其授权人：_____　　或其授权人：_____

（签字或盖章）　　　　　　　　　　　（签字或盖章）

编 制 人：_____　　　复 核 人：_____

（造价人员签字盖专用章）　　　　　　（造价工程师签字盖专用章）

编制时间：　年 月 日　　　　　　　复核时间：　年 月 日

图 6-2　工程计价文件扉页

表 6-9 工程计价总说明

工程名称： 第 页共 页

表 6-10　单项工程最高投标限价汇总表

工程名称：　　　　　　　　　　　　　　　　　　　　　　　　　　　　　第　页　共　页

序号	单项工程名称	金额（元）	其中：（元）	
			暂估价	不可竞争费
	合计			

　　说明：本表适用于单项工程最高投标限价或投标报价的汇总。暂估价包括分部分项工程中的材料、设备暂估价
　　　　和专业工程暂估价。

表 6-11　单位工程最高投标限价汇总表

工程名称：　　　　　　　　　　　标段：　　　　　　　　　第　页　共　页

序号	汇总内容	金额（元）	其中：材料、设备暂估价（元）
1	分部分项工程费		
2	措施项目费		
2.1	夜间施工增加费		
2.2	二次搬运费		
2.3	冬雨季施工增加费		
2.4	已完工程及设备保护费		
2.5	工程定位复测费		
2.6	非夜间施工照明费		
2.7	临时保护设施费		
2.8	赶工措施费		
3	不可竞争费		
3.1	安全文明施工费		
3.2	环境保护税		
4	其他项目		
4.1	暂列金额		
4.2	专业工程暂估价		
4.3	计日工		
4.4	总承包服务费		
5	税金		
	工程造价＝1＋2＋3＋4＋5		

表 6-12 分部分项工程工程量清单计价表

工程名称：　　　　　　　　　　　　标段：　　　　　　　　　　　第 页 共 页

序号	项目编码	项目名称	项目特征	计量单位	工程量	金额（元）				
						综合单价	合价	其中		
								定额人工费	定额机械费	暂估价

表 6-13   措施项目清单与计价表

工程名称：   标段：   第 页 共 页

序号	项目编码	项目名称	计算基础	费率（%）	金额（元）
		合计			

表 6-14 不可竞争项目清单与计价表

工程名称：　　　　　　　　　　　　　　标段：　　　　　　　　　　　第 页 共 页

序号	项目编码	项目名称	计算基数	费率（%）	金额（元）
		合计			

表 6-15　税金计价表

工程名称：　　　　　　　　　　　　标段：　　　　　　　　　　第　页　共　页

序号	项目名称	计算基础	计算基数	费率（%）	金额（元）
	合计				

表 6-16 发包人提供材料（工程设备）一览表

工程名称：   标段：   第 页 共 页

序号	材料（工程设备）名称、规格、型号	计量单位	数量	单价（元）	合价（元）	备注

说明：此表由招标人填写，供投标人在投标报价、确定总承包服务费时参考。

课后习题

一、单项选择题

1. 关于工程量清单计价，下列表达式中正确的是（　　）。

A. 分部分项工程费＝∑（分部分项工程量×相应分部分项的工料单价）

B. 措施项目费＝∑（措施项目工程量×相应的工料单价）

C. 其他项目费＝暂列金额＋材料设备暂估价＋计日工＋总承包服务费

D. 单位工程造价＝分部分项工程费＋措施项目费＋其他项目费＋不可竞争费＋税金

2. 根据现行工程量计算规范，适合采用分部分项工程项目清单计价的措施项目费是（　　）。

A. 二次搬运费　　　　　　　　　　B. 超高施工增加费

C. 已完工程及设备保护费　　　　　D. 地上、地下设施临时保护费

3. 在工程量清单计价中，应计入总承包服务费的有（　　）。

A. 总承包人的工程分包费

B. 总承包人的管理费

C. 总承包人对发包人自行采购材料的保管费

D. 总承包工程的竣工验收费

4. 依据工程所在地区颁发的计价定额等编制最高投标限价、进行分部分项工程综合单价组价时，首先应确定的是（　　）。

A. 风险范围与幅度　　　　　　　　B. 工程造价信息确定的人工单价等

C. 定额项目名称及工程量　　　　　D. 管理费率和利润率

5. 关于最高投标限价中的暂估价，下列说法中正确的是（　　）。

A. 工程项目暂估价应汇总计入其他项目费

B. 材料暂估单价应计入工程量清单综合单价

C. 专业工程暂估价中应包含不可竞争费和税金

D. 材料和工程设备暂估价应由投标人填写

6. 在编制最高投标限价时，对于招标人自行采购材料的，其总承包服务费按招标人提供材料价值的（　　）计算。

A. 1%　　　　　　B. 1.5%　　　　　　C. 3%　　　　　　D. 5%

7. 根据现行工程量清单计价规范，投标人应按招标文件提供金额编制报价的项目是（　　）。

A. 安全文明施工费　　　　　　　　B. 暂列金额

C. 计日工　　　　　　　　　　　　D. 不可竞争费

8. 关于最高投标限价的公布，下列说法中正确的是（　　）。

A. 应在发布招标文件时发布　　　　B. 应在开标时公布

C. 应在评标时公布　　　　　　　　D. 不应公布

9. 在工程量清单计价中，下列关于暂估价的说法中正确的是（　　）。

A. 材料设备暂估价是指用于尚未确定或不可预见的材料、设备采购的费用

B. 纳入分部分项工程项目清单综合单价中的暂估价包括暂估单价及数量

C. 专业工程暂估价与分部分项工程综合单价在费用构成方面应保持一致

D. 专业工程暂估价由投标人自主报价

10. 根据《建设工程工程量清单计价规范》（GB 50500—2013），关于最高投标限价的编制，下列说法中正确的是（　　）。

A. 暂列金额由招标人在工程量清单中暂定

B. 暂列金额包括暂不能确定价格的材料暂定价

C. 专业工程暂估价中包括规费和税金

D. 计日工单价中不包括企业管理费和利润

二、多项选择题

1. 下列费用中，属于综合单价的有（　　　　）。

A. 人工费 B. 材料费

C. 施工机具费 D. 企业管理费

E. 税金

2. 根据《建设工程工程量清单计价规范》（GB 50500—2013），关于工程量清单计价的有关要求，下列说法中正确的有（　　）。

A. 事业单位自有资金投资的建设工程发承包，可以不采用工程量清单计价

B. 使用国有资金投资的建设工程发承包，宜采用工程量清单计价

C. 招标工程量清单应以单位工程为单位编制

D. 工程量清单计价方式下，应采用单价合同

E. 招标工程量清单的准确性和完整性由清单编制人负责

3. 关于最高投标限价的公布，下列说法中正确的是（　　　　）。

A. 材料暂估单价进入清单项目综合单价，不汇总到其他项目清单计价表总额

B. 暂列金额归招标人所有，投标人应将其扣除后再做投标报价

C. 专业工程暂估价的费用构成类别应与分部分项工程综合单价的构成保持一致

D. 计日工的名称和数量应由投标人填写

E. 总承包服务费的内容和金额应由招标人填写

4. 为有利于措施费的确定和调整，根据现行工程量计算规范，适合采用总价措施项目计价的是（　　　　）。

A. 夜间施工增加费 B. 二次搬运费

C. 施工排水、降水费 D. 超高施工增加费

E. 垂直运输费

5. 下列费用中，由招标人填写金额，投标人直接计入投标总价的有（　　）。

A. 材料设备暂估价 B. 专业工程暂估价

C. 暂列金额 D. 计日工合价

E. 总承包服务费

（1）熟悉招标工程量清单、招标控制价的编制方法；

（2）掌握招标工程量清单、招标控制价的格式和报表内容；

（3）根据国家计量计价规范和地方计价依据编制招标工程量清单和控制价。

（1）能熟练进行清单列项，并准确计算相应工程量；

（2）能熟练计算综合单价和工程总造价；

（3）能出一份完整的招标工程量清单和招标控制价成果文件。

任务 7.1　招标工程量清单编制注意事项

7.1.1　格式及编制要求

建设项目一般是指按照一个总体设计进行建设的各个单项工程所构成的总体，在经济上实行统一核算，行政上具有独立的组织形式。一个建设项目由一个或多个单项工程组成，一个单项工程由一个或多个单位工程组成。如一般的民用建筑工程通常包括建筑与装饰装修工程、给排水工程、电气工程、消防工程、通风空调工程及智能化工程等。在编制招标工程量清单时，如无特殊要求，不需要按照每个单工程分别设置一套工程量清单，可以根据需要将某栋楼的给水排水、电气、消防、通风空调、智能等单位工程合并成一个单位工程（通用安装工程），再与建筑与装饰装修单位工程合并成一个单项工程，编制一套招标工程量清单及控制价。

工程量清单应由具备招标文件编制资格的招标人或招标人委托的具有相应资质的招标代理、造价咨询机构负责编制。工程量清单由封面签署页、编制说明和工程量清单三部分组成。

7.1.2　封面签字盖章

招标工程量清单封面必须按要求签字、盖章，不得有任何遗漏。其中，工程造价咨询人需盖单位资质专用章。编制人和复核人需要同时签字或盖专用章，且两者不能为同一人，复核人必须是一级造价工程师。如果一套招标工程量清单涉及多个专业的造价人员编制时，每个专业都要有一名编制人在封面相应处签字或盖章。

7.1.3 编制说明及编制依据

编制说明的内容包括工程概况、招标范围及计价依据，分部分项工程项目工作内容的补充要求，施工工艺特殊要求，主要材料品牌、质量、产地的要求，新材料及未确定档次材料的价格设定，拟使用商品混凝土情况及其他需要说明的问题。

招标工程量清单的编制依据有：

(1)《建设工程工程量清单计价规范》(GB 50500—2013) 和相关工程的国家计量规范；

(2) 国家或省级、行业建设主管部门颁发的计价依据和办法；

(3) 建设工程设计文件及相关资料；

(4) 与建设工程项目有关的标准、规范、技术资料；

(5) 拟定的招标文件；

(6) 施工现场情况、地质水文资料、工程特点及常规施工方案；

(7) 其他相关资料。

7.1.4 清单项目设置

1. 工程量清单项目设置在遵循原则的同时也可适当调整

工程量清单项目设置在原则上应按照《建设工程工程量清单计价规范》(GB 50500—2013) 要求进行，但由于《房屋建筑与装饰工程工程量计算规范》(GB 50854—2013) 中有些项目设置在操作时具有一定的弹性空间，清单编制人可以根据实际情况对清单项目包含的内容适当做局部微调，但一定要在工程量清单及招标控制价总说明或单项清单名称描述中说明清楚。为了避免自行调整导致规则不统一，一般情况下不允许随意大幅度调整。

2. 清单编码不能重复

在同一份招标工程量清单内，工程量清单编码不允许出现重复，且清单编码一定要严格按照《房屋建筑与装饰工程工程量计算规范》(GB 50854—2013) 中相对应的编码另加三位序号数（清单项目名称顺序码）计列，清单项目名称顺序码由工程量清单编制人根据工程量清单项目名称设置，不能随意编造。

7.1.5 清单项目特征描述要求

工程量清单项目特征描述要规范、具体，且要符合计价需要。工程量清单项目特征描述原则上要按照《房屋建筑与装饰工程工程量计算规范》(GB 50854—2013) 中的项目特征要求进行描述，以满足确定综合单价的需要为前提。

有些清单项目要求描述的特征对造价几乎没有影响或影响甚微，这时可不进行尺寸等的描述，而只需根据定额的口径列项。如门窗工程按"m"计量时，可不描述洞口尺寸和门窗代号。

7.1.6 总价措施项目、其他项目不列入与本工程无关的项目

总价措施项目清单、其他项目清单要结合工程实际情况按常规列项，不要将与本工程无关的项目全部罗列出来。

7.1.7　主要材料价格表

招标工程量清单中的主要材料价格表要针对工程实际列出本工程的主要材料，尤其要列出在招标文件及合同条款中明确属于风险调整范围的主要材料，而不必列出所有材料。

7.1.8　工程量清单编制过程中的电算化

日前，工程量清单计价方式，从工程量计算到清单计价采用电算化已进入了相对成熟期。许多软件企业都提供较为成熟的系统解决方案。尤其是在施工图阶段及以后的各个阶段，利用 CAD 平台技术、BIM 技术建立模型，就可以自动识别和准确输出清单工程量，再建立计价软件与造价信息管理系统（各地方造价管理部门监督管理）就可方便地输出相应的工程造价数据，并可多维度、多时段、全过程控制、审核、管理及利用。

【思政小贴纸：科技意识】

以 BIM 技术为代表的科学技术在工程建设领域的广泛应用，大大提高了工程建设相关工作的劳动生产率，凸显了"科学技术是第一生产力"的时代特征。

例如，上海中心大厦项目建筑面积约 580000m²（地下 160000m²、地上 420000m²），总高 632m，分为 9 个区段，地下 5 层、地上 121 层，总投资约 160 亿元。项目的计量使用了电算化的造价软件，基于 Revit 软件的 BIM 设计模型生成 BIM 算量模型，实现了预算工作的电算化。软件算量与传统手工列表算量模式相比，算量所需构件的名称、属性和工程量都可以在 BIM 模型中直接生成，而且这些信息将始终与设计保持一致，只需选择计算规则，根据合同清单设置构件分类、构件属性以及对应的清单子目，BIM 算量软件便会按照设置形式自动汇总计算，结果直观，使用方便。在上海中心大厦项目中，90% 的 BIM 设计模型数据自动转化为 BIM 算量模型，BIM 算量模型的工程量计算结果准确率达 98% 以上，所需的造价咨询工程师数量减少 50%，建模及工程量计算时间减少 75%，整体的咨询工作时间减少约 50%，而且工程计量与计价的准确率达到了 98%，比传统模式的准确率提高了 3%，取得了显著的效益。

任务 7.2　某学院传达室工程招标工程量清单实例

根据某学院传达室工程的施工图及建筑、结构说明和《房屋建筑与装饰工程工程量计算规范》（GB 50854—2013）、《建设工程工程量清单计价规范》（GB 50500—2013），编制工程量清单。

7.2.1　某学院传达室工程设计文件

7.2.1.1　建筑说明

（1）本工程为单层砖混结构，层高 3.0m。

（2）室内外高差 0.15m，设计标高 ±0.000 相当于黄海高程系 16.88m。

（3）本工程建筑面积为 93.15m²（有柱雨篷半面积计入）。

（4）黏土实心砖墙体厚度 240mm，墙身及墙基做法详见结构图。

（5）门窗工程详见门窗表，加工前应核对洞口尺寸。

（6）室内地坪做法。

1∶2 水泥砂浆贴 500mm×500mm 防滑地砖面层；80mm 厚 C15 混凝土；150mm 厚级配碎石垫层；素土夯实（入口雨篷处室外地坪做法同）。

（7）散水做法。

600mm 宽混凝土散水，油膏嵌缝。

做法：80mm 厚 C15 混凝土（随抹），80mm 级配碎石垫层，素土夯实。

（8）外墙粉刷。

做法一：15mm 厚 1∶2.5 水泥砂浆底，8mm 厚 1∶2 水泥砂浆面，刷白色外墙乳胶漆两遍，做法设置位置及分隔条详见立面图。外门窗设门窗套线 80mm 宽，水泥砂浆粉出，凸出面层 8mm。

做法二：15mm 厚 1∶2.5 水泥砂浆底，水泥砂浆竖贴豆灰色外墙面砖，做法设置位置详见立面图。

（9）内墙粉刷。

18mm 厚混合砂浆底，8mm 厚混合砂浆面，满刮腻子两遍，内墙白色乳胶漆两遍，瓷砖踢脚线 150mm 高，沿内墙遍设。

（10）天棚粉刷（含檐口）。

10mm 厚混合砂浆底，满刮腻子两遍，白色乳胶漆两遍。

（11）屋面做法。

5mm 厚 SBS 卷材防水（自保护），20mm 厚 1∶3 水泥砂浆找平层，水泥膨胀珍珠岩建筑找坡最薄处 30mm，20mm 厚 1∶3 水泥砂浆找平层。

（12）门窗表（表 7-1）。

表 7-1　门窗表

类型	设计编号	洞口尺寸（mm）	数量	备注
普通门	M1521	1500×2100	1	无亮塑钢推拉门 5mm 厚单玻
	M1527	1500×2700	1	有亮塑钢平开门 5mm 厚单玻
普通窗	C1518	1500×1800	9	有亮塑钢推拉窗 5mm 厚单玻配纱扇

7.2.1.2　结构说明

（1）本工程为单层砖混结构，墙下条形基础加独立柱基。

（2）垫层混凝土强度等级 C15，构造柱 C20，其余均 C25。

（3）钢筋：ϕ 为 HPB300，$f_y=270$；Φ 为 HRB400，$f_y=360$。

（4）砖砌体 MU10 煤矸石黏土实心标准砖；墙身 M5 混合砂浆砌筑，砖基础 M5 水泥砂浆砌筑；墙基水泥砂浆水平防潮层遍设。

（5）门窗预制过梁：截面面积 120mm×240mm；C20 混凝土梁长＝洞宽＋500，配筋：纵筋，2ϕ10 梁上部，3ϕ10 梁下部，箍筋 ϕ6@200。

（6）构造柱纵筋锚入墙基混凝土垫层，圈梁兼做过梁时，配筋见圈梁大样。

（7）图中 GZ1-构造柱 1，WQL1-屋顶圈梁 1。

7.2.1.3　施工图纸（图 7-1～图 7-7）

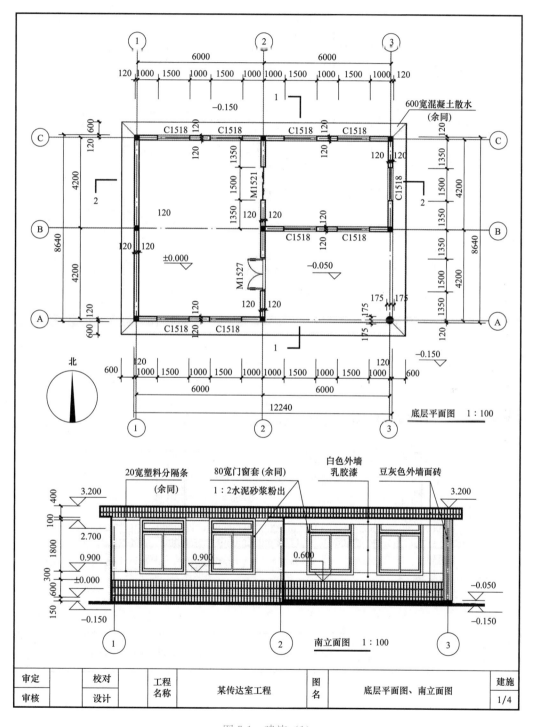

图 7-1　建施（1）

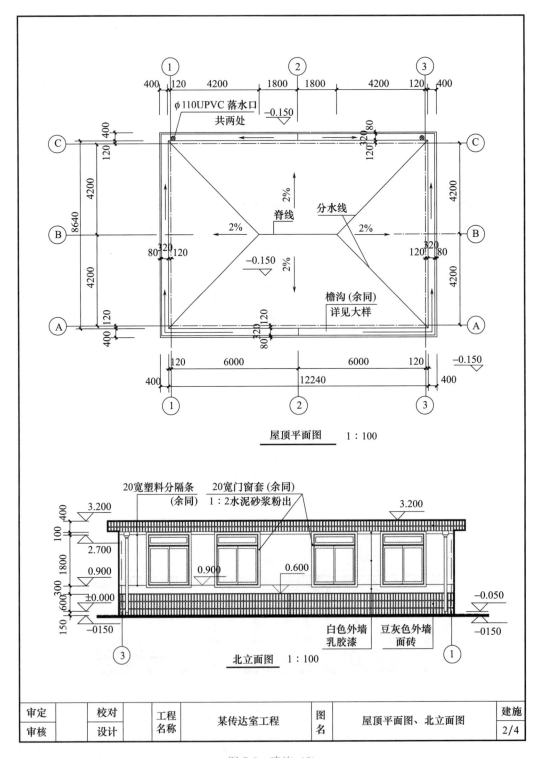

屋顶平面图 1:100

北立面图 1:100

审定		校对		工程 名称	某传达室工程	图 名	屋顶平面图、北立面图	建施
审核		设计						2/4

图 7-2 建施（2）

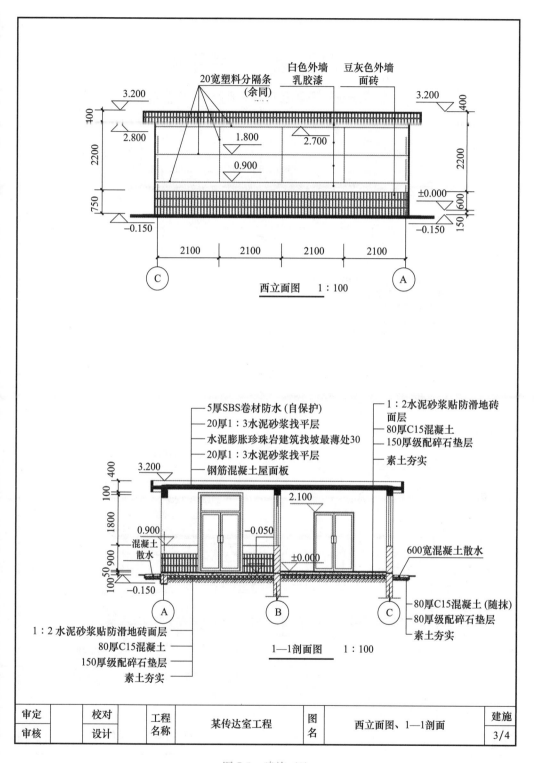

图 7-3　建施（3）

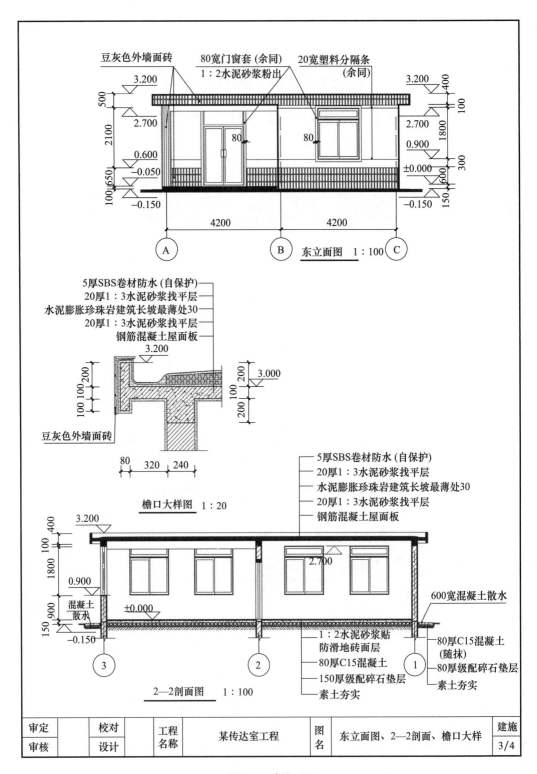

审定		校对		工程名称	某传达室工程	图名	东立面图、2—2剖面、檐口大样	建施
审核		设计						3/4

图 7-4 建施（4）

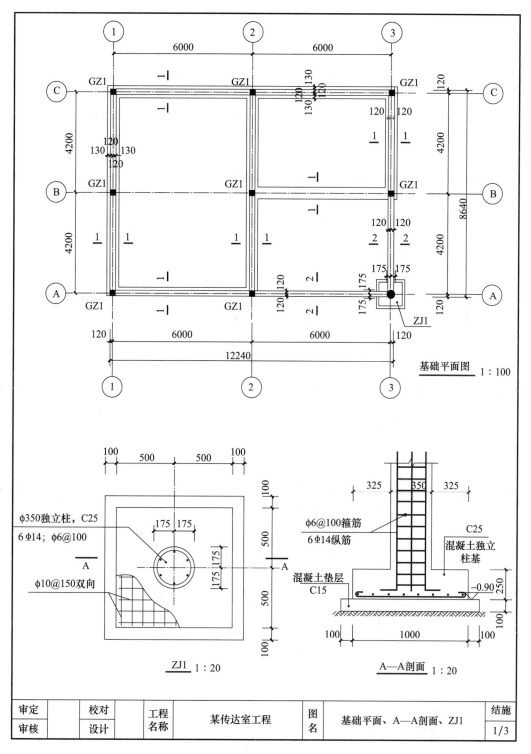

基础平面图　1 : 100

ZJ1　1 : 20

A—A剖面　1 : 20

审定		校对		工程 名称	某传达室工程	图 名	基础平面、A—A剖面、ZJ1	结施
审核		设计						1/3

图 7-5　结施 (1)

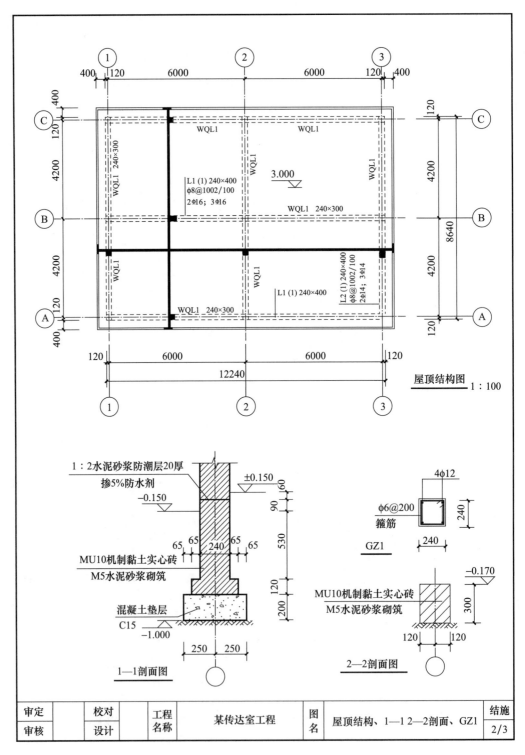

审定		校对		工程	某传达室工程	图	屋顶结构、1—1 2—2剖面、GZ1	结施
审核		设计		名称		名		2/3

图 7-6　结施（2）

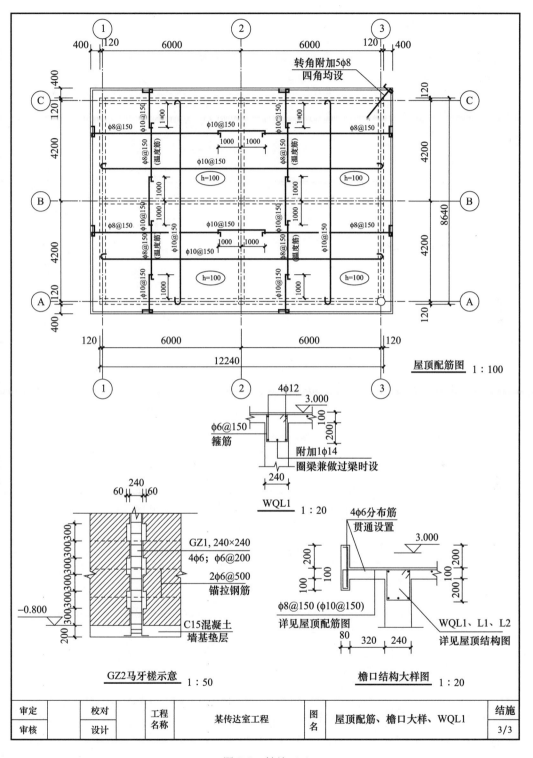

屋顶配筋图　1：100

WQL1　1：20

GZ2马牙槎示意　1：50

檐口结构大样图　1：20

审定		校对		工程 名称	某传达室工程	图 名	屋顶配筋、檐口大样、WQL1	结施
审核		设计						3/3

图 7-7　结施（3）

7.2.2 传达室清单工程量计算（表 7-2）

表 7-2 清单工程量计算表

工程名称：某学院传达室工程

序号	项目编码	项目名称	单位	计算说明 / 计算式	工程量
1	010101001001	平整场地	m²	首层建筑面积，有柱雨篷面积一半计入 12.24×8.64−6×4.2÷2	93.154
2	010101003001	挖沟槽土方	m³	1-1 剖面：宽×（外墙中心线长＋2 轴内墙净长）×室外地坪下埋深＋2-2 剖面：（A、3 轴墙基垫层净长）×宽×室外地坪下埋深 0.50×（6.0×4＋4.20×4＋3.70）×（1.0−0.15）＋（6−0.25−0.6＋4.2−0.25−0.6）×0.24×（0.3＋0.02）	19.565
3	010101004001	挖基坑土方	m³	独立柱基垫层：长×宽×室外地坪下埋深 1.20×1.20×（1.0−0.15）	1.224
4	010501001001	垫层	m³	1-1 剖面：（外墙中心线长＋2 轴内墙净长）×垫层宽×垫层厚 （6.0×4＋4.20×4＋3.70）×0.50×0.20	4.450
5	010501001002	垫层	m³	独立柱基垫层：长×宽×垫层厚 1.20×1.20×0.10	0.144
6	010401001001	砖基础 1-1 剖面 基础与墙身材料相同以室内地坪分界	m³	370 段：（外墙中心线长＋2 轴内墙净长）×砖基高×砖基宽＋240 段：（外墙中心线长＋2 轴内墙净长）×砖基高×砖基宽 ［6.0×4＋4.20×4＋（4.2−0.37）］×0.12×0.37＋［6.0×4＋4.20×4＋（4.2−0.24）］×（0.53＋0.15）×0.24 扣减基础内 8 个构造柱体积：马牙槎两边 6 个，三边 2 个 0.24×0.24×0.8×8＋0.06×0.24×0.8×6＋0.09×0.24×0.8×2	8.814
7	010401001002	砖基础 2-2 剖面	m³	2-2 基础：（轴线净长度×宽度−与圆柱重合面积）×高度 ［（6＋4.2−0.24）×0.24−0.07685］×0.30	0.694
8	010501003001	独立基础	m³	独立柱基：长×宽×高 1.0×1.0×0.25	0.250

续表

序号	项目编码	项目名称	单位	计算说明	工程量
				计算式	
9	010103001001	土方回填	m³	（沟槽土方＋独基土方）－（条基垫层体积＋独基垫层体积＋［室外地坪下墙基体积已含构造柱 7.675＝（6.0×4＋4.20×4＋3.83）×0.12×0.37＋（0.0×4＋4.20×4＋3.96）×0.53×0.24］＋2-2 剖面砖基体积＋独基体积）－减圆柱室外地坪下体积	7.528
				（19.565＋1.224）－（4.45＋0.144＋7.675＋0.694＋0.250）－3.14×0.175×0.175×（1－0.15－0.1－0.25）	
10	010103002001	余方弃置	m³	（沟槽土方＋独基土方）－土方回填体积（本工程无需房心回填）	13.261
				（19.565＋1.224）－7.528	
11	010401003001	实心砖墙	m³	［圈梁下墙体侧面积（中心线长＋净长）×梁下墙高－门窗洞口］×墙厚	18.410
				［（12＋8.4）×2＋（4.2－0.24）×（3－0.3）－1.5×2.1－1.5×2.7－1.5×1.8×9］×0.24	
				预制过梁体积－（构造柱体积圈梁下至室内地坪段）	
				1.44－（0.24×0.24×2.7×8＋0.06×0.24×2.7×6＋0.09×0.24×2.7×2）	
12	010502002001	构造柱	m³	构造柱截面面积×高度×数量＋两边马牙槎增加量（圈梁段内无马牙槎）＋三边马牙槎增加量（圈梁段内无马牙槎）	2.205
				0.24×0.24×（0.80＋3）×8＋0.06×0.24×（0.8＋3－0.3）×6＋0.09×0.24×（0.8＋3－0.3）×2	
13	010502003001	异形柱	m³	圆柱体积：从基础扩大面上起至屋顶	0.351
				3.14×0.175×0.175×（0.65＋3.0）	
14	010503002001	矩形梁	m³	有柱雨篷 L1、L2 体积（扣圆柱重复部分）＋B 轴 L1 体积	1.478
				［（6＋4.2－0.24）×0.24－0.07685］×0.4＋（6－0.24）×0.24×0.4	
15	010503004001	圈梁	m³	圈梁体积：（12＋8.4）×2×0.3×0.24＋（4.2－0.24）×0.3×0.24；构造柱伸入体积：0.24×0.24×0.3×8；圈梁兼做过梁体积：1.44	1.644
				（12＋8.4）×2×0.3×0.24＋（4.2－0.24）×0.3×0.24－0.24×0.24×0.3×8－1.44	

续表

序号	项目编码	项目名称	单位	计算说明 计算式	工程量
16	010503005001	过梁	m³	圈梁兼做过梁体积（洞孔长+500） (1.5+0.25×2)×0.24×0.3×10	1.440
17	010510003001	过梁	m³	预制过梁 M1521 上 (1.5+0.25×2)×0.12×0.24	0.058
18	010505003001	平板	m³	梁内侧边净面积（四块板相同）×板厚 (6-0.24)×(4.2-0.24)×4×0.10	9.124
19	010505007001	天沟、挑檐板	m³	挑檐中心线长×宽度×板厚+挑檐翻边中心线长×上翻高度×板厚 (0.40-0.08)×(12.88-0.32+9.28-0.32)×2×0.10+(12.88+0.08+9.28+0.08)×2×0.40×0.08	2.806
20	010507001001	散水、坡道	m²	散水中心线长×散水宽600 (12.24+0.60+8.64+0.60)×2×0.60	26.496
21	010802001001	金属门	m²	洞口垂直投影面积 1.5×2.1×1	3.150
22	010802001002	金属门	m²	洞口垂直投影面积 1.5×2.7×1	4.050
23	010807001001	金属窗	m²	洞口垂直投影面积 1.5×1.8×9	24.300
24	010902001001	屋面卷材防水	m²	水平面积+翻边面积 12.88×9.28+(12.88+9.28)×2×0.20	128.390
25	010902004001	屋面排水管	m	檐口到室外地坪距离 3.15×2	6.300
26	011001001001	保温隔热屋面	m²	屋面翻边内面积 (12.24+0.32+0.32)×(8.64+0.32+0.32)	119.526
27	011101006001	平面砂浆找平层（屋面）	m²	屋面翻边内面积，两层 12.88×9.28×2	239.053
28	011201004001	立面砂浆找平层（屋面）	m²	翻边找平，单层计取 (12.88+9.28)×2×0.2	8.864

序号	项目编码	项目名称	单位	计算说明	工程量
				计算式	
29	011102003001	块料楼地面	m²	墙围合净面积（大房间＋小房间＋室外雨篷下）＋门洞口增加面积	95.731
				$(6-0.24)\times(8.4-0.24)+(6-0.24)\times(4.2-0.24)+4.2\times6+1.50\times0.24\times2$	
30	010404001001	垫层	m³	楼地面碎石垫层	13.893
				$[(6-0.24)\times(8.4-0.24)+(6-0.24)\times(4.2-0.24)\times2]\times0.15$	
31	010501001003	垫层	m³	楼地面混凝土垫层	7.601
				$[(6-0.24)\times(8.4-0.24)+(6-0.24)\times(4.2-0.24)+6\times4.2]\times0.08$	
32	011105003001	块料踢脚线	m²	扣除门洞，门洞侧边加设	6.525
				$[(6-0.24+8.4-0.24)\times2+(6-0.24+4.2-0.24)\times2+0.24\times3]\times0.15-1.5\times3\times0.15$	
33	011201001001	墙面一般抹灰（外墙）	m²	扣除门洞，门洞侧边不加：外墙外边周长×（3－0.6－0.1＝2.3）扣面砖、扣顶板厚 －门洞进入抹灰面积（2.7－0.6＝2.1）－窗面积	68.598
				$(8.64\times2.3\times2+12.240\times2.3\times2)-(1.5\times2.1+1.5\times1.8\times9)$	
34	011201001002	墙面一般抹灰（内墙）	m²	墙垂直投影面积（大房间＋小房间）－门洞口面积（9个窗洞内侧单面积＋M1521双面＋M1527内侧单面）	102.462
				$[(6-0.24+8.4-0.24)\times2\times2.90+(6+4.2-0.24\times2)\times2\times2.90]-(1.5\times1.80\times9+1.5\times2.1\times2+1.5\times2.7)$	
35	011407001001	墙面喷刷涂料（外墙）	m²	扣除门洞，门洞侧边展开加入：外墙外边周长×（3－0.6－0.1＝2.3）扣面砖、扣顶板厚－门洞进入抹灰面积（2.7－0.6＝2.1）－窗洞面积＋窗门内翻侧边一半面积	76.410
				$(8.64\times2.3\times2+12.240\times2.3\times2)-(1.5\times2.1+1.5\times1.8\times9)+(1.5+1.8)\times2\times0.12\times9+(1.5+2.1\times2)\times0.12$	

序号	项目编码	项目名称	单位	计算说明	工程量
				计算式	
36	011407001002	墙面喷刷涂料（内墙）	m²	扣除门洞。门洞侧边展开加入： 墙垂直投影面积（大房间＋小房间）－门洞口面积（9个窗洞内侧单面积＋M1521双面＋M1527内侧单面） [（6－0.24＋8.4－0.24）×2×2.90＋（6＋4.2－0.24×2）×2×2.90]－（1.5×1.80×9＋1.5×2.1×2＋1.5×2.7）＋（1.5＋1.8）×2×0.12×9＋（1.5×3＋2.1×4＋2.7×2）×0.12	111.786
37	011204003001	块料墙面	m²	扣除门洞，门洞侧边展开加入： （外墙外边周长－M1527宽）×贴面砖高度＋M1527内侧边贴面＋檐口翻边面砖面积 （8.64×2＋12.24×2－1.5）×（0.60＋0.15）＋0.60×2×0.12＋（13.04＋9.44）×2×（0.40＋0.08）	51.920
38	011205002001	块料柱面	m²	周长×柱高（未考虑梁柱交接面扣减及局部室外地坪标高变化影响） 3.14×0.35×（2.9＋0.15）	3.352
39	011301001001	天棚抹灰	m²	天棚投影面＋雨篷投影面＋雨篷内翻边垂直投影面＋梁侧面（与圆柱交接处退0.127） （6－0.24）×（8.4－0.24）＋（6－0.24）×（4.2－0.24）＋4.2×6＋（12.24＋0.40＋8.64＋0.40）×2×0.40＋（12.24＋0.32＋8.64＋0.32）×2×0.10＋[6－0.24＋6＋4.2－（0.12＋0.127）×2]×0.3×2	125.939
40	011407002001	天棚喷刷涂料	m²	天棚投影面＋雨篷投影面＋雨篷内翻边垂直投影面＋梁侧面（与圆柱交接处退0.127） （6－0.24）×（8.4－0.24）＋（6－0.24）×（4.2－0.24）＋4.2×6＋（12.24＋0.40＋8.64＋0.40）×2×0.40＋（12.24＋0.32＋8.64＋0.32）×2×0.10＋[6－0.24＋6＋4.2－（0.12＋0.127）×2]×0.3×2	125.939
41	011502007001	塑料装饰线	m	西立面线条＋东立面线条＋南北立面线条 （8.64×3＋1.8×3）＋（4.2＋0.24－1.5－0.16）×2＋（4.2－1.5－0.16）×2＋[12.24－（1.5＋0.16）×4]×4	64.360

7.2.3　招标工程量清单实例

1. 招标工程量清单封面（图 7-8）

_____某学院传达室_____工程

招标工程量清单

招　标　人：_____××职业技术学院_____

（单位盖章）

造价咨询人：_____

（单位盖章）

××××年×月××日

图 7-8　清单封面

2. 招标工程量清单扉页（图 7-9）

_____某学院传达室_____工程

招标工程量清单

招　标　人：_____ 　　造价咨询人：_____

（单位盖章）　　　　　　　　　　　　　（单位资质专用章）

法定代表人　　　　　　　　　　　　　法定代表人
或其授权人：_____ 　　或其授权人：_____

（签字或盖章）　　　　　　　　　　　　（签字或盖章）

编　制　人：_____ 　　复　核　人：_____

（造价人员签字盖专用章）　　　　　　　（造价工程师签字盖专用章）

编制时间：××××年×月××日　　　　复核时间：××××年×月××日

图 7-9　清单扉页

3. 招标工程量清单总说明（表7-3）

表7-3 清单编制说明

一、工程概况

本工程为某学院内部传达室，单层砖混结构，墙下条形基础加独立柱基；层高3.0m。建筑面积：93.15m²（有柱雨篷半面积计入）。

施工工期90个日历天。

施工现场邻近公路，交通运输方便。

二、招标范围

具体详见图纸设计和招标补遗。

三、编制依据

1. 某学院传达室工程施工图设计文件。

2. 某学院传达室工程施工招标文件。

3. 某学院传达室工程招标文件补遗。

4. 具体详见本项目图纸目录。

5. 执行2013版国家清单计价规范和2018版安徽省建设工程计价依据。

四、清单编制及报价要求

1. 工程量清单列出的每个细目已包含涉及与该细目有关的全部工程内容，投标人应将工程量清单与投标人须知、合同通用条款、专用条款及技术规范和图纸一起对照阅读。

2. 除非合同另有规定，工程量清单中每一项单价均应包括完成一个规定计量单位项目所需的人工费、材料费、机械使用费、管理费和利润，并考虑风险因素所发生的所有费用。

3. 本清单依据《安徽省建设工程工程量清单计价规范》的编码列项；因项目编码内工作内容较多，特征项不能一一描述，清单只列主要特征，未描述或不完整之处详见图纸、施工规范及相关说明要求。投标人必须注意，投标时所报的综合单价须是包含完成清单分项工程的所有工作内容及所需采取相应技术措施、施工方案等费用的报价。

4. 投标人须认真阅读与项目有关的招标文件、设计图纸、地勘报告等，并通过现场勘查，考虑周边环境及施工期间可能出现的事宜，确定其各项可能产生的费用，且已包含在投标报价中，工程结算时不再调整该部分的费用。

5. 措施项目费：清单所列项目仅供参考，投标人应根据其自行编制的施工组织设计文件，结合企业的技术装备情况，自行确定措施项目，但投标人必须是对施工现场实际勘察后结合工程经验，对所有的措施项目做出措施报价，没有报价的，视为已含在其他项目的报价中。一旦中标，措施项目费用不再调整。

6. 投标人应填写工程量清单中所有工程细目的价格，凡技术规范和图纸中注明的工程内容，如在清单中未列项，均应视为包含其他相关项目中。

五、其他说明

1. 本工程材料规格、选型等详见清单描述、图纸说明、招标文件及招标文件补遗。

2. 本工程无预留金。

3. 其余内容见招标文件、图纸、招标文件补遗、审图意见及回复等。

4.分部分项工程工程量和单价措施项目清单与计价表（表7-4）

表7-4　分部分项工程工程量和单价措施项目清单与计价表

工程名称：××学院传达室工程　　　　　　　　标段：　　　　　　　　　　　　第　页　共　页

序号	项目编码	项目名称	项目特征	计量单位	工程量	金额（元）				
						综合单价	合价	其中		
								定额人工费	定额机械费	暂估价
A. 土石方工程										
1	010101001001	平整场地	1. 土壤类别：一、二类综合 2. 弃土运距：就地平衡 3. 取土运距：就地平衡	m²	93.15					
2	010101003001	挖沟槽土方（墙基）	1. 土壤类别：二类 2. 弃土运距：就地平衡 3. 取土运距：就地平衡	m³	19.57					
3	010101004001	挖基坑土方	1. 土壤类别：二类 2. 弃土运距：就地平衡 3. 取土运距：就地平衡	m³	1.22					
4	010103001001	土方回填	1. 密实度要求：压实系数不小于0.94 2. 填方材料品种：素土回填 3. 填方来源、运距：就地平衡	m³	7.53					
5	010103002001	余方弃置	1. 废弃料品种：素土 2. 运距：50m	m³	13.26					
D. 砌筑工程										
6	010401001001	砖基础（1-1剖面）	1. 砖品种、规格、强度等级：MU10 煤矸石黏土实心砖 2. 基础类型：墙下条形基础 3. 砂浆强度等级：M5水泥砂浆 4. 防潮层材料种类：1:2水泥砂浆防潮层20mm厚，掺5%防水剂	m³	8.81					

续表

序号	项目编码	项目名称	项目特征	计量单位	工程量	金额（元）				
						综合单价	合价	其中		
								定额人工费	定额机械费	暂估价
7	010401001002	砖基础（2-2剖面）	1. 砖品种、规格、强度等级：MU10煤矸石黏土实心砖 2. 基础类型：条形 3. 砂浆强度等级：M5水泥砂浆 4. 防潮层材料种类：无	m³	0.69					
8	010401003001	实心砖墙	1. 砖品种、规格、强度等级：MU10煤矸石黏土实心砖 2. 墙体类型：240标准砖实砌 3. 砂浆强度等级、配合比：M5水泥混合砂浆	m³	18.41					
9	010404001001	垫层（地坪）	1. 材料种类：2、4、6级配碎石 2. 垫层厚度：150mm厚	m³	13.89					
E. 混凝土及钢筋混凝土工程										
10	010501001001	垫层（墙基）	1. 混凝土种类：商品混凝土 2. 混凝土强度等级：200mm厚C15	m³	4.45					
11	010501001002	垫层（柱基）	1. 混凝土种类：商品混凝土 2. 混凝土强度等级：100mm厚C15	m³	0.14					
12	010501001003	垫层（地坪）	1. 混凝土种类：商品混凝土 2. 混凝土强度等级：80mm厚C15	m³	7.60					
13	010501003001	独立基础	1. 混凝土种类：商品混凝土 2. 混凝土强度等级：C25	m³	0.25					
14	010502002001	构造柱	1. 混凝土种类：商品混凝土 2. 混凝土强度等级：C20	m³	2.21					

续表

序号	项目编码	项目名称	项目特征	计量单位	工程量	金额（元）				
						综合单价	合价	其中		
								定额人工费	定额机械费	暂估价
15	010502003001	异形柱	1. 柱形状：圆柱 2. 混凝土种类：商品混凝土 3. 混凝土强度等级：C25	m³	0.35					
16	010503002001	矩形梁	1. 混凝土种类：商品混凝土 2. 混凝土强度等级：C25	m³	1.48					
17	010503004001	圈梁	1. 混凝土种类：商品混凝土 2. 混凝土强度等级：C25	m³	1.64					
18	010503005001	过梁	1. 混凝土种类：商品混凝土 2. 混凝土强度等级：C25	m³	1.44					
19	010505003001	平板	1. 混凝土种类：商品混凝土 2. 混凝土强度等级：C25	m³	9.12					
20	010505007001	天沟、挑檐板	1. 混凝土种类：商品混凝土 2. 混凝土强度等级：C25	m³	2.81					
21	010507001001	散水、坡道	1. 垫层材料种类，厚度：80mm厚级配碎石垫层 2. 面层厚度：80mm厚 3. 混凝土种类：商品混凝土 4. 混凝土强度等级：C15 5. 变形缝填塞材料种类：沥青油膏	m²	26.50					
22	010510003001	过梁	1. 单件体积：0.058m³ 2. 安装高度：2.1m 3. 混凝土强度等级：C20 4. 砂浆强度等级、配合比：M5混合砂浆	m³	0.06					

续表

序号	项目编码	项目名称	项目特征	计量单位	工程量	金额（元）				
						综合单价	合价	其中		
								定额人工费	定额机械费	暂估价
			H. 门窗工程							
23	010802001001	金属（塑钢）门	1. 门代号及洞口尺寸：M1521 1500mm×2100mm 2. 门框或扇材质：塑钢推拉 3. 玻璃品种厚度：5mm厚钢化单玻	m²	3.15					
24	010802001002	金属（塑钢）门	1. 门代号及洞口尺寸：M1527 1500mm×2700mm 2. 门框或扇材质：塑钢有亮平开 3. 玻璃品种厚度：5mm厚钢化单玻	m²	4.05					
25	010807001001	金属窗	1. 窗代号及洞口尺寸：M1518 1500mm×1800mm 2. 窗、扇材质：塑钢推拉窗配纱扇 3. 玻璃品种、厚度：5mm厚单玻	m²	24.30					
			J. 屋面及防水工程							
26	010902001001	屋面卷材防水	1. 卷材品种、规格、厚度：5mm厚SBS自防护卷材防水 2. 防水层数：一层 3. 防水做法：冷粘	m²	128.39					
27	010902004001	屋面排水管	1. 排水管品种、规格：UPVCφ110 2. 雨水斗、山墙出水口品种、规格：UPVC雨水斗 3. 接缝、嵌缝材料种类胶接冷粘 4. 油漆品种、刷漆遍数	m	6.30					

续表

序号	项目编码	项目名称	项目特征	计量单位	工程量	金额（元）				
						综合单价	合价	其中		
								定额人工费	定额机械费	暂估价
K. 保温、隔热、防腐工程										
28	011001001001	保温隔热屋面	1. 保温隔热材料品种、规格厚度：水泥膨胀珍珠岩，最薄处 30mm 厚 2. 隔气层材料品种、厚度，冷底子油一遍	m²	119.53					
L. 楼地面装饰工程										
29	011101006001	平面砂浆找平层（屋面）	找平层厚度、砂浆配合比 1：20 厚 1：3 水泥砂浆找平层（两层）	m²	239.05					
30	011102003001	块料楼地面	1. 结合层厚度砂浆配合比：1：2 水泥砂浆找平粘贴 2. 面层材料品种、规格、颜色：500mm × 500mm 防滑地砖 3. 嵌缝材料种类：同色嵌缝剂嵌缝 4. 酸洗打蜡要求：草酸清洗打蜡	m²	95.73					
31	011105003001	块料踢脚线	1. 踢脚线高度：150mm 2. 粘贴厚度材料种类：水泥砂浆 3. 面层材料品种、规格、颜色：地砖同色长条瓷砖高 150mm	m²	6.53					
M. 墙、柱面装饰与隔断、幕墙工程										
32	011201001001	墙面一般抹灰（砖外墙）	1. 墙体类型：砖外墙 2. 底层厚度、砂浆配合比：15mm 厚 1：2.5 水泥砂浆 3. 面层厚度、砂浆配合比：8mm 厚 1：2 水泥砂浆面 4. 装饰面材料种类：乳胶漆两遍 5. 分隔缝宽度材料、种类：20 宽塑料分隔条	m²	68.60					

序号	项目编码	项目名称	项目特征	计量单位	工程量	综合单价	合价	定额人工费	定额机械费	暂估价
								金额（元）		
								其中		
33	011201001002	墙面一般抹灰（砖内墙）	1. 墙体类型：砖内墙 2. 底层厚度、砂浆配合比：18mm 厚混合砂浆 3. 面层厚度、砂浆配合比：8mm 厚混合砂浆面 4. 装饰面材料种类：白色乳胶漆两遍	m²	102.46					
34	011201004001	立面砂浆找平层（屋面）	找平层厚度、砂浆配合比：20mm 厚 1∶3 水泥砂浆找平层	m²	8.86					
35	011204003001	块料墙面	1. 墙体类型：砖外墙 2. 安装方式：水泥砂浆粘贴 3. 面层厚度、砂浆配合比：15mm 厚 1∶2.5 水泥砂浆底，水泥砂浆贴豆灰色面砖 4. 缝宽嵌缝材料种类：专用嵌缝剂嵌缝 5. 磨光、酸洗、打蜡要求：草酸擦面、打蜡	m²	51.92					
36	011205002001	块料柱面	1. 柱截面类型、尺寸：混凝土圆柱直径 ∅350mm 2. 安装方式：水泥砂浆粘贴 3. 面层材料品种、规格、颜色：15mm 厚 1∶2.5 水泥砂浆底，水泥砂浆贴豆灰色面砖 4. 缝宽嵌缝材料种类：专用嵌缝剂嵌缝 5. 磨光、酸洗、打蜡要求：草酸擦面、打蜡	m²	3.35					

续表

序号	项目编码	项目名称	项目特征	计量单位	工程量	金额（元）				
						综合单价	合价	其中		
								定额人工费	定额机械费	暂估价
N. 天棚抹灰										
37	011301001001	天棚抹灰	1. 基层类型：钢筋混凝土面板 2. 抹灰厚度、材料种类：10mm 厚混合砂浆底，满刮腻子两遍，天棚白色乳胶漆两遍 3. 砂浆配合比：1：1：6	m²	125.94					
P. 油漆、涂料、裱糊工程										
38	011407001001	墙面喷刷涂料	1. 基层类型：砖外墙 2. 喷刷涂料部位：外墙面 3. 腻子种类：外墙腻子 4. 刮腻子要求：平整无明显刮痕 5. 涂料品种、喷刷遍数：白色外墙乳胶漆两遍	m²	76.41					
39	011407001002	墙面喷刷涂料	1. 基层类型：砖内墙 2. 喷刷涂料部位：内墙面 3. 腻子种类：墙面腻子 4. 刮腻子要求：两遍平整无刮痕 5. 涂料品种、喷刷遍数：白色内墙乳胶漆两遍	m²	111.79					
40	011407002001	天棚喷刷涂料	1. 基层类型：混凝土天棚 2. 喷刷涂料部位：天棚面 3. 腻子种类：天棚腻子 4. 刮腻子要求：两遍平整无刮痕 5. 涂料品种、喷刷遍数：白色内墙乳胶漆两遍	m²	125.94					

序号	项目编码	项目名称	项目特征	计量单位	工程量	金额（元）				
						综合单价	合价	其中		
								定额人工费	定额机械费	暂估价
			Q. 其他装饰工程							
41	011502007001	塑料装饰线	1. 基层类型：水泥砂浆 2. 线条材料品种、规格、颜色：20mm 宽豆灰色塑料分隔条	m	64.36					
			S. 措施项目							
42	011701001001	综合脚手架	1. 建筑结构形式：砖混 2. 檐口高度：3.05m	m²	93.15					
43	011702001001	基础模板	基础类型：柱下独立阶型	m²	1.00					
44	011702003001	构造柱模板		m²	19.32					
45	011702004001	异形柱模板	柱截面形状：圆形	m²	3.90					
46	011702006001	矩形柱模板	支撑高度：2.9m	m²	12.91					
47	011702008001	圈梁模板		m²	11.71					
48	011702009001	过梁模板		m²	9.60					
49	011702016001	平板模板	支撑高度：2.9m	m²	91.24					

任务 7.3 招标控制价编制

根据某学院传达室工程施工图纸和招标文件、分部分项工程工程量和单价措施项目清单，编制某学院传达室工程房屋建筑与装饰工程工程量清单控制价。

7.3.1 某学院传达室工程房屋建筑与装饰工程招标文件（表 7-5）

表 7-5 某学院传达室工程房屋建筑与装饰工程招标文件

一、招标公告（或投标邀请书）

1. 项目名称：某学院传达室工程。

2. 项目地点：安徽省合肥市肥东县。

3. 项目单位：某职业技术学院。

4. 项目概况：建筑面积为 93.15m²，一层。

5. 资金来源：自筹。

6. 项目概算：190000 元。

7. 项目类别：工程施工。

8. 标段划分：一个标段。

9. 投标人资格、报名及招标文件发售办法、保证金账户：略。

二、投标人须知

1. 招标范围：招标文件、工程量清单、图纸及补充答疑文件的全部内容。

2. 标段划分：一个标段。

3. 计划工期：90 天。

4. 质量要求：合格。

5. 其他：本工程采用非泵送商品混凝土、非预拌砂浆。

三、评标办法

略。

四、计价依据、税率计算和其他说明

1. 计价依据

（1）某学院传达室工程设计图纸及答疑、招标文件、工程量清单及其编制说明。

（2）安徽省住房和城乡建设厅发布 2018 版安徽省建设工程计价依据《安徽省建设工程工程量清单计价办法》《安徽省建设工程清单计价费用定额》《安徽省建设工程施工机械台班费用编制规则》及其配套的相关计价定额和修编内容。

（3）主要材料价格：按 2023 年《合肥建设工程市场价格信息》信息价，未包含的材料价格按照市场询价计入。

（4）本工程税率按照安徽省建设工程造价管理总站发布的《关于调整我省现行建设工程计价依据增值税税率的通知》执行，税金按照 9% 计入。

（5）人工费按 169.00 元/工日计入，其相对于定额人工费增加的部分 29.00 元只计取税金。

（6）本工程取费按"土建工程取费标准"中"民用建筑"的费率计取，不可竞争费按照造价〔2021〕42 号文中土建工程不可竞争费率计取。

2. 税率计算

本项目采用一般计税方法，增值税税率执行《关于调整合肥市建设工程计价依据增值税税率的通知》第一条规定，按照9％计算，建设工程造价＝税前工程造价×（1＋9％）。

3. 其他说明

（1）总承包服务费：本工程不计入。

（2）品牌要求详见招标文件。

（3）实行暂估价的材料、设备、专业工程及其价格：10000.00元（含税价格，不计税金）。

（4）暂列金额：20000.00元（不含税，需计取税金）。

（5）混凝土采用非泵送商品混凝土，砂浆为非预拌砂浆。

（6）其他未尽事宜详见设计图纸、招标文件、答疑文件及其他相关文件、规范。

五、图纸、技术标准和要求

六、投标文件格式

略。

七、合同主要条款

略。

7.3.2　某学院传达室工程招标控制价封面（图 7-10）

<u>　　某学院传达室　　</u>工程

招标控制价

招　标　人：<u>　　　　　　　　</u>

（单位盖章）

造价咨询人：<u>　　　　　　　　</u>

（单位盖章）

××××年×月×日

图 7-10　招标控制价封面

7.3.3　某学院传达室工程招标控制价扉页

某学院传达室　　工程

招标控制价

招标控制价(小写)：¥172915.96 元

　　　　　　(大写)：壹拾柒万贰仟玖佰壹拾伍元玖角陆分

招　标　人：＿＿＿＿＿＿＿＿＿＿　　造价咨询人：＿＿＿＿＿＿＿＿＿＿

　　　　　　　　(单位盖章)　　　　　　　　　　　　(单位资质专用章)

法定代表人　　　　　　　　　　　　法定代表人

或其授权人：＿＿＿＿＿＿＿＿＿＿　或其授权人：＿＿＿＿＿＿＿＿＿＿

　　　　　　　　(签字或盖章)　　　　　　　　　　　(签字或盖章)

编　制　人：＿＿＿＿＿＿＿＿＿＿　　复　核　人：＿＿＿＿＿＿＿＿＿＿

　　　　　(造价人员签字盖专用章)　　　　　　　(造价工程师签字盖专用章)

编制时间：××××年×月××日　　　　复核时间：××××年×月××日

图 7-11　招标控制价扉页

7.3.4　招标控制价编制（表 7-6～表 7-13)

表 7-6　控制价编制说明

工程名称：某学院传达室工程

一、工程概况

某学院传达室工程共分为土建（不包括钢筋工程）和装饰工程，安装工程不在控制价范围内。

二、招标范围

见本项目招标文件及答疑中的招标范围。

三、本工程控制价编制依据

1. 某学院传达室工程设计图纸及答疑、招标文件、工程量清单及其编制说明。

2. 安徽省住房和城乡建设厅发布 2018 版安徽省建设工程计价依据《安徽省建设工程工程量清单计价办法》《安徽省建设工程清单计价费用定额》《安徽省建设工程施工机械台班费用编制规则》及其配套的相关计价定额和修编内容。

3. 主要材料价格：按照 2023 年《合肥建设工程市场价格信息》信息价，未包含的材料价格按照市场询价计入。

4. 本工程税率按照安徽省建设工程造价管理总站发布的造价《关于调整我省现行建设工程计价依据增值税税率的通知》执行，税金按照 9% 计入。

5. 人工费按 169.00 元/工日计入，其相对于定额人工费增加的部分 29.00 元只计取税金。

6. 本工程取费按"土建工程取费标准"中"民用建筑"的费率计取，不可竞争费按照造价〔2021〕42 号文中土建工程不可竞争费率计取。

四、2018 版安徽省建设工程计价依据，措施项目费、企业管理费利润费率、不可竞争费率

1. 措施项目费费率

序号	项目编码	项目名称	计算基础	费率（%）
1	JC-01	夜间施工增加费		0.5
2	JC-02	二次搬运费		1.0
3	JC-03	冬雨季施工增加费		0.8
4	JC-04	已完工程及设备保护费	定额人工费＋定额机械费	0.1
5	JC-05	工程定位复测费		1.0
6	JC-06	非夜间施工照明费		0.4
7	JC-07	临时保护设施费		0.2
8	JC-08	赶工措施费		2.2

2. 建筑工程企业管理费、利润费率

项目编码	项目名称	计算基础	企业管理费费率（%）	利润率（%）
JZ-01	民用建筑	定额人工费＋定额机械费	15	11

3. 建筑工程不可竞争费费率

项目编码	项目名称		计费基础	费率（%）
（一）	安全文明施工费			
JF-01	环境保护费	市区		3.28
		非市区		2.70
JF-02	文明施工费		定额人工费＋定额机械费	5.12
JF-03	安全施工费			4.13
JF-04	临时设施费			8.10
（二）	环境保护税			
JF-05	环境保护税			

五、税率计算

本项目采用一般计税方法，增值税税率执行《关于调整合肥市建设工程计价依据增值税税率的通知》第一条规定，按照 9% 计算，建设工程造价＝税前工程造价×（1＋9%）。

六、其他说明

1. 总承包服务费：本工程不计入。

2. 品牌要求详见招标文件。

3. 实行暂估价的材料、设备、专业工程及其价格：10000.00 元（含税价格，不计税金）。

4. 暂列金额：20000.00 元（不含税，需计取税金）。

5. 混凝土采用非泵送商品混凝土，砂浆为非预拌砂浆。

6. 其他未尽事宜，详见设计图纸、招标文件、答疑文件及其他相关文件、规范。

表 7-7 单位工程招标控制价汇总表

工程名称：某学院传达室　　　　　　标段：　　　　　　第 1 页　共 1 页

序号	汇总内容	金额（元）	其中：材料、设备暂估价（元）
1	分部分项工程费	122347.04	
1.1	土石方工程	427.19	
1.2	砌筑工程	23676.79	
1.3	混凝土及钢筋混凝土工程	20218.41	
1.4	门窗工程	13404.76	
1.5	屋面及防水工程	8077.59	
1.6	保温、隔热、防腐工程	1207.25	
1.7	楼地面装饰工程	17222.66	
1.8	墙、柱面装饰与隔断、幕墙工程	15004.52	
1.9	天棚抹灰	3168.65	
1.10	油漆、涂料、裱糊工程	9210.28	
1.11	其他装饰工程	393.88	
1.12	措施项目	10335.06	
2	措施项目费	1644.66	
2.1	夜间施工增加费	132.63	
2.2	二次搬运费	265.27	
2.3	冬雨季施工增加费	212.21	
2.4	已完工程及设备保护费	26.53	
2.5	工程定位复测费	265.27	
2.6	非夜间施工照明费	106.11	
2.7	临时保护设施费	53.05	
2.8	赶工措施费	583.59	
3	不可竞争费	5472.48	
3.1	安全文明施工费	5472.48	
3.2	环境保护税		
4	其他项目	30000.00	
4.1	暂列金额	20000.00	
4.2	专业工程暂估价	10000.00	
4.3	计日工		
4.4	总承包服务费		
5	税金	13451.78	
	工程造价＝1＋2＋3＋4＋5	172915.96	

表 7-8 分部分项工程工程量清单计价表

工程名称：某学院传达室

标段：

序号	项目编码	项目名称	项目特征	计量单位	工程量	综合单价	金额（元）				
							合价	定额人工费	定额机械费	暂估价	
									其中		
1.1			土石方工程				427.19				
1	01010100101001	平整场地	1. 土壤类别：一、二类综合 2. 弃土运距：就地平衡 3. 取土运距：就地平衡	m²	93.150	0.88	81.97	7.45	49.37	
2	01010100301001	挖沟槽土方（墙基）	1. 土壤类别：二类 2. 弃土运距：就地平衡 3. 取土运距：就地平衡	m³	19.570	4.96	97.07	7.63	61.25	
3	01010100401001	挖基坑土方	1. 土壤类别：二类 2. 弃土运距：就地平衡 3. 取土运距：就地平衡	m³	1.220	3.85	4.70	0.37	2.96	
4	01010300101001	土方回填	1. 密实度要求：压实系数不小于 0.94 2. 填方材料品种：素土回填 3. 填方来源、运距：就地平衡	m³	7.530	16.20	121.99	69.58	15.81	
5	01010300201001	余方弃置	1. 废弃料品种：素土 2. 运距：50m	m³	13.260	9.16	121.46	3.71	81.55	
			分部小计				427.19				

工程名称：某学院传达室　　　　标段：

序号	项目编码	项目名称	项目特征	计量单位	工程量	金额（元）		其中		
						综合单价	合价	定额人工费	定额机械费	暂估价
	1.2	砌筑工程					23676.79			
6	010401001001	砖基础（1-1 剖面）	1. 砖品种、规格、强度等级：MU10 煤矸石黏土实心砖 2. 基础类型：墙下条形基础（砖基础高度 0.8m） 3. 砂浆强度等级：M5 水泥砂浆 4. 防潮层材料种类：1：2 水泥砂浆防潮层 20mm 厚，掺 5%防水剂	m³	8.810	613.06	5401.06	1337.35	81.14	
7	010401001002	砖基础（2-2 剖面）	1. 砖品种、规格、强度等级：MU10 煤矸石黏土实心砖 2. 基础类型：条形 3. 砂浆强度等级：M5 水泥砂浆 4. 防潮层材料种类：无	m³	0.690	583.36	402.52	97.37	5.80	
8	010401003001	实心砖墙	1. 砖品种、规格、强度等级：MU10 煤矸石黏土实心砖 2. 墙体类型：240 标准砖实砌 3. 砂浆强度等级、配合比：M5 水泥混合砂浆	m³	18.410	642.16	11822.17	2992.36	150.59	
9	010404001001	垫层（地坪）	1. 材料种类：2、4、6 级配碎石 2. 垫层厚度：150mm 厚	m³	13.890	435.64	6051.04	460.17	2.50	
		分部小计					23676.79			
	1.3	混凝土及钢筋混凝土工程					20218.41			
10	010501001001	垫层（墙基）	1. 混凝土种类：商品混凝土 2. 混凝土强度等级：200mm 厚 C15	m³	4.450	514.29	2288.59	133.32		

续表

第 3 页 共 10 页

工程名称：某学院传达室　　　　标段：

序号	项目编码	项目名称	项目特征	计量单位	工程量	金额（元）		其中		
						综合单价	合价	定额人工费	定额机械费	暂估价
11	010501001002	垫层（柱基）	1. 混凝土种类：商品混凝土 2. 混凝土强度等级：100mm 厚 C15	m³	0.140	514.29	72.00	4.19		
12	010501001003	垫层（地坪）	1. 混凝土种类：商品混凝土 2. 混凝土强度等级：80mm 厚 C15	m³	7.600	514.29	3908.60	227.70		
13	010501003001	独立基础	1. 混凝土种类：商品混凝土 2. 混凝土强度等级：C25	m³	0.250	561.84	140.46	6.97		
14	010502002001	构造柱	1. 混凝土种类：商品混凝土 2. 混凝土强度等级：C20	m³	2.210	667.18	1474.47	253.40	1.90	
15	010502003001	异形柱	1. 柱形状：圆柱 2. 混凝土种类：商品混凝土 3. 混凝土强度等级：C25	m³	0.350	585.87	205.05	15.58	0.30	
16	010503002001	矩形梁	1. 混凝土种类：商品混凝土 2. 混凝土强度等级：C25	m³	1.480	575.43	851.64	53.87		
17	010503004001	圈梁	1. 混凝土种类：商品混凝土 2. 混凝土强度等级：C25	m³	1.640	616.22	1010.60	104.70		
18	010503005001	过梁	1. 混凝土种类：商品混凝土 2. 混凝土强度等级：C25	m³	1.440	640.86	922.84	111.28		
19	010505003001	平板	1. 混凝土种类：商品混凝土 2. 混凝土强度等级：C25	m³	9.120	571.26	5209.89	271.96		

工程名称：某学院传达室　　　　　　　　标段：

序号	项目编码	项目名称	项目特征	计量单位	工程量	综合单价	合价	金额（元）		暂估价
								人工费 定额	其中 定额机械费	
20	010505007001	天沟、挑檐板	1. 混凝土种类：商品混凝土 2. 混凝土强度等级：C25	m³	2.810	608.47	1709.80	145.5€		
21	010507001001	散水、坡道	1. 垫层材料种类，厚度：80mm 厚级配碎石垫层 2. 面层厚度：80mm 厚 3. 混凝土种类：商品混凝土 4. 混凝土强度等级：C15 5. 变形缝填塞材料种类：沥青油膏	m²	26.500	90.07	2386.86	381.8⁷	6.10	
22	010510003001	过梁	1. 单件体积：0.058m³ 2. 安装高度：2.1m 3. 混凝土强度等级：C20 4. 砂浆强度等级、配合比：M5 混合砂浆	m³	0.060	626.82	37.61	3.95		
			分部小计				20218.41			
	1.4		门窗工程				13404.76			
23	010802001001	金属（塑钢）门	1. 门代号及洞口尺寸：M1521 1500mm×2100mm 2. 门框或扇材质：塑钢推拉 3. 玻璃品种厚度：5mm 厚钢化单玻	m²	3.150	345.43	1088.10	80.2€	3.02	
24	010802001002	金属（塑钢）门	1. 门代号及洞口尺寸：M1527 1500mm×2700mm 2. 门框或扇材质：塑钢有亮平开 3. 玻璃品种厚度：5mm 厚钢化单玻	m²	4.050	494.81	2003.98	93.≤6	3.89	

工程名称：某学院传达室　　　　　　标段：

序号	项目编码	项目名称	项目特征	计量单位	工程量	综合单价	合价	金额（元） 定额人工费	其中 定额机械费	暂估价
25	010807001001	金属窗	1. 窗代号及洞口尺寸：M1518 1500mm×1800mm 2. 窗、附材质：塑钢推拉窗配纱扇 3. 玻璃品种、厚度：5mm厚单玻	m²	24.300	424.39	10312.68	523.91	23.57	
	1.5		分部小计				13404.76			
		屋面及防水工程					8077.59			
26	010902001001	屋面卷材防水	1. 卷材品种、规格、厚度：5mm厚 SBS 自防护卷材防水 2. 防水层数：一层 3. 防水做法：冷粘	m²	128.390	61.49	7894.70	521.26		
27	010902004001	屋面排水管	1. 排水管品种、规格：UPVCφ110 2. 雨水斗、山墙出水口品种、规格：UPVC 雨水斗 3. 接缝、嵌缝材料种类：胶接冷粘 4. 油漆品种、刷漆遍数	m	6.300	29.03	182.89	35.28	0.06	
	1.6		分部小计				8077.59			
		保温、隔热、防腐工程					1207.25			
28	011001001001	保温隔热屋面	1. 保温隔热材料品种、规格厚度：水泥膨胀珍珠岩，最薄处30mm 厚 2. 隔气层材料品种、厚度、冷底子油一遍	m²	119.530	10.10	1207.25	243.84		
			分部小计				1207.25			

工程名称：某学院传达室　　　　　标段：

序号	项目编码	项目名称	项目特征	计量单位	工程量	金额（元）		其中		
---	---	---	---	---	---	综合单价	合价	定额人工费	定额机械费	暂估价
1.7			楼地面装饰工程				17222.66			
29	011101006001	平面砂浆找平层（屋面）	找平层厚度、砂浆配合比：20mm 厚 1：3 水泥砂浆找平层（两层）	m²	239.050	18.25	4362.66	1214.37	210.36	
30	011102003001	块料楼地面	地砖 1. 结合层厚度砂浆配合比：1：2 水泥砂浆找平粘贴 2. 面层材料品种、规格、颜色：500mm×500mm 防滑地砖 3. 嵌缝材料种类：同色嵌缝剂嵌缝 4. 酸洗打蜡要求：草酸清洗打蜡	m²	95.730	127.27	12183.56	1732.21	118.71	
31	011105003001	块料踢脚线	1. 踢脚线高度：150mm 2. 粘贴层厚度、材料种类：水泥砂浆 3. 面层材料品种、规格、颜色：地砖 同色长条瓷砖 高 150mm	m²	6.530	103.59	676.44	186.50	4.90	
			分部小计				17222.66			
1.8			墙、柱面装饰与隔断、幕墙工程							
32	011201001001	墙面一般抹灰（砖外墙）	1. 墙体类型：砖外墙 2. 底层厚度，砂浆配合比：15mm 厚 1：2.5 水泥砂浆 3. 面层厚度，砂浆配合比：8mm 厚 1：2 水泥砂浆面 4. 装饰面材料种类：乳胶漆两遍 5. 分隔缝宽度材料、种类：20mm 宽塑料分隔条	m²	68.600	37.67	2584.16	1136.02	71.34	
			分部小计				15004.52			

243

工程名称：某学院传达室　　　　标段：

序号	项目编码	项目名称	项目特征	计量单位	工程量	综合单价	合价	定额人工费	定额机械费	暂估价
33	011201001002	墙面一般抹灰（砖内墙）	1. 墙体类型：砖内墙 2. 底层厚度，砂浆配合比：18mm 厚混合砂浆 3. 面层厚度，砂浆配合比：8mm 厚混合砂浆面 4. 装饰面材料种类：白色乳胶漆两遍	m²	102.460	39.23	4019.51	1780.75	119.88	
34	011201004001	立面砂浆找平层（屋面）	找平层层厚度，砂浆配合比：20mm 厚 1：3 水泥砂浆找平层	m²	8.860	18.25	161.70	45.01	7.80	
35	011204003001	块料墙面	1. 墙体类型：砖外墙 2. 安装方式：水泥砂浆粘贴 3. 面层厚度，砂浆配合比：15mm 厚 1：2.5 水泥砂浆底，水泥砂浆贴豆灰色面砖 4. 缝宽嵌缝材料种类：专用嵌缝剂嵌缝 5. 磨光，酸洗，打蜡要求：草酸擦面，打蜡	m²	51.920	150.28	7802.54	1948.04	71.13	
36	011205002001	块料柱面	1. 柱截面类型，尺寸：混凝土圆柱直径 ϕ350mm 2. 安装方式：水泥砂浆粘贴 3. 面层材料品种、规格、颜色：15mm 厚 1：2.5 水泥砂浆贴豆灰色面砖 4. 缝宽嵌缝材料种类：专用嵌缝剂嵌缝 5. 磨光、打蜡要求：草酸擦面、打蜡	m²	3.350	130.33	436.61	113.97	2.01	

续表

工程名称：某学院传达室　　　　　　标段：

序号	项目编码	项目名称	项目特征	计量单位	工程量	金额（元）				
						综合单价	合价	其中		
								定额人工费	定额机械费	暂估价
			分部小计				15004.52			
	1.9	天棚抹灰	天棚抹灰				3168.65			
37	011301001001	天棚抹灰	1. 基层类型：钢筋混凝土面板 2. 抹灰厚度、材料种类：10mm厚混合砂浆底，满刮腻子两遍，天棚白色乳胶漆两遍 3. 砂浆配合比：1:1:6	m²	125.940	25.16	3168.65	1279.55	41.56	
	1.10		分部小计 油漆、涂料、裱糊工程				3168.65			
							9210.28			
38	011407001001	墙面喷刷涂料	砖外墙 1. 基层类型：砖外墙 2. 喷刷涂料部位：外墙面 3. 腻子种类：外墙腻子 4. 刮腻子要求：平整无明显刮痕 5. 涂料品种、喷刷遍数：白色外墙乳胶漆两遍	m²	76.410	40.89	3124.40	720.55	19.87	
39	011407001002	墙面喷刷涂料	砖内墙 1. 基层类型：砖内墙 2. 喷刷涂料部位：内墙面 3. 腻子种类：墙面腻子 4. 刮腻子要求：两遍平整无刮痕 5. 涂料品种、喷刷遍数：白色内墙乳胶漆两遍	m²	111.790	25.60	2861.82	804.89	20.12	

工程名称：某学院传达室　　　　　　　标段：

序号	项目编码	项目名称	项目特征	计量单位	工程量	综合单价	合价	定额人工费	定额机械费	暂估价
40	011407002001	天棚喷刷涂料	1. 基层类型：混凝土天棚 2. 喷刷涂料部位：天棚面 3. 腻子种类：天棚腻子 4. 刮腻子要求：两遍平整无刮痕 5. 涂料品种、喷刷遍数：白色内墙乳胶漆两遍	m²	125.940	25.60	3224.06	906.77	22.67	
	1.11		分部小计				9210.28			
			其他装饰工程				393.88			
41	011502007001	塑料装饰线	1. 基层类型：水泥砂浆 2. 线条材料种、规格、颜色：20mm 宽豆灰色塑料分隔条	m	64.360	6.12	393.88	99.11		
	1.12		分部小计				393.88			
			措施项目				10335.06			
42	011701001001	综合脚手架	1. 建筑结构形式：砖混 2. 檐口高度：3.05m	m²	93.150	27.45	2556.97	959.45	41.92	
43	011702001001	基础模板	基础类型：柱下独立阶型	m²	1.000	46.39	46.39	25.41	1.21	
44	011702003001	构造柱模板		m²	19.320	53.50	1033.62	557.77	21.45	
45	011702004001	异形柱模板	柱截面形状：圆形	m²	3.900	54.33	211.89	108.54	5.23	

工程名称：某学院传达室

标段：

序号	项目编码	项目名称	项目特征	计量单位	工程量	金额（元）					
						综合单价	合价	定额人工费	其中 定额机械费	暂估价	
46	011702006001	矩形柱模板	支撑高度：2.9m	m²	12.910	52.96	683.71	346.12	17.82	
47	011702008001	圈梁模板		m²	11.710	54.59	639.25	338.07	12.06	
48	011702009001	过梁模板		m²	9.600	56.45	541.92	281.57	12.86	
49	011702016001	平板模板	支撑高度：2.9m	m²	91.240	50.65	4621.31	2332.39	107.66	
			分部小计				10335.06			
			分部分项工程费合计				122347.04			

表 7-9   措施项目清单与计价表

工程名称：某学院传达室   标段：   第 1 页   共 1 页

序号	项目编码	项目名称	计算基数	费率（%）	金额（元）
1	JC-01	夜间施工增加费	26526.79	0.500	132.63
2	JC-02	二次搬运费	26526.79	1.000	265.27
3	JC-03	冬雨季施工增加费	26526.79	0.800	212.21
4	JC-04	已完工程及设备保护费	26526.79	0.100	26.53
5	JC-05	工程定位复测费	26526.79	1.000	265.27
6	JC-06	非夜间施工照明费	26526.79	0.400	106.11
7	JC-07	临时保护设施费	26526.79	0.200	53.05
8	JC-08	赶工措施费	26526.79	2.200	583.59
		合计			1644.66

表 7-10   不可竞争项目清单与计价表

工程名称：某学院传达室   标段：   第 1 页   共 1 页

序号	项目编码	项目名称	计算基数	费率（%）	金额（元）
1	JF-01	环境保护费	26526.79	3.280	870.08
2	JF-02	文明施工费	26526.79	5.120	1358.17
3	JF-03	安全施工费	26526.79	4.130	1095.56
4	JF-04	临时设施费	26526.79	8.100	2148.67
5	JF-05	环境保护税	0		
		合计			5472.48

表 7-11   其他项目清单与计价汇总表

工程名称：某学院传达室   标段：   第 1 页   共 1 页

序号	项目名称	金额（元）
1	暂列金额	20000.00
2	专业工程暂估价	10000.00
3	计日工	
4	总承包服务费	
	合计	30000.00

表 7-12   税金计价表

工程名称：某学院传达室   标段：   第 1 页   共 1 页

序号	项目名称	计算基础	计算基数	费率（%）	金额（元）
1	增值税	分部分项工程费＋措施项目费＋不可竞争费＋其他项目费－专业工程暂估价	149464.18	9.000	13451.78

表 7-13　人材机汇总表

工程名称：某学院传达室　　　　　　　　　标段：　　　　　　　　　第 1 页　共 3 页

材料编号	材料名称	单位	用量	现行价	合价（元）
0001A01B01BC	综合工日	工日	179.353	169.00	30310.58
	人工小计	元			30310.58
0000A31B01AH	其他材料费	元	645.417	1.00	645.42
0103A03B55CB	镀锌铁丝 16 号	kg	0.472	3.57	1.68
0103A03B61CB	镀锌铁丝 12 号	kg	5.412	3.57	19.32
0209A15B01BW	塑料薄膜	m²	22.437	0.20	4.49
0227A23B01CB	棉纱头	kg	1.554	6.00	9.32
0301A03B31C01CB	钢钉	kg	0.385	7.69	2.96
0313A36B01AG	砂纸	张	78.535	0.47	36.91
0313A40B01AT	石料切割锯片	片	0.664	39.00	25.91
0313A64B01AG	铁砂布 0~2 号	张	0.099	0.85	0.08
0313A89B01BD	锯条（各种规格）	根	0.345	0.62	0.21
0315A01B25C01CB	铁钉	kg	6.082	3.56	21.65
0315A21B35C01CB	零星卡具	kg	15.308	5.56	85.11
0401A01B51CB	水泥 32.5 级	kg	9273.553	0.35	3245.74
0401A07B01CB	白水泥	kg	19.762	0.58	11.46
0403A17B01BT	中（粗）砂	t	33.666	192.23	6471.62
0405A33B01BT~1	2、4、6 级配碎石	t	23.724	179.61	4261.09
0405A33B01BT~2	级配碎石	t	3.621	179.61	650.36
0409A35B01CB	耐水腻子	kg	352.958	6.20	2188.34
0409A53B01CB	石膏	kg	9.509	0.93	8.84
0409A63B01BT	石灰膏	t	1.231	195.01	240.07
0409A71B01CB	外墙腻子	kg	114.615	8.63	989.13
0413A03B53BN~1	MU10 煤矸石黏土实心砖 240mm×115mm×53mm	百块	49.742	53.10	2641.30
0413A03B53BN~2	MU10 煤矸石黏土实心砖 240mm×115mm×53mm	百块	98.862	53.10	5249.56
0503A17B01BV	工程用材	m³	0.020	2250.00	45.34
0525A09B01BV	垫木	m³	0.012	2350.00	28.46
0535A03B01BW	竹笆	m²	25.197	8.55	215.43
0701A03B01BW	内墙面砖	m²	53.997	69.03	3727.40
0701A07B01BW	墙砖	m²	3.551	69.03	245.13
0705A01B05BW~1	500mm×500mm 防滑地砖	m²	98.123	80.00	7849.86
0705A01B05BW~2	地砖同色长条瓷砖高 150mm	m²	4.440	80.00	355.20
1100A09B01BW~1	塑钢有亮平开（5mm 厚钢化单玻）	m²	3.888	469.05	1823.67

工程名称：某学院传达室　　　　　　　　标段：

材料编号	材料名称	单位	用量	现行价	合价（元）
1100A13B01BW～1	塑钢推拉窗配纱扇（含玻璃）	m²	23.328	398.25	9290.38
1100A15B01BW～1	塑钢推拉（5mm厚钢化单玻）	m²	3.024	309.75	936.68
1203A09B01CB	钢压条	kg	6.420	5.00	32.10
1209A01B01BY～1	20mm宽豆灰色塑料分隔条	m	67.578	3.50	236.52
1303A41B01CB	乳胶漆面漆	kg	59.314	21.02	1246.77
1303A51B01CB	外墙弹性乳胶漆	kg	27.508	33.10	910.50
1305A43B01CB	防锈漆	kg	4.116	5.62	23.13
1333A05B01BW～1	5mm厚SBS自防护卷材防水	m²	159.460	34.00	5421.65
1335A05B01CB	SBS封口油膏	kg	7.960	6.84	54.45
1335A09B01CB	防水粉	kg	6.178	1.45	8.96
1335A47B01CB	油膏	kg	29.150	1.90	55.39
1405A13B01CB	油漆溶剂油	kg	0.469	2.62	1.23
1423A19B01CB	色粉	kg	2.598	7.91	20.55
1433A07B01CB	丙酮	kg	0.069	7.51	0.52
1435A01B01CB	APP及SBS基层处理剂	kg	40.058	7.80	312.45
1441A01B01CB	108胶	kg	91.850	2.00	183.70
1441A02B01CB	粘结剂	kg	0.046	2.88	0.13
1441A06B01CB	瓷砖专用粘结剂	kg	264.792	2.50	661.98
1441A27B01CB	改性沥青粘结剂	kg	170.245	7.50	1276.84
1441A93B01CB	万能胶	kg	0.644	18.00	11.58
1509A03B01BV	珍珠岩	m³	6.489	73.00	473.70
1701A09B53CB	钢管DN50	kg	102.040	4.43	452.04
3409A03B01BV	锯木屑	m³	0.733	14.86	10.90
3411A01B01CA	电	kW·h	13.070	0.68	8.89
3411A13B01BV	水	m³	40.865	7.96	325.29
3501A05B01BW	复合木模板	m²	32.930	29.06	956.93
3501A13B01BV	模板木材	m³	0.023	1880.34	43.28
3502A03B01CB	钢扣件	kg	23.567	5.70	134.33
3502A13B01CB	钢支撑及扣件	kg	46.707	4.78	223.26
3504A21B01BV	木支撑	m³	0.146	1631.34	238.15
3505A13B55BW	密目网围护	m²	31.419	6.84	214.91
8005A03B51BV	混合砂浆M5	m³	4.197	464.30	1948.89
8007A17B01CB	抗裂砂浆	kg	19.103	1.20	22.92
8021A01B53BV	商品混凝土C15（非泵送）	m³	14.254	463.10	6601.19
8021A01B57BV	商品混凝土C20（非泵送）	m³	2.251	486.58	1095.44

续表

工程名称：某学院传达室　　　　　　　标段：　　　　　　　第 3 页　共 3 页

材料编号	材料名称	单位	用量	现行价	合价（元）
8021A01B61BV	商品混凝土 C25（非泵送）	m³	17.422	508.43	8857.69
Z1725A47B01BY-1～1	UPVCφ110	m	6.256	19.95	124.81
Z1825A53B01BF-1	硬聚氯乙烯塑料管攉外径（mm 以内）110	个	0.365	12.50	4.57
	材料小计	元			83523.76
990101015	履带式推土机 75kW	台班	0.055	1046.21	57.92
990106030	履带式单斗液压挖掘机 1m³	台班	0.056	1307.47	73.46
990123010	电动夯实机 250N·m	台班	0.714	26.28	18.78
990304004	汽车式起重机 8t	台班	0.132	881.01	115.95
990401015	载重汽车 4t	台班	0.268	485.84	130.25
990402035	自卸汽车 12t	台班	0.094	1007.15	94.70
990610010	灰浆搅拌机 200L	台班	3.245	255.54	829.15
990706010	木工圆锯机 500mm	台班	0.410	25.33	10.38
990801020	电动单级离心清水泵 100mm	台班	0.001	33.35	0.04
991218050	其他机械费	元	288.302	1.00	288.30
	机械小计	元			1618.93
	总合计	元			115453.27

参考文献

[1] 中华人民共和国住房和城乡建设部，中华人民共和国国家质量监督检验检疫总局. 建设工程工程量清单计价规范：GB 50500—2013 [S]. 北京：中国计划出版社，2013.

[2] 中华人民共和国住房和城乡建设部，中华人民共和国国家质量监督检验检疫总局. 房屋建筑与装饰工程工程量计算规范：GB 50854—2013 [S]. 北京：中国计划出版社，2013.

[3] 规范编制组. 2013 建设工程计价计量规范辅导 [M]. 北京：中国计划出版社，2013.

[4] 中华人民共和国住房和城乡建设部，中华人民共和国国家质量监督检验检疫总局. 建筑工程建筑面积计算规范：GB/T 50353—2013 [S]. 北京：中国计划出版社，2014.

[5] 安徽省建设工程造价管理总站. 2018 版安徽省建设工程计价依据 安徽省建设工程费用定额 [S]. 北京：中国建材工业出版社，2018.

[6] 安徽省建设工程造价管理总站. 2018 版安徽省建设工程计价依据 安徽省建设工程工程量清单计价办法（建筑与装饰装修工程）[S]. 北京：中国建材工业出版社，2018.

[7] 安徽省建设工程造价管理总站. 2020 安徽省二级造价工程师职业资格考试培训教材：建设工程计量与计价实务 [M]. 北京：中国建材工业出版社，2018.

[8] 全国一级造价工程师执业资格考试培训教材编审委员会. 建设工程计价 [M]. 北京：中国计划出版社，2021.

[9] 袁建新. 建筑工程计量与计价 [M]. 重庆：重庆大学出版社，2016.

[10] 包永刚，赵淑萍. 房屋建筑与装饰工程计量与计价 [M]. 郑州：黄河水利出版社，2015.

[11] 周慧玲，谢莹春. 建筑与装饰工程工程量清单计价 [M]. 北京：中国建筑工业出版社，2020.

[12] 何俊，何军建. 房屋建筑与装饰工程计量与计价 [M]. 北京：中国电力出版社，2016.

[13] 王朝霞. 建筑工程量清单计量与计价 [M]. 3 版. 北京：机械工业出版社，2015.

[14] 胡兴福，李雪梅，宋芳. 建筑工程量清单计量与计价 [M]. 北京：中国建筑工业出版社，2021.